《福建海洋精神概论》编委会

主　任：阮诗玮

副主任：陆开锦　陈　勇　马照南　刘伟泽

委　员：（按姓氏笔画）

　　　　马照南　孔海钦　叶必华　朱　文　刘伟泽

　　　　阮诗玮　连晶晶　张立峰　张学勇　张锦贵

　　　　陆开锦　陈少毅　陈本育　陈　朱　陈　勇

　　　　陈　锐　陈毅达　徐德金　黄辉昌　游炎灿

　　　　薛　菁

主　编：徐晓望

副主编：徐德金　贺　威

福建海洋精神概论

福建省炎黄文化研究会 编

徐晓望 主编

图书在版编目（CIP）数据

福建海洋精神概论/福建省炎黄文化研究会编；徐晓望主编. —福州：福建教育出版社，2025.9.
ISBN 978-7-5758-0346-5

Ⅰ. P7-05

中国国家版本馆 CIP 数据核字第 20253WB230 号

责任编辑：刘露梅
美术编辑：季凯闻

Fujian Haiyang Jingshen Gailun

福建海洋精神概论
福建省炎黄文化研究会　编
徐晓望　主编

出版发行	福建教育出版社
	（福州市梦山路 27 号　邮编：350025　网址：www.fep.com.cn
	编辑部电话：0591-83716736
	发行部电话：0591-83721876　87115073　010-62024258）
出 版 人	江金辉
印　　刷	福州德安彩色印刷有限公司
	（福州市金山工业区浦上标准厂房 B 区 42 栋）
开　　本	710 毫米×1000 毫米　1/16
印　　张	20.5
字　　数	314 千字
插　　页	2
版　　次	2025 年 9 月第 1 版　2025 年 9 月第 1 次印刷
书　　号	ISBN 978-7-5758-0346-5
定　　价	100.00 元

如发现本书印装质量问题，请向本社出版科（电话：0591-83726019）调换。

目 录

绪论：福建海洋文化与海洋精神的闪耀 —— 1
  一、福建海洋文化的发展历史 /1
  二、福建海洋文化的历史地位 /12

第一章　福建海洋文化的形成 —— 21
  第一节　福建海洋文化的萌芽和发展 /21
  第二节　闽中海上人家与中原移民的融合 /35
  第三节　闽王王审知的海洋观念与精神 /43

第二章　宋元福建海洋精神 —— 58
  第一节　海洋精神的渗透：经济社会的海洋比重 /58
  第二节　海洋精神的物化：闻名世界的刺桐海船 /76
  第三节　海洋精神的具现：领先世界的航海成就 /86
  第四节　海洋精神的升华：闽人闽著的海洋观 /97

第三章　明清福建的海洋文化与精神 —— 120
  第一节　海禁的制约与郑和远航 /120

第二节　抗倭运动和俞大猷发展水师的计划/130
　　第三节　闽人"以海为田"的外向经济/142
　　第四节　海上英雄郑成功的海洋精神/155
　　第五节　清朝海洋政策的调整/169

第四章　近现代福建的海洋文化与精神 ——— 185
　　第一节　近现代福建海洋经济结构/185
　　第二节　近现代福建与海外的文化交流/205
　　第三节　传统妈祖文化面临的挑战/227
　　第四节　东南亚华人及其价值观的影响/238

第五章　当代福建海洋文化与精神 ——— 253
　　第一节　体现向海图强的发展规划/253
　　第二节　海洋经济在福建的发展/269
　　第三节　当代海洋观念发展变化/284
　　第四节　海洋人文的发展和海洋精神/290

第六章　福建海洋精神综论 ——— 305
　　一、开拓海洋，向海图强的奋斗精神/305
　　二、热爱和平，协和万邦的合作精神/308
　　三、誓死抗争，威武不屈的斗争精神/311
　　四、爱国爱乡，报效祖国的复兴精神/313
　　五、海纳百川，兼容并蓄的融创精神/316

后记 ——— 321

绪论：福建海洋文化与海洋精神的闪耀

福建文化是中华文化中具有海洋特性的区域文化，她由唐宋时期南迁的中原文化与福建原住民的滨海文化融通构成。由于地理因素和历史因素的影响，福建文化在近代以前一直是中华文化中海洋文化的代表，并在近现代获得巨大的发展。

一、福建海洋文化的发展历史

福建地处台湾海峡，春夏刮东南风，秋冬刮东北风，在以帆船航行为主的古代，这种有规律的季风给闽人带来很大方便。秋冬，他们远航东南亚，夏季返航；春夏，他们北上朝鲜、日本，秋季返航。因而，古代闽人视异域为门庭，往来相当方便。在长时期的往来中，闽人与海外诸国结下了深厚的关系，中国沿海省份虽然多，但只有广东和福建两省长期与海外保持广泛的联系，因而福建是中国海洋文化最发达的区域之一。闽人具有悠久的航海传统。

1. 福建航海文化的发展

华夏文化是发源于中原的内陆文化，她在向四周扩张中，融汇了东夷文化和越文化，夷、越都是海洋民族，具有悠久的航海传统，尤其是越族生活于东南水乡，"以船为车，以楫为马，往若飘风，去则难从"①。在战国秦汉时期，福建是闽越人居住的区域，他们擅长航海，继承了越人的传统。汉族进入闽中后，与闽越族融合，继承了闽越人的航海文化。因此，自古以来，闽人便以航海闻名于世。

首先，闽人的航海技术领先全国。西晋左思的《吴都赋》云："弘舸连舳，巨舰接舻……篙工楫师，选自闽禺。习御长风，狎玩灵胥。责千里于寸阴，聊先期而须臾。"②可见，当时闽人的航海技术便扬名国内。唐宋时期，闽人已经远航印度洋，掌握了以星宿和指南针导航的技术。据徐兢的《宣和奉使高丽图经》记载：北宋官员出使东北亚的高丽国，不是就近从山东半岛登船，而是到泉州来雇船，这充分说明了宋人对闽人航海术的信任。明初郑和下西洋的舰队，每次都从福州五虎门起航，其原因之一是要在福建聘用精通航海术的人员。直到晚清民国时，中国海军的技术人才亦多为闽籍。可见，闽人的航海术优势一直保持到近代。

其次，闽人的造船术长期领先。从商周时期的武夷山船棺来看，当时闽人已掌握造船术。东晋，卢循的海上武装游弋于福建沿海，曾在晋安海岛建造九艘八槽舰，"起四层，高十余丈"③。宋代福建大船以吃水深、载重大为特点，徐兢所乘"神舟"，"长十余丈、深三丈、阔二丈五尺"，桅高10丈，可载2000斛。④ 这种船型可抗风浪，适于远航。"海舟以福建为上"⑤，这是宋代普遍的评语。一般认为，明代远航西洋的郑和大船主要是福建制造的"大福船"。明代福建还造过册封舟，完工于崇祯六年（1633）的一艘册封舟长21

---

① 〔东汉〕袁康、吴平：《越绝书》卷八，外传记地传第十，岳麓书社1996年，第123页。
② 〔西晋〕左思：《吴都赋》，〔南朝〕萧统编：《文选》卷五，中华书局1977年影印清胡克家校刊本，第92页。
③ 〔宋〕李昉：《太平御览》卷七百七十，舟部三，中华书局影印四库全书本，第8页。
④ 〔宋〕徐兢：《宣和奉使高丽图经》卷三十四，海道一，文渊阁四库全书本，第12页。
⑤ 〔宋〕徐梦莘：《三朝北盟会编》，卷一百七十六，海天书店点校本，第16页。

丈，宽6丈，入水5丈①，是明清时期郑和宝船之外，见载于史籍的最大帆船。晚清，吸收欧洲先进技术的马尾船政诞生，共造出40艘蒸汽推动的战舰，这说明福建的造船优势延续至清末。

再次，闽人拥有强大的船队。据《史记·东越列传》，闽越王余善拥有一支大船队，他曾率八千水师远航岭南，配合汉军平定南越的行动。唐代，唐军与安南发生战事，朝廷在福建调船数十艘，运军粮三万石至岭南。② 宋代，为了抗衡金朝的海上实力，官府在福建造海舟700艘③，元将高兴入闽时，"获海舶七千余艘"④。明末，郑成功的舰队曾拥有8000艘船⑤，据清代福建的沿海图志载，福建各港拥有大小海船7000多艘。清末的福建水师，也曾拥有一支十几艘蒸汽战舰组成的舰队。总之，福建的海上力量，在中国历代名列前茅。

复次，福建一直是中国人从事海事活动的主要基地。三国时期，吴在福建设立"典船校尉"；西晋在福建设"温麻船屯"。宋元时期，泉州成为东方第一大港，中国商人从这里出发，远赴世界各地。元朝的军队曾从泉州港启航，远征占城、爪哇、琉球、日本。明代，福州太平港是郑和长驻的基地，私人海外贸易兴起后，漳州月港又成为最大的商港。明末清初，厦门港扬名东亚，郑成功舰队从这里出发，收复了台湾。清末，福州马尾港又成为中国最大的造船基地。

又次，福建有实力雄厚的海商资本。宋元时期，泉州海商富甲天下；明清之际，闽粤海商与晋商、徽商三足鼎立；清代中叶，广东十三行商人号称海内首富，实际上，他们多为厦门迁去的行商后裔。近代以来，福建的华侨

---

① 韩行方：《明崇祯朝册封琉球始末考辨》，《海交史研究》1993年第1期。
② 〔宋〕王溥：《唐会要》卷八十七，文渊阁四库全书本，第19—20页。
③ 〔元〕脱脱等：《宋史》卷三百七十五，李郃传，中华书局1977年点校本，第11608页。
④ 〔明〕宋濂等：《元史》卷一百六十二，高兴传，中华书局1976年标点本，第3804页。
⑤ 〔清〕夏琳：《海纪辑要》，永历十二年五月，台湾文献丛刊本。

资本也是令外省称羡不已的。总之，自秦汉以来，福建一直是中国人从事海事活动的中心区域。

2. 泉州——宋元世界海洋文化的荟萃之地

福建沿海在历史上就是中国与海外交通的一个重要港口，自唐末以来，福建的泉州渐成为中国重要的对外贸易港口。南朝陈时期，印度名僧拘那罗陀在南安郡建造寺挂锡，欲候船归国，于此地重译佛教名著《金刚经》。陈天嘉三年（562），拘那罗陀乘船入海，因风向不顺，漂回广州，终老于此。这都说明闽南与海外世界存在广泛的联系。唐末以来，福建经济文化有较大的发展，对外贸易兴起。大历时诗人包何咏泉州："云山百越路，市井十洲人。执玉来朝远，还珠入贡频。"[①] 说明泉州已是外商进贡中国的主要通道之一。

唐代中国外贸中心是在广州，广州蕃坊有数万胡商，他们是广州联系海外各国的纽带。唐末，黄巢进入广州后，大肆屠杀胡商，这使广州的外贸遭到沉重的打击。在这种形势下，王审知及闽国统治者抓住时机发展海外贸易，使福建成为中国对外贸易的重镇。

宋朝设市舶司的政策导向是促进海外贸易，许多海商得到朝廷的赞赏，这是因为他们带来了海外国家的进贡。由于海外巨商不断来闽，泉州渐有许多番商定居，他们在泉州定居日久，影响是很大的。

元代泉州取得很大发展，如泉州人庄弥邵说："泉本海隅偏藩，世祖皇帝混一匡宇，梯航万国，此其都会，殆为东南巨镇。"[②] 马可·波罗说："刺桐（泉州）是世界上最大的港口之一，大批商人云集这里，货物堆积如山，的确难以想象。"[③] 就泉州的考古发掘来看，宋元时期的泉州有天主教、伊斯兰教、摩尼教、印度教、佛教等异域宗教传播，说明来到泉州的番商有欧洲、西亚、南亚、东南亚各地商人。在那一时代，这些商人实际上代表各地海洋文化的

---

① 〔唐〕包何：《送泉州李使君之任》，彭定球等编纂：《全唐诗》卷二百零八，中华书局 1960 年点校本，第 2170 页。
② 〔元〕庄弥邵：《罗城外壕记》，黄任等：乾隆《泉州府志》卷十一，第 7 页。
③ 陈开俊等译：《马可波罗游记》，福建科学技术出版社 1981 年，第 192 页。

最高水平，他们云集泉州及福建沿海，使泉州成了中世纪世界海洋文化最发达的地方，从而使闽南的海洋文化突破地域性成为世界海洋文化的顶峰。在闽南这块土地上，多种海洋文化相互促进、融合，造就了新型的闽南海洋文化。所以，分析历史上闽南海洋文化的发展，应看到它是中世纪世界海洋文化的结晶，这是一笔丰厚的海洋文化遗产，也是后世闽南海洋文化能达到较高水平的原因。

3. 明代海禁与福建人海上霸权的建立

明清两代都实行过严厉的海禁，这一政策对中国海洋事业的打击很大，导致许多地方海洋事业的毁灭。以山东来说，它是中国海洋文化的发源地之一，早在春秋战国时期，当地的海洋文化就很发达，齐国利用海洋产品食盐贸易走上富裕道路，越王勾践在琅琊建立据点，都反映了当地发达的海洋文化。迄至宋元时代，山东半岛的板桥镇仍是北海贸易的中心。然而，自明朝实行海禁政策之后，寸板不许下海之令实行，所有的海船都被禁止。山东沿海贸易从此断绝数百年，大批渔民改为农民。明代中叶，海岸线很长的山东省，其民众竟然不吃海鱼。迄至明代后期，受北上南方人的影响，民众才开始食用海产。至于江南地区，这里的贸易一向以内河贸易为主，海上贸易不是最发达。元代闽人的北上，导致当时海外贸易的兴起，

迄至元末，江南的海外贸易也达到了一定的水平。可是，明代初年实行的海禁，使江南的对外贸易基本断绝。不过，江南的海禁不像北方那么严厉，早在明代前期就允许渔民下海打鱼，但是，下海贸易还是被禁止的。明代嘉靖年间，江南沿海开始有了私人海上贸易，最后引起了倭寇侵袭江南诸府县的事件，明朝费了九牛二虎之力才将倭寇平定。有人以为，明朝在倭寇平息之后实行了开放政策，这是错误的。至少在江南境内，官府不是开放海禁，而是乘机加强了海禁。晚明中国对外贸易史也表明，明末的海商多为闽粤民众，极少江南人氏。实际上，明末在浙江、上海一带出海贸易的民众，多为闽粤移民。

至于广东省，该省富有对外贸易的传统，广州市舶司历来是中国对外贸

易的主要口岸。明朝虽然实行海禁，但广州市舶司的贸易仍在进行中，东南亚各国到中国进贡，大都是在广州登岸，这使广州成为中国合法对外贸易最发达的地方，因而，广州民众对海外贸易的要求不是很强烈。倭寇事件发生后，明朝军队从北向南逐步平定倭寇，广东成为倭寇活动延续最久的区域，一直到万历十年（1582），广东境内还有大规模的倭寇活动。广东的倭寇活动使官府厉行海禁政策，所以，晚明广东的海禁也相当严厉。受其影响，广东私人海上贸易不如福建发达。

  福建人面对海禁采取另一种态度，他们利用山高皇帝远的条件，在海边悄悄发展对外贸易。其中尤其以漳州人的海上贸易为最。漳州在宋元时期为畲族活动区域，宋朝对畲族采取羁縻策略，不能有效管理这一地区。元朝对畲族的管制加强，也引发了畲族屡次掀起反元大起义，如历史上有名的陈吊眼起义、钟明亮起义，漳州的畲族都是其中的主力军。明朝军队进入闽南后，当地的反抗力量下海为盗，他们屡屡袭击沿海的卫所，成为明朝军队极为头痛的反击对象。翻开《明实录》查阅，可知在明代前期的上百年内，漳州屡屡发生海盗与官军作战的事件。在这些战斗中，明朝的水师多次被击败，漳州海盗的强悍由此可见。在这一背景下，漳州沿海民众不会理睬朝廷的海禁政策，他们自行造船下海，远航东南亚各地，进行海外贸易。有时，他们还冒充东南亚各国的使者到明朝进贡，甚至受到朝廷的表彰。这一时期，中国沿海只有漳州人进行大规模海上贸易，漳州人由此实现对中国海上贸易的垄断。不过，其时中国对外贸易的规模不大，所以，虽说漳州人垄断中国对外贸易，但他们的赢利不算突出。

  明代中叶，有两个因素大大加强了东亚的海上贸易，其一为葡萄牙等欧洲殖民主义者东来，并在东南亚建立贸易据点。他们带来了欧洲市场对东方商品的渴望。其二为日本市场的开拓。日本在明代中叶发现了世界上屈指可数的银矿，大量白银涌入市场，导致物价飞涨，民不聊生。在这一情况下，漳州商人送去了产自中国的各类商品，使日本的银价下跌，老百姓生活水平上升。以上两大变化改变了东亚的贸易格局，漳州商人与葡萄牙商人分别从中国采购大量的商品运到日本销售，换取白银输入中国。白银的不断流入，引起各方商人的艳羡，于是，江南商人、广东商人和福建其他地方的商人无不卷入对日本贸易中，而且引起倭寇袭击东南沿海各地。明朝平定倭寇之后，各地采取了不同的应对策略，浙江与广东继续海禁，不准老百姓下海，但福建官府的处置方法不同，他们看到"海者，闽人之田也"的事实，因而请求朝廷允许海澄县的月港开放，凡想去海外贸易的商人可以在海澄申请执照。这一政策的实行，首先反映了漳州商人在中国对外贸易中执牛耳的地位，否则，朝廷开放的唯一港口不会设在漳州的月港；其次，月港取得对外贸易的特权，巩固了漳州商人在对外贸易中的地位，使他们在中国继续领先于其他区域。月港是一个地方性的港口，因内陆交通不发达，外地商人要到月港申请执照不是那么容易，所以，取得对外贸易执照最多的是漳州人，其次是泉州人，再后才是其他各地的商人。

明代的闽南人大致可分为四支，即泉州人、漳州人、潮州人、海南人。除了漳州商人之外，泉州人、潮州人都是对外贸易的积极参与者。由于漳州人在月港出海贸易有地利之便，所以，晚明的中国海商以漳州人为主体。但是，富有对外贸易传统的泉州人也在积极参加对外贸易。他们的方法是以打鱼为名造船入海，然后悄悄地驶向日本沿海，进行贸易。近年在日本的广岛县博物馆展出了一面与晋江商人有关的旗帜，它是明神宗万历十二年（1584）日本的一位大名颁给晋江商人蔡氏的贸易许可证。蔡氏商人只要将旗帜挂在桅杆上，就可到这位大名领地里贸易。这一文物给笔者相当震动，这是因为，明朝开放月港的同时，严禁从此地出发的商人到日本贸易，违者必究。万历十二年是这一禁令颁布之后的第十八年，史料记载，当时禁令得到执行，月港商人都不敢去日本贸易。但从广岛博物馆所藏这面旗帜来看，当时还是有晋江商人偷偷地到日本贸易！其后，万历三十五年（1607），晋江商人许丽寰抵达日本九州的萨摩，当地大名为了争取许丽寰再次到日本贸易，竟然和其盟誓，要求许丽寰再次到日本，不论到什么地方登陆，都要到萨摩与其贸易。日本对中国商品的渴望由此可见。晚明的海禁松弛，福建商人抓住这一机会纷纷到日本贸易，除了漳州商人外，福州商人与泉州商人也不少，泉州商人成为对日本贸易最大的福建商团。

明代末年，以郑芝龙、郑成功为代表的泉州商人崛起于海上，郑芝龙在天启年间成为台湾的海盗头目之后，逐渐控制了台湾海峡的海上霸权，林时对记载："龙幼习海，知海情，凡海盗皆故盟，或出门下。自就抚后，海舶不得郑氏令旗，不能往来。每一舶税三千金，岁入千万计。龙以此居奇为大贾。"[1] 当时的郑芝龙以富贵闻名于天下，"芝龙置第安平，开通海道，直至其内，可通洋船。亭榭楼台，工巧雕琢，以至石洞花木，甲于泉郡。城外市镇繁华，贸易丛集，不亚于省城"[2]。郑芝龙降清后，其子郑成功、孙郑经、曾孙郑克塽相继称霸台海，前后60年。这一时期，泉州商人的声势超过漳州商人，成为台湾海峡最大的商人集团。

总的来说，明末是闽南商人最强盛的时代，他们北上日本、琉球，南下东南亚国家，建立了环中国海商业网络。在这一时代，中国长江以北沿海省份的民众基本不从事海上活动；东南沿海诸省，浙江与广东都厉行海禁，只有福建省的海禁较松。在福建省之内，除了闽南人（特指泉州人、漳州人和潮州人）之外，还有福州的福清人、长乐人、闽侯人也都从事海上贸易，但他们的实力比不上闽南人。所以，实际上是闽南人控制了中国海上贸易。

4. 清代中国沿海的闽南移民

闽南早在唐末即为人口密集的区域，闽南人擅长海上活动，拥有许多大船，因而从唐代开始就向邻近沿海移民。明末清初，郑成功率领以福建人为主的海上力量纵横南北，他们占据了东南沿海的多数岛屿，奠定了福建人开发中国沿海岛屿的历史基础。入清以后，福建人迫于生计不断移民沿海诸岛，造成中国沿海岛屿大多使用闽南话的情况。这一移民过程一直持续到清代末期，民国时期还在加强中。

台湾是最典型的福建人开拓区。早在明代嘉靖年间，就有闽南渔民到台

---

[1]〔清〕林时对：《荷牐丛谈》卷四，台湾文献丛刊第153种，第156页。
[2]〔清〕江日昇：《台湾外志》，上海古籍出版社1984年，第145页。

南区域捕鱼,后在当地定居。万历二年(1574),福建水师进入台南的新港。①万历末年,同安籍海盗袁进和漳浦籍海盗李忠进入台南扎寨,而后又受朝廷招安,演出了一幕新编《水浒传》的故事。袁进之后,漳州人颜思齐、南安人郑芝龙相继进入台南,在台南形成固定的福建人定居点。荷兰占据台南之后,招揽中国人前去开发,迄至郑成功收复台湾,台南已经有两万以上的福建人。清代初年,福建人大举进入台湾,成为台湾主要人口。大致而言,清代台湾移民人口中,福建人占了4/5,广东客家人占1/5,福建人占绝对优势。

浙江沿海岛屿同样以福建人为多。由于浙江沿海是中国著名的渔场,每年秋冬之时,都有福建渔船到浙江沿海捕鱼。早在明代晚期,浙江官府就为来自福建沿海的渔船感到苦恼,因为,这些渔船的来到,往往不遵守浙江海禁的规定,偷偷地从事海上贸易,破坏了浙江海面的海禁。浙江官府担心海上贸易引发倭寇入侵,经常盘查福建的渔船,这是《越镌》一书所载的情况。清朝开放海禁之后,福建渔民北上浙江没有了障碍,他们纷纷来到浙江沿海捕鱼,后成为常住人口。至今为止,浙江沿海岛屿的居民福建人后裔占一半以上。除了沿海岛屿,浙江南部的温州府也有许多福建人。温州本是吴语区,据说宋代温州曾遭大海啸的袭击,人口锐减,而后福建人开始移民温州,大量闽南移民进入温州,改变了当地居民的成分。温州南部的平阳、苍南诸县因而成为闽南话区,主要使用闽南话。

广东沿海的闽南话区分布广泛,潮州的福建人大都源于泉州,最早应是在唐代就有泉州移民。宋代,泉州人移民广东沿海及海南岛的数量不少,海南岛及广东沿海的闽南方言区初步形成。从靠近福建沿海的潮汕地区到广西边境的雷州半岛,大都是使用闽南话的居民,他们的祖先多来自闽南。最早的是唐宋时期的移民,而后是明代的福建移民。明代末年,闽南区域旱灾频发,许多闽南商人到广东沿海各府采购粮食,并将福建的各种商品带到广东沿海,这就促进了闽粤沿海之间的联系。在这一基础上,大批福建人移民广

---

① 徐晓望:《论明万历二年福建水师的台湾新港之战》,《福建论坛》2019年第11期,第109—115页。

东沿海，扩大了广东沿海的闽南话带。迄今为止，广东使用闽南话的居民占1/4左右。至于海南岛，清代当地的汉族增长较快，逐渐成为闽南话主导的区域。值得注意的是：在广东沿海，漳州人、泉州人、潮州人都有很大的影响，其中尤其以漳州籍海商为多。广东十三行的商人原籍多在漳州，他们在清代控制了广东主要对外贸易，成为岭南一带巨商。

上海的福建人。上海作为中国的主要港口，约始于清代初年。清朝平定台湾之后，在东南沿海设立四个海关，即云台山、宁波、厦门、广州。云台山所在地即为连云港，因其开放之初可供贸易的商品不多，后改为同属江苏省的上海。上海在清代初年即为中国南北海运的中心，闽南商人当然不会放过这个航海基地。闽南商人一向有经营北海贸易的传统，他们的船只来到上海运载棉花、丝绸等商品南下，而给上海运去蔗糖、纸张、蜜饯、木材等各种南货，因而上海有了南货店之名。上海还是通向日本的贸易中心，福建商人多要到上海申请赴日本的许可证。由于以上原因，当上海开放之后，福建商人很早就来到这一发展潜力巨大的港口。其时，由于清朝的海禁，中国沿海各地居民几乎都"忘记"了航海技术，而福建人在郑成功、施琅时代一直是中国水师的主力，延续了中国人航海的传统文化，所以，上海一开放，他们和福州海商、潮州海商一起进入上海，垄断了当地的海上事业。据清代大儒张伯行的记载，清康熙年间，上海最大的海商是一位名叫张正隆的福建海商，他有数十条大船行走南北洋进行贸易。张正隆还想将自己的船队扩充到一百条大船。其后，上海的海运业一直掌握在闽潮海商的手里，著名的小刀会起义时，有两万多闽粤水手参加，很轻易地掌握了上海城，这都说明闽南水手、海商在上海的绝对势力。

北方港口的闽南海商。中国北方港口主要分布于环渤海区域，其中有山东的青岛港、烟台港、威海卫港与河北的天津港、山海关，以及辽宁的锦州、营口、丹东等港市。这些城市在唐宋时期即有发达的海洋文化，可惜在明代受到海禁政策的压制，海洋文化衰退。和闽粤不同的是：明代的山东、河北、辽宁沿海都属于地多人少的地区，田地很多。所以，明朝下令海禁之后，当地民众便转向经营农业，没有必要和朝廷对抗。因而明朝实行海禁后的200多年，北方沿海的海洋文化基本衰退。清朝开放沿海港口之后，给予北方海洋文化复活的机会，但因航海传统的流失，当地民众一时无法再现鼎盛时期海洋文化的繁荣。然而，福建人很早就看到了北方港口的贸易机会。在清代初年有两件福建人远航北方港口的事件。其一，福建官员向康熙皇帝揭发：明郑台湾政权在山东半岛的口岸设立侦察据点，每当朝廷有重大事件发生，就会派船从山东半岛出发，直航台湾港口，将信息通报台湾主政官员；其二，施琅收复台湾之后，为了避开福建总督姚启圣，独揽平定台湾之功，便从澎湖派船直航天津，将告捷奏疏直接送到北京，从而得封靖海侯，将姚启圣晾在一边。这两件事都说明清代初年福建人对北方港口已经很熟悉。因此，当清朝开放沿海港口之后，闽南商人、渔民纷纷来到北方港口，他们的来到，复兴了当地的海洋文化。近几十年来，北方港口的妈祖庙引起学界广泛的兴趣，在对这些港口调查后发现，它们的建立大都与闽粤商人有关，尤其和泉州商人有关。以烟台妈祖庙来说，它的捐建者为来自泉州的商帮和船帮，他们于清代从泉州沿海远航烟台，在当地掌控了航运业和渔业。晚清光绪年间，泉州商帮和船帮共建烟台天后宫，他们用船从南方运来了石雕、砖瓦等部件，在烟台建造一座典型的闽南庙宇，整座建筑雕刻精美，是在闽南也罕见的佳作。辽宁的沿海港口，也有许多妈祖庙，2007年秋，笔者在辽宁的锦州妈祖庙内看到"泉州会馆"的字样，表明这座庙最早是泉州商人建的。清末民国时期，福建与东北的贸易十分兴盛，福建商人运去蔗糖、烟草、纸张等南方商品，运回大豆、棉花、豆料等东北商品。在辽宁沿海，福建商人建立许多会馆，因而，在沈阳、丹东、营口、锦州等城市，都有福建商人的会馆。这些会馆气势宏大，大都成为港口最杰出的建筑。

总的来说，由于明清海禁的影响，中国多数沿海地区的航海传统失传，因而在清代开放沿海港口之后，闽南商人、渔民乘船而至，发展了当地的海洋文化。可见，当代中国各地的海洋文化，多含有闽文化的因子。

由此可见，福建人对近世以来中国海洋事业的发展作出过巨大贡献，他们曾经称雄于海洋，控制了环中国海的主要贸易，建立了普及东南亚、东亚及中国沿海的商业网络。近代中国海洋事业的发展，与福建人的海洋拓展是分不开的。因而，研究中国海洋文化发展史，必须给予福建人更高的评价。

二、福建海洋文化的历史地位

福建与海外诸国有悠久的文化联系，她是连通中华文化与海外文化的桥梁，在中华文化的区域文化中占有独特的地位。事实上，福建是中国海洋文化最发达的区域。

1. 福建与海外诸国有密切的联系

福建与东北亚诸国。（1）福建与朝鲜。朝鲜古称新罗、高丽等。唐宋之间，福建海商经常到朝鲜做生意，《宋史·高丽传》云："王城有华人数百，多闽人。"又据朝鲜郑麟趾的《高丽史》，宋代商人赴高丽达129次，共5000多人，其中载有籍贯的有24次，而闽人占18次。[①] 有些闽商被留下做官，闽人与高丽关系之密切于此可见。（2）福建与琉球。从明朝开始，琉球向中国朝廷进贡达500年之久，由于地理上的关系，明清两朝指定福州为联系琉球的主要港口。于是，琉球使者常在福州居住，或是候风回国，或是等候朝廷召见。明清二代，中国派至琉球的册封使达23次。双方关系在不断往来中巩固发展。（3）福建与日本。双方关系始于日本高僧空海来华，他于唐贞元二十年（804）在长溪县（霞浦）登陆，从此，双方往来不绝，见载于史册。经过元朝侵日及倭寇扰华一段曲折后，明末清初，双方关系渐趋正常。福建著名海商郑芝龙娶日本女子田川氏为妻，他们的儿子即为民族英雄郑成功。

福建与东南亚诸国。（1）福建与越南。从秦汉到五代，越南长期隶属于中国王朝，北宋初，越南独立，闽人在越南仍然很活跃，大中祥符二年

[①] 转引自李东华：《泉州与我国中古的海上交通》，《宋商赴丽一览表》，台北学生书局1986年，第74—82页。

（1009），越国王黎恒死，"安南大乱，久无酋长，其后国人共立闽人李公蕴为主"①，于是，越南李朝建立。南宋末，李朝衰亡，闽人陈日照称王，建立陈朝。② 两个朝代的开国者都是闽人，这充分说明闽人与越南的紧密关系。（2）福建与菲律宾。菲律宾古称吕宋，闽人从唐代即开始移民吕宋。明代，西班牙人占据吕宋后，从美洲运来的白银非常之多，于是许多闽南人去马尼拉经商。近代菲律宾华侨约有十几万，其中90%以上为闽籍。（3）福建与马来亚（包括新加坡）。据元代汪大渊的《岛夷志略》记载，在后来被称为马来亚的区域，已有闽人经商谋生。1824年，英国人占据马来亚，招募中国苦力前去开矿、垦殖，至1947年，福建华侨已有827 411人，占华侨人数31.64%。③

福建与印度尼西亚。印度尼西亚群岛上有许多古国：三佛齐、阇婆、苏吉丹等，这些国家早在唐宋即与中国有交往。许多闽人留居印尼，据1930年统计，印尼福建华侨有554 981人，占当地华侨总数的46.64%。④ 在其他东南亚国家，如泰国、缅甸、老挝、柬埔寨、文莱，都有不少闽籍华侨，人数从数千到数十万不等，他们是福建与这些国家联系的纽带。

福建与南亚、西亚诸国。亚洲西南的印度、波斯、阿拉伯诸国都是文明古国，在宋元时期，中国的丝绸、瓷器经海路源源不断地输往以上诸国，双方商人与旅行家频繁往来，结下深厚的关系。

综上所述，福建与海外诸国结下了广泛的、悠久的文化关系。从文化交流的角度看，福建在历史上是中华文化、马来文化、印度文化、阿拉伯文化、欧美文化，以及朝鲜、日本、越南文化的交汇区，也是东西南北各区域交通的交汇点，所以，福建文化是根在中原的文化，又是具有世界意义的文化，它的本质是海洋文化，具有开放性、包容性、冒险性等特点。自唐宋以来，福建一直是中国人向海洋发展的领头雁，是中国海洋文化发达区域之一。

---

① 〔宋〕沈括：《梦溪笔谈》卷二十五，岳麓书院本，第215页。
② 〔宋〕周密：《齐东野语》卷十九，安南国王，文渊阁四库全书本，第9页。
③ 杨力、叶小敦：《东南亚的福建人》，福建人民出版社1993年，第76页。
④ 杨力、叶小敦：《东南亚的福建人》，福建人民出版社1993年，第76页。

2. 福建是中国海洋文化的主要代表

在历史上，福建人是中国海洋文化的主要承载者，其重要性表现于：其一，中世纪的泉州荟萃了来自世界各地的海洋文化，在此基础上发展起来的闽南海洋文化是世界海洋文化的结晶，也是其时代的世界最高峰；其二，明清时代福建人突破了朝廷海禁的封锁，建立了环中国海最强大的海上力量；其三，明清福建移民对沿海各省海洋事业的发展起了关键作用；其四，东南亚各国近代海洋事业的崛起，大都与福建人的海洋移民有关。

3. 福建文化在海外的传播

闽人在与海外文化接触过程中，将中华文化传到世界各地，对海外各民族文化的发展作出了贡献。

人口与血缘的融合。

闽人在向海外播迁的过程中，逐渐与当地民众融合，成为土著民族的组成部分之一。例如，宋代闽人至高丽，常被留下做官；[1] 越南李朝与陈朝皆为闽人开创，他们在越南成为王族；明朝赐给琉球的"闽人36姓"中，有几个姓长期受到重用，他们在琉球聚族而居，逐渐同化于土著；在长崎的福建华侨，后来也成为日本公民，他们通晓中日两种语言，长期世袭"通事"一类的职务。[2] 在东南亚的华侨最多，他们有的和当地人通婚，形成新的民族。还有一部分华人相互通婚，他们长期保留闽南话等福建方言。据1939年的《闽侨》月刊统计[3]，福建在东南亚华侨有1 899 900人，其中：暹罗37 600人，马来亚854 695人，荷属东印度739 540人，安南75 265人，缅甸77 400人，菲律宾85 400人，北婆罗洲30 000人。他们在当地从事工商业、种植业，对东南亚的开发贡献极大。

文学艺术的传播。

在宋元明三代，福建的建阳书坊一直是中国出版业中心，所出版的各种

---

[1] 〔元〕脱脱等：《宋史》卷四百八十七，外国传三，高丽传，第14053页。
[2] 〔日〕木宫泰彦：《日中文化交流史》，胡锡年译，商务印书馆1980年，第701页。
[3] 杨力、叶小敦：《东南亚的福建人》，福建人民出版社1993年，第35—36页。

书籍和小说传至海外各国。南宋赵汝适的《诸蕃志》一书记载的"货物"类中，有"建本文字"一项；元初熊禾为书坊同文书院撰写的《上梁文》中说："书籍高丽日本通。"① 至今韩国、日本保存的宋元明古版书籍里，有许多是建阳麻沙本。中国古典小说《三国演义》《水浒传》《西游记》等，随着闽侨带到他们的所居国，今日东南亚、东亚诸国，没有不喜欢以上诸书的。一些与当地人同化的华侨还积极翻印中文书籍，据法国汉学家克劳婷·苏尔梦统计，从 19 世纪 20 年代迄于 20 世纪 60 年代，印尼计有华人作家、翻译家 806 人，他们翻译和创作的作品达 2757 部，加上佚名作品 248 部，总共有 3005 部。② 这是一笔巨大的文化财富。在马来亚，华裔文学产生于 19 世纪，著名的闽南籍翻译家曾锦文（1851—1920 年）曾在马尾海军学校学习，他将上述三部古典小说翻译成马来文。而在泰国，早在 19 世纪初便有了一部泰文《三国演义》，翻译者为闽侨后裔。印尼的闽籍翻译家有林庆容、薛金贵等。③ 许多闽人致力于高雅文化作品介绍，元末莆田人俞良甫在日本自费刻印汉文书籍，完成了《唐柳先生文集》《昌黎先生文集》《文选》等巨著，④ 对日本人了解汉文化作出了贡献。清代，一位教名为阿卡狄奥的泉州人在巴黎编著《法汉字典》，⑤ 它对法国汉学家有重要意义。

福建的地方艺术也传入海外诸国。明代姚旅的《露书》说：琉球人爱看闽人演出的《姜诗》《王祥》《荆钗记》等剧目。闽南的布袋戏、木偶戏、高甲戏同样在南洋诸国流传。在民国时期，每逢闽南戏班去南洋诸国巡回演出，观看者总是人山人海。泉州的南音也随着华侨传到东南亚，在泉州人较多的

---

① 〔宋〕熊禾：《勿轩集》卷五，建阳同文书院《上梁文》，《丛书集成初编》第 2407 册，第 64 页。

② ［法］克劳婷·苏尔梦（Claudine Salmon）：《印尼华人的马来文学》（*Literature in Malay the Chinese of Indonesia*）Archipel，1981 年，第 10 页。

③ 林金枝：《福建文化在东南亚的传播及其影响》，《福建论坛》1989 年第 2 期。

④ ［日］木宫泰彦：《日中文化交流史》，胡锡年译，商务印书馆 1980 年，第 484 页。

⑤ 林金水、吴怀民：《第一个定居巴黎的福建人》，陈建才主编：《八闽掌故大全·人物下篇》，福建教育出版社 1994 年，第 122 页。

菲律宾和新加坡，有数十家演唱与研究结合的南音社，著名的班子有菲律宾的崇德社、新加坡的湘灵音乐社。① 在书画方面，福建黄檗寺的隐元于明清之际远渡日本，带去大量书画，使无法出国的日本艺术家得以浏览中国古代艺术。隐元和他的弟子即非、木庵皆擅长书法和绘画，他们的画风重写实，并吸取了西洋技法，对日本书画艺术产生潜移默化的作用。在建筑上，闽人在日本、南洋盖的许多寺庙都展现了本土建筑一贯的风格，对海外建筑艺术影响很大。

儒学文化圈的形成。

在闽学问世以前，孔子的儒学已有传到日本、朝鲜、越南等国的事例，但是，当时的儒学重章句考证，缺乏一股生气勃勃的精神，在佛教的绝对影响下，似有奄奄一息之感。自从朱熹将孔子学说扩大为一个严密而博大的体系后，儒学对海外学者的吸引力倍增。朝鲜出现了被誉为"朱熹之后第一人"的李退溪，儒学逐渐繁衍为一大学派，至今不衰。日本的朱子学在朱舜水东渡后，迅速成长为影响很大的"水户学派"。朱熹"爱国、尊王、重礼"的思想，以及务实、复古的学风深深地影响了日本人，对明治维新起过很大作用。越南陈朝建立后，由于开国者原为闽中儒生，对朱子学十分尊重，他建立国子监，讲习"四书五经"。在黎朝时代，《四书集注》被列为科举教材。朱子学在南洋传播较迟，但在19世纪，已有了"四书"的马来文译本。新加坡在1949年以后，逐步推广华文教育，以"四书"为课本。所以说，东亚及东南亚儒学文化圈的形成，是与朱子学有关的。朱子的理学对欧洲文化也产生过巨大影响，17世纪以后，西方传教士开始将《四书集注》等书译成欧洲文字，东方文化很快成为欧洲学者议论的中心。莱布尼茨用"理"的概念否定上帝创造世界说，法国重农学派在"四书"中找到重农理论的根据。20世纪初，辜鸿铭以儒学价值观批判西方文化观，对欧洲思想界的冲击极大。

共同的宗教信仰渊源。

---

① 林金枝：《福建文化在东南亚的传播及其影响》，《福建论坛》1989年第2期。

福建是中国佛教、道教向外传播的基地之一，日本禅宗信徒以曹洞宗居多。我们知道，该宗是闽僧曹山本寂与其师共同开创的，明末清初隐元渡日，在日本开创黄檗宗，丰富了日本禅宗学派。日本京都的黄檗寺、长崎的福济寺和崇福寺，都是闽人建造。东南亚的佛寺大多与闽寺有密切关系，例如：槟榔屿的极乐寺便是鼓山涌泉寺的下院；福州西禅寺在新加坡、越南都有廨院；闽南僧人在新加坡建普陀寺，在菲律宾建大乘信愿寺。[①] 在道教与民间信仰方面，南洋华人信仰的各种神灵大部分来自福建，例如，在马尼拉有青阳大王公、石狮城隍、诗山广泽尊王等神祇的庙宇，还有闽南人信奉的妈祖、吴真人、关帝的分香庙宇。泉州通淮关帝庙极为有名，而在马尼拉，亦有一座同名庙宇。[②]

科学技术的播迁。

古代福建的科学技术有其独到之处，对世界科技的发展作出重大贡献。在宋代泉州人曾公亮所著《武经总要》一书中，最早记载了"指南鱼"的用法，这一技术逐步传到波斯、阿拉伯、西欧，对世界航海业的发展起了决定性的作用。苏颂制造的水运天仪被誉为"世界钟表之母"，它的机械结构为后世钟表匠所仿效。在医学方面，宋慈是公认的"世界法医之父"；明代建阳熊宗立的医著在日本多次被翻译，日本还派人到福建，跟随熊氏学医。至于实用技术，从福建外传者甚多：清代闽人赴泰国造船，使当地造帆船的技术大大提高；闽商在南洋各国开糖坊，则使中国制糖术传到当地；其他如制茶术、晒盐术、造纸术都陆续传到闽人侨居之国。福建各种农作物也传入海外地区，丰富了海外民众的物产和生活。

总之，通过福建这一文化跳板，中华文化向世界各地传播，它对各国文化的开发和科学进步，都起过良好作用。

4. 海外文化对福建文化的影响

---

① 梵辉：《福建名山大寺丛谈》，福建逸仙艺苑1985年，第117—118页。
② 陈衍德：《马尼拉华人的闽南地方神崇拜》，《亚洲文化》（新加坡）1993年第17期。

福建作为儒学文化、印度文化、阿拉伯文化、欧美文化的交汇区，在历史上受海外文化影响很大，可分为几个历史阶段。

唐以前（第一阶段）。

闽人在汉代即和东南亚国家有了交往，其时，印度文化极盛，所以，闽人受海外文化的影响主要表现为佛教的影响。有记载的福建最早的佛寺始于西晋太康年间，但它在民间的传播可能更早些。其后，福建佛教的发展极为迅猛，我会在本书第一章中作介绍。从《续齐谐记》所载"东晋阳羡许彦于绥安（漳浦）山行"的故事来看，当时佛经故事已渗透在民间传说中。[①] 日本圆珍和尚于大中七年（853）入唐，在福州开元寺跟从中天竺的般怛罗学习悉昙，[②] 这也说明佛教文化在福建很有影响。不过，闽人对佛教文化的吸收并非照抄不变。唐代，禅宗在闽中占统治地位，它在福建居于主导并衍化出南宗五派，说明福建已融会贯通了印度佛教，并和本土文化结合，推动了佛教的发展。同样是佛教鼎盛区域，浙江在五代盛行天台宗、华严宗等印度原生佛教教派，两省之间的差别含义是深远的。

宋元时期（第二阶段）。

宋元时期泉州成为东方第一大港，世界各地的商人汇聚泉州，他们带来了各自本土的宗教，如来自印度的佛教、印度教，来自波斯的摩尼教，来自西亚的景教与来自西欧的天主教，还有来自阿拉伯的伊斯兰教等，使泉州成为"世界宗教博物馆"。但是，必须注意的是：宋元外来宗教并未对中国产生类似佛教那么大的影响，基督教和伊斯兰教、印度教都在外来商人中传播，中国人加入者极少。唯有摩尼教逐渐演化为明教，成为宋元明三代重要的民间宗教之一。

明末清初（第三阶段）。

元朝灭亡后，泉州港渐趋衰落，海外巨商大多转移外地，福建沿海的外来宗教渐趋消亡。迄至明末，天主教进入中国，在福建有数万教徒，这使福

[①] 参见徐晓望：《福建民间信仰源流》，福建教育出版社1993年，第197—198页。
[②] ［日］木宫泰彦：《日中文化交流史》，胡锡年译，商务印书馆1980年，第146页。

建又一次受到外来文化的影响。基督教的仁爱哲学与忍耐为上的处世方法与儒教有相似之处,所以引起以退休宰相叶向高为首的许多儒者的兴趣。但是,清代罗马教廷干涉中国教徒祭祖习惯,导致清廷决心禁教,这使天主教对中国的影响被缩小到最低程度。不过,清代前期福建天主教的传播有三点值得注意:其一,西方传教士艾儒略在福建著书多部;其二,福安人罗文藻成为第一位中国主教;其三,福安、莆田、漳浦等地的天主教度过清廷禁教时期,一直存续到鸦片战争以后。这说明和其他诸省相比,福建受天主教影响相对较深。

近现代(第四阶段)。

五口通商之后,欧美文化在中国登陆,闽人在介绍欧美文化方面起过重要作用。林则徐被誉为"中国学者中睁眼看西方的第一人";沈葆桢主办马尾船政后,使之成为引进近代西方科技的基地。在社会科学方面,严复翻译了西方哲学、政治学、经济学、法律学各领域的名著。在文学上,林纾翻译了40多部西洋小说、戏剧故事。在宗教领域,西方基督教会在福建创办了1000多所学校。为了便于基督教普及,西方传教士花费许多心血,将《圣经》译成福建方言,产生了以罗马字拼音的福州话《圣经》和闽南话《圣经》,构成中西文化交流的一个奇特现象。受其影响,卢戆章提出了第一套"汉语拼音方案"。此外,林振翰于1911年出版《汉译世界语》,对世界语在中国传播作出贡献。[①] 总之,近代福建受西方文化影响很深。五四运动后,马克思主义传入中国,福建成为土地革命的重点区域,这也反映了现代闽人对欧洲先进文化的热情。由于福建的教会教育和新式教育发达,培养了一大批精通中西文化的学者。他们在经受严格训练的前提下,逐步掌握了西方先进的科学技术。现代福建以科学家及学者人才辈出而被称为"人才省",这是闽人在引进欧美学术、思想、科技方面先走一步造成的。

总之,福建与海外文化的特殊关系使其在中华文化中占有独特的地位。

---

① 参见陈建才主编:《八闽掌故大全·人物下篇》,福建教育出版社1994年,第189页。

毫不夸张地说,福建是连通中华文化与海外文化的桥梁。自唐宋以来,中华文化经过福建及广东等沿海省份传向国外,海外文化也经过福建传入大陆。在福建这块土地上,中外文化激荡成为推动福建文化发展的动力,因而也铸就了闽文化里的海洋文化性格。纵观中国沿海诸省,在漫长的 1000 多年的历史中,与海外诸国保持广泛性、持久性联系的,唯有福建与广东二省。所以说,福建与广东同为中国海洋文化的代表,这也是它们区别于内陆诸省的最大的不同之处。

第一章　福建海洋文化的形成

中国东南地区的福建、广东、浙江、江西诸省和台湾地区，是中华文化最富有活力的一个区域。从很早的时候开始，这里的华人就到海外发展，对东南亚国家产生巨大的影响。其中福建省的海洋文化表现尤为出色。

第一节　福建海洋文化的萌芽和发展

作为中华文化区域文化的一个分支，福建文化最大的特点在于对中国海洋文化的体现。[①] 福建海洋文化的萌芽与发展，与福建的地理环境及历史有关。

一、"闽在海中"

在三千年前的商周时代，中原的人们只知道在遥远的南方有一个叫作

---

① 福建文化的提法，创始于1992年厦门的福建文化研讨会上。参见徐晓望：《论中华文化与福建文化》，《东南文化》1992年第3—4期，《新华文摘》1993年第2期第154—158页全文转载。近年来，这一提法渐已被多数学者接受。

"闽"的地方,由于闽人北上多走海路,所以,中原人民有"闽在海中"的模糊概念。严格地说,这句话是错的。因为,古代的闽,主要是指现在的福建地区,它是中国大陆的一部分,而不是海中的岛屿。但是,若从文化的角度而言,它又说中了福建地理位置的一个特点——与海洋的联系极为密切。

福建负山面海,海岸线曲折,南北海岸线的直线距离只有535公里,但大陆的海岸线长达3324公里,沿海港湾众多,从北到南有三都澳、罗源湾、兴化湾、湄洲湾、泉州湾、厦门湾、东山湾等海湾。海湾处处可以建成港口,以湄洲湾和泉州湾之间由泉州市管辖的港口而言,即有后渚港、肖厝港、崇武港、洛阳港、深沪港、福全港、金井港、围头港、东石港、安海港、蚶江港、祥芝港、永宁港、水头港、石井港等15座港口。由于福建是多山地带,地势起伏较大,福建沿海的港湾大都水深港阔,到处都可以停泊大船,这在中国沿海各省是相当罕见的。

泉州湾重要航标六胜塔(王东明摄影)

福建面临台湾海峡，自古以来，台湾海峡一直是东亚的贸易通道，从东南亚到东北亚的海上贸易，都要通过台湾海峡。对于地处东亚、连接东北亚与东南亚海上贸易的中国而言，台湾海峡还是联系南北沿海区域的主要通道，具有重要的战略意义。因此，早在清代前期，施琅便说："窃照台湾地方，北连吴会，南接粤峤，延袤数千里，山川峻峭，港道纡回，乃江、浙、闽、粤四省之左护。"① 台湾海峡盛行季风，每年冬春季节，台湾海峡便刮起东北风，而每年夏秋季节，台湾海峡又刮起西南风，在以帆船贸易为主的古代，季风是台湾海峡民众进行贸易的良好条件，他们既可乘风北上日本、韩国、琉球，也可乘风南下占城、马尼拉、巴达维亚等城市。待到季风的方向倒转，他们又可以乘风返回家乡。因此，当地民众从很早的时候开始，便参与海上贸易。尤其是唐朝中叶以后，陆上的丝绸之路由于中亚陷于战乱而中断，海上丝绸之路乘机而起，成为中西贸易的主要通道，而台湾海峡正是东方丝绸之路的起点。旺盛的海上贸易，使台湾海峡两岸日益富裕，并带动了两岸山区商品经济的发展。

台湾海峡也有其不利于航海的地方，这就是：每当夏季，经常有台风从太平洋南部北上，这种强热带气旋的风力，常在十二级以上，台风中心经过的地方，海浪滔天，狂风怒吼，大多数船只都因无法抗拒风暴而倾覆。自古以来，台风给台湾海峡的民众带来无尽的灾难，但是，尽管如此，蓝色海洋所展现的无穷的魅力，又使台湾海峡的民众怀着九死无悔的决心，不断地深入到大海的深处，他们是海的儿子，在海洋上得到自由，也在海洋中葬身。他们得到更多的是：在海洋中发展。

总之，海洋构成福建区域基本的地理特点，它是福建海洋文化发展的基石。

---

① 〔清〕施琅：《恭陈台湾弃留事本》，厦门大学台湾研究所：《康熙统一台湾档案史料选辑》，福建人民出版社1983年，第308—309页。

二、史前台湾海峡的独木舟文化

福建区域出土最早的古文化遗址是福建漳州市郊区的莲花池山旧石器文化，其时代约在三四万年以前，有人认为，从该地简陋的石器内涵的延伸，可以看出福建其他地区的石器文化萌芽的雏形。当时的人类已经在滨海区域发展，形成了石器时代的海洋文化。

约在新石器时代，人类造出了独木舟。目前所知最早的独木舟出现在八千年前浙江的上山文化。对人类来说，舟是人类最早的交通工具，由于独木舟航海的危险性，它已经被许多文明民族淘汰，久而久之，人类渐渐遗忘了独木舟创下的航海奇迹。实际上，直到几百年前，波利尼西亚人仍然用它在南太平洋上航行，他们的独木舟自如地航行于南太平洋诸岛之间，北到夏威夷群岛，南到新西兰，西到马达加斯加群岛。对今人来说，即使用轮船航行，这也是一条艰难的航线，但古人却用独木舟完成了跨洋航行。据美国人类学家的调查，他们的成功，其原因在于对海流与海风极为独特的研究与体会。

台北"中研院"的陈仲玉研究员长期在福建沿海的马祖列岛从事考古发掘。近年来，他们最重要的贡献是在马祖列岛的一个小岛上发现了新石器时代的两具"亮岛人"遗骸。经德国和美国的两个实验室对其 DNA 进行检测，其结论让人惊讶：其中一具遗骸表明，他与山东半岛的古人基因类似，而另一具遗骸，则似东南沿海的古人。为什么中国东南小岛上新石器时代的遗骸会与山东半岛的古人基因相似？难道在那么遥远的龙山时代，就有山东半岛的居民航海到东南沿海岛屿？可以作为印证的另一现象是：发现于龙山文化中的黑陶器，同样发现于福建的新石器遗址中！这只能说明，早在远古时期，中国沿海各民族就在进行海上交流。他们海上活动的规模和水平，远远超越今人的认识。1975 年，在福建连江县境内鳌江下游距入海口 10 公里处，出土了一艘7米多长的古代独木舟,对于该舟的时代,人们估计约为汉代以前。①这种独木舟,对于勇敢者来说,已经可以用以征服台湾海峡了。我们知道:直到南宋时期,仍然有名为"毗舍邪"的台湾土著出没于台湾海峡两岸。他们所乘的轻筏,甚至更不如独木舟。

连江出土的独木舟

独木舟的创制约在新石器时代。而这一时代的开始,已在海水淹没东山与澎湖之间的陆桥以后。考古学家发现:在新石器时代早期,台湾的大岔坑文化与福建的壳丘头文化相当接近,诸如石器、陶器等文化遗物的制作方式有其共同的特点;在新石器时代晚期,台湾海峡两岸都流行彩陶文化,在台湾表现为凤鼻头文化,在福建表现为昙石山文化,毫无疑问,它们之间有共同的文化来源。② 在这一时代,只有独木舟才能联系台湾海峡两岸,所以,应当是独木舟将两岸的文化因素相互传播。

---

① 福建航运局:《福建航运史》,人民交通出版社1994年,第27页。
② 李家添:《台湾大坌坑文化与华南地区新石器时代早期文化的关系》,《人类学论丛》第一辑,厦门大学出版社1987年;张光直:《新石器时代的台湾海峡》,《考古》1989年第6期。

远古时代福建文化的发展，打下了深深的海洋文化的烙印。可以说，福建古文化的崛起，是与海洋文化相伴而行的。福建与台湾沿海的石器文化遗址，无不有大量的贝壳类弃物。台湾南部的鹅銮鼻文化，出土的水生动物遗骸有：夜光螺、银口蝶螺、珠螺、钟螺、盖笠螺、莫里西斯宝螺、地图宝螺、芋螺、小岩螺、环文螺、紫晃蛤、砾碟蛤、海龟甲、二齿鲀鱼。① 福建沿海的金门富国墩遗址，出土的一处贝丘遗址，由20多种贝壳组成；② 福州庄边山新石器遗址，出土贝壳堆积坑70余个。③ 在福州的昙石山遗址，出土了许多咸水类贝壳——蚬、魁蛤、小耳螺、牡蛎等，并有用特大的蛎壳制成的掘土工具"铲"；④ 东山岛的大帽山遗址出土了许多鱼类动物的脊椎骨。⑤ 这么多海生动物遗物的存在，说明当时福建沿海人类以贝壳与鱼类为其主要食物来源。在所有的动物中，贝壳类与鱼类是最易采集的，而且，它们的生长期没有冬夏之别。无论在什么季节，人类都很容易采集贝壳、捕获鱼类。总的来看，至今为止，福建与台湾的新石器遗址主要出现于海峡两岸的沿海，说明在新石器时代的福建区域，人类主要生活在沿海，以海洋生物为主要食物。与内陆的古人类要与猛兽搏斗相比，古代福建的人类作出了一项最佳选择。

在独木舟时代，最神秘的文化，也是最具有代表性的独木舟文化，要数福建武夷山区的船棺文化。武夷山是中国著名的风景区之一，有碧水丹山之誉。在风景区群山的悬崖洞中，有一具具的船棺，当地人历代相传，这些船棺中是古仙人的遗蜕。其实，它应是古人类的遗物。武夷山的船棺文化反映了青铜时代福建古文化的遗迹。经过碳14同位素测定，船棺的年代约在商周

---

① 陈国强、叶文程、吴绵吉：《福建考古》，厦门大学出版社1993年，第40页。
② 林朝棨：《金门富国墩贝冢遗址》，《考古人类学刊》1973年第33—34期。
③ 福建省文物管理委员会：《闽侯庄边山新石器时代遗址第一次发掘简报》，《考古》1961年第1期；林公务：《闽侯庄边山遗址82—83年考古发掘简报》，《福建文博》1984年第12期。
④ 曾凡：《闽侯县石山遗址第六次发掘报告》，《考古学报》1976年第1期；陈国强、叶文程、吴绵吉：《福建考古》，厦门大学出版社1993年，第56—57页。
⑤ 徐起浩：《福建东山县大帽山发现新石器贝丘遗址》，《考古》1988年第2期。

第一章　福建海洋文化的形成

上图：武夷山放置船棺的悬崖洞
下图：悬崖洞近景（梁如龙摄影）

时期。船棺中的文物大多数是木器、陶器，但十分精美。例如，用竹篾编成的竹席，用苎麻、棉花织成的布匹残片，还有一件有四足的灵龟木托盘，龟首高高仰起，形象颇为生动。看来当时古人已经使用青铜器为工具，否则，一些木器竹器不可能制作得那样完美。

  武夷山船棺文化最引人注目的还是那些造型独特的船棺。船棺的本体用巨大的楠木制成，上盖下船，似出自一根巨木，然后用锯子解成二片，棺身挖成长方形的洞，可载尸身，这些与普通棺木的区别仅在于它的整体性，而它的独特之处在于，船棺的两头微微翘起，造型像是一艘独木舟。

  武夷山风景区的群山在清澈的溪水缭绕之中，船棺悬崖之下，往往是清澈的河流。人们很自然地想到：船棺的主人一定是善于航行的水上人家，因此，他们在选择归属时，方才以船棺为灵魂的寄托之所。它的发现，说明早在三千年以前，福建已有了一支善于航行的水上民族。福建的考古界认为：这一水上民族，很可能是福建滨海古文化的延伸。福建的早期遗址都出现于沿海，其后，这些滨海民族逐次向闽江上游挺进，最终选择闽江源头之一的武夷山为定居点，在那里建立了著名的船棺文化。船棺的主人为了寻找"天河"安葬于此，希望在死后仍然可以乘槎向银河航行。这一假说，看来是最接近于历史事实的。

  学者一般认为，武夷山船棺文化的绝对年代约在商周时期，它是古代闽中当地文化的遗迹。由于文字材料的缺乏，对它与秦汉时期闽越人的关系，还不是很清楚。但可以肯定的一点是，以上两种带有海洋文化痕迹的当地文化，对福建的文化传统有一定影响。

三、闽越人的海洋文化传统

  福建古民族在史册上留下的文字记载不多，当东南闽中当地人进入中原学者视野时，已是秦汉时代。一般将这一时代生活于福建等地的闽人称之为闽越族，他们是百越族的一支。在汉代初年，闽越国是南方有影响的大国，存在了九十多年。

闽越国拥有强大的海上力量。汉武帝时,汉军南下岭南,与南越国交战。闽越国首鼠两端,一方面给汉朝上疏——愿意配合汉军出战,出动八千甲士乘船南下,但到了岭南的沿海揭阳之后,又以风向不顺为理由,坐观汉军与南越作战。汉军击闽越时,闽越贵族曾计划:杀王向汉请和,不能和则战,"不胜,即亡入海"[①]。可见,闽越的航海能力是很强的。在闽地留下许多闽越王的传说,都与海洋有关。相传在福州南部的江海中有一名为"钓龙台"的山屿,闽越王无诸曾在这里钓到蛟龙。汉使南下封无诸为闽越王,即是在钓龙台举行仪式。汉武帝灭闽国时,为了对付闽越的水上力量,在会稽郡组建了一支强大的水师,由闽江进入闽越的腹地,彻底消灭了闽越国。

从福建远古时代石器文化的萌芽,到春秋时代越国建立,再到汉初闽越国的灭亡,我们看到:在福建文化的童年时代,虽说她的文化成就远不如中原地区,但其海洋文化却有其特点。首先,福建的石器文化遗址多分布于沿海地区,大多被称为典型的贝冢文化,这反映他们主要的食物来源是海洋生物。换句话说,福建古文化的发展,一向是伴着海洋的波涛而成长起来的,这使福建古文化与海洋有着密切的联系。也可以说,是海洋孕育了福建古文化。在海边成长起来的福建古文化在商周时期渐渐向内陆推进,培植出武夷山船棺文化与华安

福州台江大庙山钓龙台石碑

---

① 〔西汉〕司马迁:《史记》卷一百一十四,东越列传,第328页。

汰溪的仙字潭文化,这两朵闽文化的奇葩,与水有千丝万缕的关系,实际上是福建海洋文化的延伸,反映了福建民众与水的天然联系。迄至春秋战国时代,越族在南方有了很大的发展,他们活动于中国的海岸线,创造了长途远航的奇迹。过去我们说中国的海洋文化,只是一种以海为生的海洋文化,只是一种向海洋采集食物的海洋文化,它主要是在沿海岸线上的行动。而越族的海洋文化,是海上的远征,海上的商业活动,是越过大海的文化扩张,这才是海洋文化的本质。所以,远航的出现,标志着中国海洋文化的成熟。而这一成熟,是由生活在沿海的夷人与越人创造的。至于这一时代的闽人是怎样生活的,我们现在还没有可靠的文献记载与考古资料。秦始皇统一中国之后,闽越人方才进入中原民众的视野,其后,闽越人的发展,也与中原文化紧紧地联系在一起了。秦汉时代,生活在闽地的闽越人,是春秋时期越族海洋文化的继承者,他们善于航海,创造了独特的闽越文化。但是,汉武帝平定闽越之后,将他们迁至江淮一带,使闽地的文化发展中断,从此开始了新的历史。

迄至汉代,中国东南部与东南亚建立了经常性的海上联系。汉朝的军队消灭岭南的南越国之后,将其疆土扩展到中南半岛的林邑、日南等地,一般认为,这些地方即为越南南部及柬埔寨一带。从汉代到唐代,越南北部的交州一直属于中国政权管辖。当时中国本土与交州的联系既有水路,也有陆路。《后汉书·郑弘传》记载:"旧交阯七郡贡献转运,皆从东冶泛海而至,风波艰阻,沉溺相系。弘奏开零陵、桂阳峤道,于是夷通,至今遂为常路。"① 该文中的东冶,今为福州,早在汉代,福州就是海路要津。又如葛洪的《神仙传》记载,东汉时,侯官人董奉在交州士燮处作客多年,一日欲离开交州,"燮问曰,君欲何所之,当具大船也"②。这也说明当时闽中与交州的交通主要

---

① 〔南朝宋〕范晔:《后汉书》卷三十三,郑弘传,中华书局 1965 年标点本,第 1156 页。

② 〔晋〕葛洪:《神仙传》卷十,董奉,文渊阁四库全书本,第 2 页。

用船。汉朝曾派遣使者探航南海及印度洋的黄支国等许多地方。[①]《汉书·地理志》说:"蛮夷贾船,转送致之。"这句话可译作:蛮夷和商船,辗转送汉使到达诸国。其中"贾船"二字,应是指中国商人的船舶。三国时期,东吴也曾派康泰、朱应等使者出使南海国家,可见于康泰的《扶南传》《吴时外国传》等书。

以上这些资料表明,自古以来,环中国海区域的岛屿,都有一支以船为家的水上人家在生活。他们编织了遍及环中国海区域的海上网络,以贝币为交易媒介,常有船只往来于岛屿之间。这是东方海洋文化的成就。

四、六朝隋唐时期疍家人的海洋文化传统

疍家人生活在中国东南沿海,清以前在福建、广东、浙江都有分布。一直到民国时代,疍家人都是一个文化特征鲜明的群体,他们以船为家,漂泊于闽粤沿海及河流中。新中国成立以来,国家扶植疍家人上岸定居,这一方面改善了疍家人的生活,另一方面也使疍家人的生活模式发生巨大变化。如今,香港、澳门尚保留一些疍家人的群体,印度尼西亚和泰国等地,也有源于中国东南的水上人家群体,他们都是古代的疍家人后裔。疍家人以船为家的生活方式,是最典型的海洋文化,这一民系的存在,对历史上中国海洋文化的崛起起了重要作用。

有关疍家人的文字史料最早出现在六朝及隋代。疍家人古称"白水郎",或"泉郎",宋代的《福州图经》记载:"闽之先居于海岛者七种,泉水郎其一也。"[②] 他们生活在福建、浙江、广东沿海,以船为家,过着打鱼为生的生活。福建史籍记载他们是卢循的部下:"泉郎,即此州(泉州)之夷户,亦曰游艇子,即卢循之余。晋末卢循寇暴,为刘裕所灭,遗种逃叛,散居山海,

---

[①] 韩振华:《公元前二世纪至公元一世纪间中国与印度、东南亚的海上交通》,氏著:《中外关系历史研究》,香港大学亚洲研究中心1999年,第83页。

[②] 刘纬毅等:《宋辽金元方志辑佚》,上海古籍出版社2011年,第385页。

疍民船屋

至今种类尚繁。"①

就卢循与福建沿海船民的关系来看,卢循不过是某一时代出现的人物,而福建船民应有更为悠久的历史,他们的生活方式与北方汉族不同,应当是南方少数民族的一支。从他们的生活方式看,与古代越人极为相近,史称越族人"习于用船,便于水斗",福建沿海船民的生活正反映了这一特点。②

隋朝灭陈之际,沿海船民再一次出现于史册。其时,隋朝大将杨素进入东南,击败南安豪强王国庆部。"时南海先有五六百家居水为亡命,号曰游艇子。智慧、国庆欲往依之。素乃密令人说国庆,令斩智慧以自效。国庆乃斩智慧于泉州。"③根据以上史料,我们知道:"游艇子"漂流于福建沿海,以船为居,不隶属于任何政权管辖。其后进入隋朝的水军,他们帮助隋军领航,

---

① 〔宋〕乐史:《太平寰宇记》卷一百零二,风俗,中华书局 2000 年,第 129 页。
② 福建省博物馆、连江县文化馆:《福建连江发掘西汉独木舟》,《文物》1979 年第 2 期,第 95 页。
③ 〔唐〕李延寿:《北史》卷四十一,杨素传,中华书局 1974 年标点本,第 1512 页。

第一章　福建海洋文化的形成

有的人被称为"海师"。《隋书》记载："大业元年（605），海师何蛮等，每春秋二时，天清风静，东望依希，似有烟雾之气，亦不知几千里。""三年（607），炀帝令羽骑尉朱宽入海求访异俗，何蛮言之，遂与蛮俱往，因到流求国。"① 当时的流求国即为台湾，说明疍家人对隋朝发现台湾有贡献。

隋军抵达流求后掳掠大量人口，这在《隋书》中有记载。例如，《隋书·炀帝纪》记载，大业六年（610），"二月乙巳，武贲郎将陈棱、朝请大夫张镇州击流求，破之，献俘万七千口，颁赐百官"。《隋书·食货志》又载："使朝请大夫张镇州击流求，俘虏数万。"又如杜宝的《大业拾遗录》记载："七年十二月，朱宽征流求国还，获男女口千余人。"② 早先的学者因《隋书》各志记载隋军俘虏的流求人口不同，因而产生怀疑。笔者认为，这是没有考虑到古代战功计算原则的缘故。古人计算战功的原则是按将领各自计算，也就是说：张镇州（周）与陈棱等人的战功是分开计算的，张镇州（周）作为大军前卫，一仗击败流求人之后，马上可以俘获对阵的流求人，所以，当时他的俘获人数达到"数万"，而陈棱率中军后进，其俘获的人口会比张镇州（周）少一些，文献记载是数千。陈棱、张镇州（周）抵达首都时献俘17 000多人，说明他们的俘虏沿途逃亡和死亡达数万人。至于朱宽，他作为一名低级将领，俘虏只有千余人，也是正常的。隋军的俘虏后来被就近安置于福建沿海。据明代何乔远的《闽书》记载："福庐山……又三十里，为化南、化北二里，隋时掠琉球五千户居此。化里，则皇朝大学士叶向高之乡。"③ 此文中的福庐山，后属于福州的福清县，隋朝将流求5000户俘虏安置于此，并设置了化北里与化南里管辖，这两个里的名字中都有一个"化"字，其意为用中原习俗变化异乡人。台湾人在当时被当作夷人，所以要"化"之。《闽书》的记

---

① 〔唐〕魏征等：《隋书》卷八十一，流求国传，中华书局1973年，第1824—1825页。
② 〔宋〕李昉：《太平御览》卷八百二十，布帛部七，中华书局影印四库全书本，第12页。
③ 〔明〕何乔远：《闽书》卷六，方域志，福建人民出版社1994年点校本，第139—140页。

载也可得到宋代梁克家《三山志》的印证。据《三山志》载，在福清县境内，宋代有：崇德乡的"归化北里""安夷北里""安夷南里"，孝义乡的"归化南里"。① 从其名字来看，应是安置流求来的"夷人"。其地位于福清半岛，与台湾隔海相望，用以安置台湾移民，是很恰当的。②

隋代定居于福建沿海的夷人，后来被称为"夷户"。他们与古代福建的游艇子合流。《太平寰宇记》记载："唐武德八年（625），都督王义童遣使招抚，得其首领周造峐、细陵等。并受骑都尉，令相统摄，不为寇盗。贞观十年（636），始输半课。"③ 以上记载表明唐朝统一闽中之后四年，被称为"游艇子"的疍人归属朝廷，贞观年间更成为朝廷的纳税户，这对唐朝海上治安是有利的。值得我们注意的是，这些"游艇子"又称"夷户"，应与隋代安置于福清福庐山下"安夷里"的流求夷人有关。也就是说，隋代从台湾迁来的夷户，居住于福建沿海，隋唐之际，他们逐渐和"游艇子"合流。"游艇子"即为福建日后的疍户，所以，福建的疍户中有流求夷户的血统。流求夷户的文化特点，也在"游艇子"中保留下来。例如，《隋书·流求国传》记载流求国的村庄有"鸟了帅"，而唐初的福建沿海的"夷户"有"了鸟船"，二者之间有对应关系。所谓"了鸟船"，其意思应是"鸟了帅"的船，也就是夷户中村庄首领的船。

关于唐代的游艇子，宋代的《太平寰宇记》记载："其居此常在船上，兼结庐海畔，时移徙不常，厥所船头尾尖高，当中平阔，冲波逆浪，都无畏惧，名曰'了鸟船'。"人类学家一般认为白水郎即闽越人的后裔。闽越灭亡后，他们一直在水上生活，乘船漂流于东南沿海，他们在东晋参加了卢循的部伍，所以人们又说他们是"卢循之余"。《三山志》云："蔡学士杂记：福唐水居

---

① 〔宋〕梁克家：《三山志》卷三，地理类三，陈叔侗校本，方志出版社 2003 年，第 29—30 页。
② 徐晓望：《早期台湾海峡史研究》，海风出版社 2006 年。
③ 〔宋〕乐史：《太平寰宇记》卷一百零二，泉州，中华书局 2000 年影印宋本，第 129 页。

船，举家聚止一舟，寒暑、食饮、疾病、婚娅未始去。所谓白水郎者，其斯人之徒欤?!"① 总之，六朝隋唐时期，以疍家人为主的福建海洋文化相当发达。

第二节　闽中海上人家与中原移民的融合

中原移民与福建疍家人的结合，使闽人成为具有海洋文化性格的区域人群。

一、福建早期汉越民族的交融

唐代的《开元录》谈到福州时有这样一段话："闽越州地，即古东瓯，今建州亦其地，皆蛇种。有五姓，谓林黄是其裔。"② 这是说，福州林黄等五姓是"蛇种"，而"蛇种"正是"说文解字"对"闽"一字的解释。可见，迄至唐代，仍然有人认为闽人是古代闽越人的后裔！林、黄、陈、郑历来是福建的四大姓，《开元录》所说的闽中五姓，应当包括这四大姓。但是，前引《三山志》，称闽中"林、黄、陈、郑、詹、丘、何、胡"八姓皆从中原南迁。那么，林、黄、陈、郑等福州大姓究竟是什么地方人？笔者认为，实际上，这八姓中可能只有部分是从北方南迁的，而其中多数，应为越人后裔。闽中大姓，在六朝时期也有人提及。《陈书·陈宝应传》言及陈宝应"世为闽中四姓"③，陈宝应反叛时，陈朝对他大肆声讨，其檄文曰："案闽寇陈宝应父子，卉服支孽，本迷爱敬。梁季丧乱，闽隅阻绝，父既豪侠，扇动蛮陬，椎髻箕

---

① 〔宋〕梁克家：《三山志》卷六，文渊阁四库全书本，第10页。
② 〔宋〕乐史：《太平寰宇记》卷一百，江南东道十二，福州，引《开元录》，中华书局2000年影印宋本，第117页。
③ 〔唐〕姚思廉：《陈书》卷三十五，陈宝应传，中华书局1973年标点本，第486页。

坐，自为渠帅。"① 可见，在陈霸先看来，陈宝应这一闽中四大姓之一的首领，实为"渠帅"。

"渠帅"是当时的中原贵族对少数民族首领带有侮辱性的称呼，陈宝应被称为渠帅，说明他确实是越人子孙，而在陈朝之前，闽地的渠帅一直很活跃。例如：《梁书》云："闽越俗好反乱，前后太守莫能止息，侃至讨击，斩其渠帅陈称、吴满等，于是郡内肃清，莫敢犯者。"② 闽人首领陈宝应的盟友——在江西一带反陈的土豪首领周迪及其部下也被称为"渠帅"。③ 此外，隋初江南反隋军首领高智慧的部下，也被称为"渠帅"。④ 从六朝时期闽中多为渠帅掌权这一事实来看，当时闽中多为越人子孙，否则，他们不可能控制闽中。

以上史料证明了六朝时期越人的血缘在福建长期延续，其主要家族有林、黄、陈诸姓。福建民谣有"林陈半天下，黄郑满地走"之说，这是说，林、黄、陈、郑诸姓是福建大姓，其中陈林就占了一半以上人口，黄姓与郑姓的数量也无法数清。就此来看，林惠祥教授认为现代闽人中有相当比例的古越人血缘，是有一定道理的。

汉族是一个血缘相当复杂的民族，她以华夏族为主体，并在发展过程中融合了许多民族。吕振羽等老先生认为：夏、苗、越、夷是汉族四大来源。越人生活于东南滨海区域，北至山东半岛，南至北部湾，都是他们活动的区域。他们融入汉族有先有后，也有一部分越族形成了独立民族，如壮族等。因此，我们仅仅证明福建人中有越人血缘，其实并没有为以往的知识增加些什么，我们想要弄懂的是：闽中越人是在什么时候基本完成汉化？六朝时期的闽中越人汉化达到什么程度？

六朝时期的社会习俗，重视门阀制度更胜于民族差异。这一时代人们重

---

① 〔唐〕姚思廉《陈书》卷三十五，陈宝应传，中华书局 1973 年标点本，第 487 页。
② 〔唐〕姚思廉：《梁书》卷三十九，羊侃传，中华书局 1973 年标点本，第 558 页。
③ 散见姚思廉：《陈书》卷十三，徐世谱传，第 201 页；卷三十五，周迪传，第 479 页。李延寿：《南史》卷六十四，中华书局 1973 年标点本，第 1561 页。
④ 〔唐〕魏征等：《隋书》卷五十五，杜彦传，中华书局 1973 年，第 1372 页。

视的是门第与文化传承，那些从汉朝以来显赫的世家，被认为是汉文化的继承者，在政治上享有较高的地位。因此，这些家族被视为世家大族。在江南地区，王、谢、顾、陆四姓被视为大姓，其他各姓皆有品次。其时，山越人分布于长江南北的许多地区，汉朝对他们的统治较为宽松。但在吴国时期，朝廷屡次派军队到山区搜索山越人，迫使他们下山，吴国将俘获的山越人编入军队，带到江淮地带屯田、打仗，这一政策的长期执行，便将山越人压迫为社会最底层的部曲。由于这一原因，六朝时期对山越人的歧视是相当严重的。在这一风气之下，闽中的越人也受到歧视。不过，除了越人之外，普通的汉人家庭，同样受到世家大族的歧视，因此，这一歧视主要不是民族歧视，而是门第歧视。由于汉人的下层群众与越人一起受压迫，所以，共同的命运将他们逐渐联系在一起，反而促成了六朝时期的南方民族大融合。从总体趋势而言，魏晋南北朝以来，虽然门第制度盛行，但其最后结果却是出现民族大融合的局面，这不是偶然的，这是因为下层民众同生死、共命运而造成的。

　　在南方地区，门阀制度最盛行的是东晋时期。东晋灭亡之后，门阀制度便遭受重大打击。例如，南方四姓中，由于王姓大臣多次在晋末发动叛乱，在政治上的影响大不如以前。谢氏虽然未受太大打击，但在政治上的特殊地位也逐渐消失。随着寒族刘裕创立宋朝，一批新贵成为朝廷中的实际掌权者，传统的世家大姓只能获得一些荣誉性职务，或是中下层职务。刘宋灭亡后，萧齐、萧梁取而代之，其开创者都是军事首脑。他们所用之人，也多为军官，因此，每一次改朝换代，都使世家大姓遭受重挫。最后，岭南豪族陈霸先取得政权。陈霸先的祖先据说是江南的平民，而后流落岭南，在岭南成长为豪族。在他统治时代，南方世家大族大多早已衰落。因此，陈霸先掌权，完全是按照自己的意愿确定统治阶层，没落的世家大姓受到冷淡。其时陈霸先为了争取闽中土豪陈宝应的支持，与陈宝应通谱，陈宝应家族因而被接纳为皇族。这一事例表明：当时南方的民族界限其实十分淡薄，虽然整个中国还存在着北人对南人的歧视，但在实际上，南方汉人与山越人之间，已经没有很明显的民族差异。陈宝应与陈霸先家族通谱，说明东晋的门阀制度已经彻底崩溃，人们对传统的门阀等级制度已经不太感兴趣，否则陈霸先无论如何都不会与"低贱的"闽中陈氏通谱。因此，这一事件也表明闽中越人融入汉族的过程，它说明闽中陈氏已经被纳入汉族的一部分，闽中其他姓氏的闽越人自然与陈氏取得相同的地位。以后，虽说陈霸先在陈宝应叛乱时，又发檄文大骂陈宝应是"卉服支孽"，但其所造成的影响已是无法消除。总之，闽越人自汉武帝平闽越之后，便开始了融入汉族的过程，自两晋及南朝的教化以来，闽越族的主流实际上已经成为汉族的一个部分。

必须说明的是：陈宝应与陈霸先通谱，只能说明福建发达区域土著与汉族的关系，实际上，在广大山区，还存在着各色各样的土著民族，他们直到唐代尚被视为"蛮獠"，因此，多数闽中土著与汉族完全融合，尚要等到唐代中叶。

二、唐五代闽中汉化的扩展

唐朝建立后，改变了隋朝的苛政，朝廷实行轻徭薄赋的政策，彻底放弃隋朝从民众身上刮取钱财的指导思想。即使不得已要增加赋税，唐朝也注意到区域差异。对于南方人口稀少的区域，赋税一向较少，纵然有加税，也很少在南方区域打主意。唐朝一代，福建的土贡不过是生姜、鲨鱼皮之类的东西，都是福建的土特产。唐朝赋税的压力，主要是由中原地区所承担的。唐朝在南方地区所求的是教化，朝廷在这里传播儒学，改变当地的社会习俗，使之融入汉族大家庭，而朝廷的这一政策，也改变了南方民族对朝廷的看法。许多福建山洞的民众都感到：倘若从自由的状态进入唐朝的管理之下，对本地的开发利大于弊，于是，一个又一个山洞的豪强，率领其民众，主动投靠唐朝在福建的官府，以下探讨唐代福建几个有代表性的州县建立。

宁化县的建立。宁化在隋末名为黄连，隋末天下大乱，当地人巫罗俊割据黄连，在李子通的管辖范围内。唐武德四年（621），李子通败死后，"时天下初定，黄连去长安天末，版籍疏脱。贞观三年（629），罗俊自诣行在上状，言黄连土旷齿繁,宜可授田定税。朝廷嘉之,因授罗俊一职,令归剪荒以自效。而罗俊所辟荒界,东至桐头岭,西至站岭,南至杉木堆,北至乌泥坑。乾封间乃改黄连为镇。罗俊没五十余年,为开元十三年(725),福州长史唐循忠于潮州北界(时潮、漳、建俱属泉州)福州西界检得避役百姓共三千户,奏闻。复因居民罗令纪之请,因升黄连镇为县……天宝元年(742),更黄连镇曰宁化县"①。汀州建立后,宁化是其重镇之一。

古田县的建立。古田县原为流民散居的山洞,开元年间,"都督李亚邱在郡,洞之大姓刘强、林溢、林希辈相与归顺,遂奏置古田县,在双溪之汇,屏山之南"②。据《三山志》第三卷的记载,李亚邱派杨参军至古田,检得民户一千余家。

尤溪县与永泰县的建立。尤溪县在唐初也号称山洞,"唐以前民率岩居谷汲,怙密险蠕选观望,不内属,中国宾之。开元二十二年(734),经略使唐修忠以书风其民,酋长高伏以千户附,始娖娖臣中国。二十九年,即其地县之,隶福州"③。又据《元和郡县图志》,永泰县的设置也与山洞之民内附有关,唐永泰二年(766),观察使李承昭开山洞置县。

上述宁化、古田、尤溪、永泰等县的山洞之民,应当都是古越族的后裔,或是其他少数民族。但是,他们都在唐代接受了朝廷的统治,从而促进了当地民众的汉化过程。

漳州的设立则是另一种方式。《八闽通志》第八十六卷的"漳州府"部分记载:"隋末盗贼蜂起,自刘武周而下四十有九处。太宗渐次芟夷,独闽广间犹有余孽。嗣圣元年(684),徐敬业起兵维扬,潮梅间又有梁感者为之羽翼。朝廷遣玉钤卫大将军梁郡公李孝逸提兵三十万众以破之。而梁感之徒尚在也。

---

① 李世熊:康熙《宁化县志》卷一,土地部上,建邑志,福建人民出版社1989年,第9页。
② 〔明〕黄仲昭:《八闽通志》上册,卷一,地理志,福建人民出版社1990年,第7页。
③ 李文衮等:嘉靖《尤溪县志》卷一,地理志,上海古籍出版社影印天一阁藏本,第1页。

陈元光父子奉命讨贼，兴建营屯，扫除凶丑，方数千里间无桴鼓之警。又为之立郡县，置社稷，筚路蓝缕，以启山林，至捐躯陨命而后已。"①

据此，岭南一带入唐之后仍然动荡不安，直到陈元光平定岭南陈谦的造反，建立漳州，岭南才逐渐平定下来。漳州位于岭南与福建交界处，漳州的治安，同样也会影响到福建。所以，漳州的建立，对福建的开发具有重要意义，它的建立，是该区域民众汉化的开始。与此相类似的还有汀州的建立。不过，漳汀二州土著的汉化更为曲折。从后世的史料来看，漳州与汀州在宋元时期都是畲族较多的区域，他们融入汉族要比闽越人更迟一些。闽越人的分布范围主要是在福州与建州，上述宁化、古田、尤溪、永泰等县即是属于福、建二州的。

从居民的民族属性来看，唐代也是福建的一个转折时期。福建是以闽越人的居住区进入北方汉人视野的。两汉六朝时期，闽人逐步汉化，但民族隔阂存在。唐代前期，福建还被视为蛮荒地带。唐五代时期，北方汉族大举南下，福建人口从隋代的1万多户逐步增长到10万多户，再到宋朝统一时的40多万户，人口数量骤增。导致福建人口增长的基本因素，应是北方人口的南下。当代对闽人的DNA测试也表明，闽人的男性血统多来自北方，而女性血统多来自南方。这一情况应是在唐末五代奠定的。换句话说，新福建人的形成大致在唐末五代。他们兼有南北血统，已经成为汉族的一个分支。迄至固始人王审知在闽中掌权，闽中兴起以籍贯固始为骄傲的风气。迄至宋代，不论是林姓、黄姓、陈姓，还是其他姓氏，几乎所有的闽人都说自己的祖先是从北方迁来的。对这一情况，许多学者曾指出其中有不少冒充的成分。但对一个民族来说，它的辨认，最为重要的不是血缘的真实关系，而是文化的认同。既然这一时代的闽人都认为自己是北方移民的后裔，那就表明他们完全混同于汉族。因此，就文化实质而言，宋代闽人的主体已经是汉人，而从闽越人到汉族的文化认同的变化，最重要的转折点是在唐五代。

---

① 〔明〕黄仲昭：《八闽通志》卷八十六，福建人民出版社1991年，第1009页。

第一章　福建海洋文化的形成

对于疍家文化，我们极感兴趣的是：他们最早被称为"游艇子"，说明他们最早的航海工具是"艇"，在汉文中，艇，即是小船。在中国古代，疍家人一直被南方陆地民众视为贱民，但从海洋文化这一点来看，疍家人才是中国历史上最伟大的海洋民族，也是世界历史上极为罕见的海洋民族。他们不像大多数民族一生主要生活在陆地上，而是以船为家，以海为家，对这种生活方式，我们只能以伟大这一词来形容。要知道福建的海洋是风暴的海洋，每年夏季，都有十余次台风经过台湾海峡。台风的风力一般都在十级以上，有的十二级强台风，风速达每秒百米以上。台风中心所过之处，房屋塌倒，大树连根拔起，海面上巨浪滔天。生活在福建沿海，每当台风季节我常会想：古代的疍家人是怎么在这种海面上生活的？他们用什么办法抵抗滔天大浪？从其生活方式来说，他们才是真正的海洋民族。西方历史上所谓的海洋民族，诸如腓尼基人、希腊人，他们实际上不过是住在海岸上，偶尔参加海上航行而已。如果这样的民族都自称是海洋民族，那么该用什么词来形容疍家人？实际上，在世界历史上，我们还找不出另外一个民族，把自己的一生完全交给大海，在海洋上生活，在海洋上成长，一生的大多数时间离不开海洋。近代的所谓"海洋民族"，其实都是以陆地为生活的基地，以大海为谋生的场所，他们不管在海洋生活多久，最终都是要以陆上的财富与荣誉来体现自己的价值。疍家人则不然，在六朝时期，闽、粤、浙三省的海岸，基本没有人居住，如果他们要登岸居住，根本没有人阻挡。问题在于：他们在陆地上，感觉不到漂泊海上的自由，即使偶尔在岸上搭住篷寮，也只是暂时的驻足。

从衣食上而言，近代的所谓"海洋民族"虽然漂泊于海上，仍然是以陆地上的牛羊肉为主食，只有疍家人才是以鱼类为主食；从进入海洋的人口而言，近代的海洋民族都是以男劳力进入海洋，而疍家人是举家居住海洋，真正地以海为家；如果说近代的海洋民族根子是在陆地，进入海洋是偶尔的行为，疍家人则是以海为根，走上陆地才是偶尔的行为。在世界航海史上，我们曾经称赞过太平洋上密克罗尼西亚人的航海能力，但密克罗尼西亚人还是以岛屿为家，以航海为副业，只有疍家人才是真正地以海为家。

此外，一个题外话是：近代美国的人类学家提出，南太平洋的种族起源于台湾。从台湾海峡航海的历史来看，他们更有可能是疍家人的一支，当然，这有待于进一步探讨。

从海洋文化这一角度而言，闽人在历史上之所以成为中华民族中最善于航海的一个民系，与闽人中大量融入疍家人有关。在秦以前中国的海洋文化是夷越人创造的，秦汉以后，谁是夷越海洋文化的主要继承者与开拓者？当然是疍家人！疍家人不断地融入闽人中，滋养了闽人海洋文化的发展。当然，疍家人海洋文化的发展，受益于汉人的文化成就，磁针的使用、大型木船的制造，都离不开汉人的工艺技巧。没有汉人发明的锋利的钢铁，就不会有精巧的木工器械，没有这些器械，就不会有精美的木器。要知道，木文化正是中国文化的最大特点之一。古代的希腊人以其精美的石雕艺术闻名世界，这一石器艺术传统由印度、阿拉伯人继承；而中国人则是木构艺术的大师，自古以来，中国人的主要建筑物都是由木材建造的，而且，这些木建筑的华丽，从来不亚于西方的石建筑。当我们想望古代阿房宫、近看明清故宫之类的大型宫殿，就不能不赞叹古人的绝代才华，展望世界各地，没有一个民族能再展示同样等级的木建筑才艺。这一伟大的木构艺术有什么意义呢？它不只是展示古代中国人陆上建筑的才艺，同时还是古代中国人发展海上艺术的强大后盾。打一个比方，一座大型木船，即是一座漂浮在海上的宫殿，没有精致的木构技术，也就无法建造大型木船。而中国人恰恰是最善于木建筑技艺的，他们将制造宫殿的技术移用于海船，便能制造出大型的木船。这一技术的转移，对疍家人来说，是突破了小艇时代的关键，是从"游艇子"发展到航海家的关键。所以，二者的结合，是唐宋时期中国海洋文化升华的关键。

从汉越文化融合去看福建海洋文化的发展，就可知道：福建海洋文化实际上要有必备的两个前提——疍家海洋文化的发展与汉文化的南传。疍家海洋文化是福建的本土文化，而汉文化则是移民文化，只有当福建的汉人达到一定的水平，才会有最精致的汉文化发展，而只有这类文化达到较高的水平，汉文化中的精华才能在福建汉人中流播，才有了汉越文化高层次结合的可能性。从这个角度去看,毫无疑问,唐代福建经济的开发,是汉文化传播的基础,而唐代晚期闽人的文化成就,实际上意味着汉文化精华在闽中的奠基。只有在这一基础上,才可能有成熟的海洋文化。唐代福建海洋文化的发展,不是历史上突然爆发的事件,它有其深厚的文化背景。这一背景,就是汉人的南下,与南方民族的融合,形成具有新成分的汉族分支,从而丰富了汉文化的内容。他们不像中原民众一样以农业劳动为人生价值体现的唯一方式,而是因地制宜,以海洋为生活的重要内容之一。这样,在他们中间发展起了海洋文化。所以,从这一点而言,闽中海洋文化的大发展,是从唐五代开始的,也是在这一时代奠定了深厚的基础。

第三节 闽王王审知的海洋观念与精神

唐末五代,南下的固始移民和福建本地居民相互融合,他们发展对外贸易,欢迎蕃商入闽,派出商船到海外贸易,并且着力开拓北方航线,从而巩固了福建商品的中原市场。这些重要决策的施行,奠定了福建省数百年的海洋优势,体现出的"向海而强"的海洋精神值得后代永远继承和发扬。

闽王纪念馆(王东明摄影)

一、王氏闽政权海洋政策的调整

王氏闽国是一个唐末五代割据南方的政权,它的基本领域为唐代福建的五州,即福州、建州、泉州、汀州、漳州。福建五州多山少田,沿海却有几个对外贸易的港口,主要集中于福州与泉州境内。唐文宗曾下令抚恤沿海胡商:"其岭南、福建及扬州蕃客,宜委节度观察使,常加存问。除舶脚、收市、进奉外,任其来往,自为交易,不得重加率税。"[①] 从唐文宗的诏书看,唐代福建的福州、泉州二港与广州、扬州并称为对外贸易的三大区域,然而,福建在三大港群中毫无优势。唐代对外贸易最盛的是广州,据说,唐代广州城至少有数万胡商聚集,他们主要是阿拉伯人、波斯人、犹太人。当时中国出产白银、瓷器、铁器、丝绸等商品,在海外有广大市场。在东南亚印尼境内发现的沉船"黑石号"里,人们发现了产自长沙窑的陶瓷器,还有数额可观的白银和黑铁。"黑石号"是一艘以藤条捆绑的木船,用藤条将各种木材绑在一起,从而形成船体。这种造船法流行于东南亚和印度洋诸港,一般认为,这类船只的主人是来自西亚及南亚的胡商,从船上载有大量中国货物来看,"黑石号"肯定从广州港出发,它的主人有可能是寄居广州的蕃商。那时福建的外贸不温不火,与广州是没法相比的。

唐代末年广州发生了一场惨案,唐僖宗乾符六年(879),大盗黄巢攻占广州。《旧唐书·僖宗纪》记载:"黄巢陷广州大掠岭南郡邑。"所谓"大掠",实际上是一场大屠杀。据海外游客的《苏莱曼东游记》一书,黄巢在广州屠杀的胡商有12万人之多。这一恐怖的记载又出现于数百年后的《黄金草原》一书,其内容是黄巢屠杀广州胡商20万人。西方许多历史学家认为这些记载是可以相信的,至于数据之差,他们认为,这12万人是胡商,而20万人的记载是包括胡商的家属在内。其实,唐末的广州是一个小城市,肯定没有数

[①] 〔宋〕宋敏求编:《唐大诏令集》卷十,唐文宗太和八年疾愈德音,文渊阁四库全书本,第18页。

十万居民，因而也不可能有 20 万胡商和他们的家属。为什么说唐代广州是小城市呢？这是因为，唐代天宝年间岭南全路的人口也不过是 42 235 户，221 500 万人，他们分布于岭南广阔的地区，每个城镇若有数千人就算大镇了，即使是最大的城市广州，它的人口也就几千至几万人而已，这是岭南总体荒凉造成的。主人如此，客人不会更多。因此，寄居广州的胡商最多不过数千人，每年能发出十来艘商船贸易就算不错了。此外，还可以从广州蕃坊的面积来研究。广州蕃坊位于今广州的光塔路一带，经广东学者的研究，这一片蕃坊大约有 40 万平方米。如果将这片蕃坊比作长方形，其长度约 800 米，宽度约 500 米。由此可知，这样大小的蕃坊不可能住下 12 万人，假设此地有两千户人家，平均每户人家是 200 平方米，唐代的房子都是自成体系的独立小院，一座院落再小也得有 200 平方米吧。若一户人家住五口人，全蕃坊约住 10 000 人。所以，唐代广州的蕃坊大约住了几千到一万的胡商。域外古籍擅长夸张，有些数字并非可靠。总的来说，唐末广州人口虽然不多，但经受黄巢的掠抢之后，广州遭受重大破坏，大批蕃商死去或是离开，在外贸领域的地位受到打击。这是一个巨大的变化。

黄巢攻占广州之后，东南局势大变。黄巢后来率其部下北上，一度占领洛阳、长安等地，南方各地大乱，纷纷建立割据政权。在福建境内，一支来自北方的移民队伍于光启二年（886）八月攻克泉州，旁观者担心：也许黄巢屠广州的悲剧又会在泉州发生。但是，这支移民队伍的领袖王潮没有这么做，王潮原为固始县的佐史，后来进入固始南下移民的队伍担任军正，他是一个有文化的人。得到泉州之后，他很快恢复社会秩序，发展生产。五代以后，蕃商来中国，主要居住在泉州而不是广州或是扬州，这一基础是五代闽国时期打下的。

唐昭宗景福二年（893）五月，王潮之弟王审知攻下了福州，从而建立统辖全闽的王氏政权。在唐末五代各地割据政权中，王闽是最小最弱的一个。它能够存在几十年，与王氏家族审时度势有关。王潮攻占泉州之初，便向唐王室进贡，继续保持与中央政权的关系。在对外关系方面，王潮不像其他割据者那样胡来,而是善待来自海外的蕃商。这与黄巢屠杀广州胡商形成鲜明的对照。在广州胡商经济遭受打击的背景下,王潮、王审知等闽国统治者抓住时机发展海外贸易,《范太史集·王延嗣传》评价王审知:"招来蕃舶,绥怀海上诸蛮,贸易交通,闽俗康阜。"① 可见,王审知利用了广州事件吸引蕃商来福建诸港贸易,他任命张睦管理権货务,张睦"雍容下士,招来蛮裔商贾,敛不加暴"②,这就改善了福建的外贸环境。于是,许多外籍商人到福建探寻新的机会。例如,南洋的三佛齐国绕道福建向唐朝廷进贡,唐皇室大为嘉赏,"授福建道佛齐国入朝进奉使都番长蒲诃粟宁远将军"③。当时的朝贡实为一种特殊的贸易形式,双方在贡赐关系之外,还附带进行商品贸易。对许多国家来说,这种附加贸易才是他们真正的目的,因此,他们积极来中国朝

闽王王审知画像

---

① 〔宋〕范祖禹:《范太史集》卷三十六,王延嗣传,文渊阁四库全书本,第21页。
② 〔清〕吴任臣:《十国春秋》卷九十五,张睦传,第1377页。
③ 〔宋〕王溥:《唐会要》卷一百,文渊阁四库全书本,第438页。

贡。而王审知也想方设法把他们吸引到福建境内，于兢所撰的《琅琊王德政碑》记载："公示以中孚，致其内附，虽云异俗，亦慕华风"，"佛齐诸国，虽同临照，靡袭冠裳，舟车罕通，琛赆罔献。向者亦逾沧海，来集鸿胪"。作者认为，这展示了良好的发展远景，"宛土龙媒，宁独称于往史？条支雀卵，谅可继于前闻"。大宛、条支是两个西亚国家，与中国遥隔千山万水，汉代这两个国家曾经向汉朝进贡，闽土与海外的关系发展下去，西亚国家也会参与朝贡唐朝的。可见，当时的对外贸易给福建带来了相当的利益。对于境内的两大海洋港口，王潮和王审知是相当爱护的。

福州港的改造。福州地处闽江下游的沿海，闽江在福州城近郊流速减缓，汇成一个大港，涨潮时，海水倒灌闽江，大船乘潮可驶抵福州城郊的南门下。宋代的《三山志》写道："伪闽时蛮舶至福州城下。"文中的"伪闽"是指五代时期的闽国。这话是说，唐五代时期海船可以进至福州南门外的河港，也就是水部门之外的天后宫一带。这里曾经是福州对外贸易的码头。又据发现的唐元和年间的冯审《球场山亭记》，其残文有："……迩，海夷日窟，风俗时不恒，人物有……"陈叔侗认为：这说明有不少海外来人住在福州，乃至福州风俗受影响。[①] 周朴咏道："海水旋流倭国野"[②]，是说福州与日本之间有联系。薛能的《送福建李大夫》一诗云："船到城添外国人。"[③] 这都反映了福州与海外通商的情况。

黄崎甘棠港的开辟。由于福州港不利于大舶航行，王审知又开辟了甘棠港。甘棠港原名黄崎港，这里"古有岛外岩崖，蹴成惊浪，往来舟楫，动致败亡。王遥祝阴灵，立有玄感，一夕风雷暴作，霆电呈功，碎巨石于洪波，化安流于碧海，敕号甘棠港。至今来往蕃商，略无疑恐"[④]。这里是说，王审

---

① 陈叔侗：《福州中唐文献孑遗》附图，载福建省博物馆编：《福建历史文化与博物馆学研究》，福建教育出版社1993年，第202页。
② 周朴：《福州神光寺塔》，《全唐诗》卷六百七十三，中华书局1960年。
③ 薛能：《送福建李大夫》，《全唐诗》卷五百五十九，中华书局1960年，第6487页。
④ 翁承赞：《闽王审知墓志》。

知在位时，海边发生了一场地震，大地震震碎了海边的一些礁石，民众在王审知领导下，顺势整理大船进入福州的水路，从此开辟了福州的甘棠港。外籍商船进入甘棠港，对甘棠港有所夸奖。可见，甘棠港也是对外贸易港口。[①] 可是，学者对甘棠港位于何处一向有争议，有的认为在闽县境内，即今连江黄岐镇，有的认为在古长溪县境内的黄岐镇，即今福安的下白石镇。[②]（按，福州最早的府志《三山志》记载福州沿海水程十分详细，它将甘棠港系于罗源港之北的西官井洋港内，并指出它的上源有两条江，一条发源于政和境内，一条发源于浙江龙泉境内，这两条江明显是今天的穆阳溪和交溪，下白石镇位于二溪下游海口，故后说为是。）又，《宁德县志》记载，五代时本县人黄岳死后为神，宋邑人郑士懿撰写的《庙碑记》写道："先是，侯于五代时以能至风雨雷电，袭黄崎大石，通港利，济舟楫，封永灵公。"[③] 可见，甘棠港确实在福安境内。其他各说不见于宋代《三山志》，明清时期才出现于方志，只能说是后人的附会。甘棠港的缺点是离福州较远，虽然属于福州，实际上还有一段长达数百里的水路或是陆路，以故它的发展前景不如其他二港。它与福州港、泉州港鼎足而立，反映了闽国时期福建海岸线的全面开放。

泉州是唐代兴盛的一个对外贸易港口。应当说，福建官府一向重视海上贸易。据陈懋仁的《泉南杂志》，"唐设泉州……参军事四，掌出使导赞"[④]，说明唐代泉州政务中，对外交涉已是很重要的。唐代大历时诗人包何咏泉州："云山百越路，市井十洲人。执玉来朝远，还珠入贡频。"[⑤] 说明泉州已是外商

---

① 此事又见于《北梦琐言》的记载："闽王审知患海畔石碛为舟楫之梗，一夜，梦吴安王（即伍子胥也）许以开导，乃命判官刘山甫躬往祈祭。三奠才毕，风雷勃兴，山甫凭高观焉，见海中有黄物，可长千百丈，奋跃攻击。凡三日，晴霁，见石港通畅，便于泛涉。于时录奏，赐名甘棠港。"甘棠港的开拓，对福建对外贸易的发展是有意义的。

② 参见廖大珂：《闽国甘棠考》，《福建学刊》1988年第5期。

③ 张君宾等：乾隆《宁德县志》卷二，坛庙，宁德地方志编纂办公室点校本，第137页。

④ 陈懋仁：《泉南杂志》卷上，《丛书集成初编》第3161册，第13页。

⑤〔唐〕包何：《送泉州李使君之任》，《全唐诗》卷二百零八，中华书局1960年，第2170页。

进贡中国的主要通道之一。闽王政权之时,泉州太守先为王氏三雄之中的王审邽,后来是王审邽的儿子王延彬。王延彬在泉州发展对外贸易,"每发蛮舶,无失坠者,时谓之'招宝侍郎'"。泉州太守王延彬是王审知的侄子,他"性豪华,巾栉冠履必日一易,解衣后辄以龙脑数器覆之"①,没有在海外贸易中积累的巨额财富,他是没法过这等豪华生活的。王延彬之后,闽国鼓励海外贸易的政策一直延续下去,留从效割据闽南时,重视对外贸易,"陶器、铜铁,泛于番国,收金贝而还,民甚称便"②。近年在泉州发现了一座南唐时期的石经幢,上面署名为:"州司马专客务兼御史大夫陈光嗣,州长史专客务兼御史大夫温仁俨。"③ 其中"专客务"一职,应为留从效专门接待外商的官职。在这种背景下,福建的海外贸易有相当大的发展。

唐代福建在对外贸易中的地位,北不如江南的扬州与明州,南不如岭南的广州及交州的龙偏(今越南北部港口)。从地理环境而言,江南港口适于对朝鲜、日本、契丹、渤海等地贸易,广州、龙偏适于对东南亚贸易,适合福州及泉州的贸易港口只有东部琉球及南部菲律宾的一些港口。从地理位置而言,福建诸港不算太好。对福建有利的条件是,福建港口面临台湾海峡,冬天盛行东北风,夏季盛行东南风,船舶顺风航行,不论对哪一方贸易都很方便。所以,自五代之后,福建成为海上南北贸易的交汇点,福州和泉州都是与海外通商的城市。

研究泉州的对外贸易政策,有一点要注意。泉州太守不只是吸引外来商人,更为特殊的是主动派出"蛮舶"到海外贸易。所谓"蛮舶",学界一向有争议,直接的解释,"蛮舶"就是当地人发往"蛮夷"地方的海船。深入研究,蛮舶之名似与泉州当地人有关。在中国东南沿海一直有一批水上居民,隋代的水上人家被称为"游艇子",明清时代的水上人家被称为疍民。翻看各地方志,北到浙江沿海,南到广东海滨,都有疍民活动的记载,而且这些疍

---

① 吴任臣:《十国春秋》卷九十四,王延彬传,第1364页。
② 泉州《留氏族谱》,宋太师鄂国公传,第48页。
③ 林宗鸿:《泉州开元寺发现五代石经幢等重要文物》,《泉州文史》1986年第8期。

民的活动，从唐宋时期一直延续到明清时代。不过，有一个例外是，泉州府志从来没有疍民活动的记载。难道泉州历史上没有疍民？当然不是。更好的解释是，泉州疍民很早就与北方移民融为一体。比方说，王审知在泉州娶了一位惠安籍的太太，后来继承王审知事业的几个儿子，都是这位惠安籍太太生的。这件事的本身，就表明王审知家族与泉州当地人完全融为一体，没有什么北方人和本地人之分。泉州本地人实际上在唐代也是"游艇子"的一部分，他们也曾被官府视为蛮族，但是，他们掌握着航海技能，与东南亚国家的关系极为久远。他们在闽国时期并未遭到歧视，而是被当作商业依托的对象。泉州太守王延彬掌权后，集中财力投入远航事业，他让本地人驾驶大船到海外贸易，由于本地人一度被视为蛮族，所以，他们的船舶也被视为"蛮舶"。在王延彬掌权时期，由泉州出发的蛮舶都能在海外获利，从而奠定了泉州人海上事业的基础。历史上泉州人与广州人最大的区别就是：泉州人一向是主动去海外贸易，而广州人的对外贸易一向是开放港口，让外国人自由进出。这一政策的分界线，至少在闽王政权之时就形成了。那时福建的港口也欢迎蕃商，泉州也是如此，宋元时期定居泉州的蕃商数量超过广州，这与泉州在闽王时期执行的政策有关，这是一个历史延续。不过，泉州更大的特色是派出本地商船到海外贸易。站在历史更高的角度来看这个问题，闽人与粤人一个很大不同是：他们会自行到海外经商！东南亚诸国的商人集团从来就是以福建商人为主，这与闽人的历史传统有关。而这个传统至少在闽国时期就显示出来了。

那么，北方移民进入泉州，给泉州海上贸易带来什么呢？我们所看到的考古成果是：五代两宋福建的造船技术与广东有了很大的区别。唐代广东所造的船多为藤条船，这与外商主要在东南亚造船有关吧？一直到宋代，都有人说广东的海船以藤条船为特点。但福建船就不一样了，海上考古至今没有发现五代时期的福建船，但发现过宋代的福建船，例如在广州外海的"南海一号"。宋代福建船的特点是使用大量的铁钉！这是由于唐宋间福建各项产业都有很大的发展，中原自汉代盛行的炼铁术在福建已经普及，因而福建能够生产大量的铁钉等铁器。使用铁器建造船舶是一个时代的进步,这个转变至少始于闽国时期,在宋代已经普及。所以,宋代的福建船在东南亚各地都可以见到,这是福建手工业技术较高的证明。可见,南下的移民为泉州远航事业不仅贡献了资本,还贡献了制造业技术。它和福建疍民传统航海术结合在一起,发展了泉州的远航事业。

总之,王闽政权时期,统治者对海外贸易的重视,恰好抓住了历史的机遇。此前唐代对外贸易的重点在岭南的广州,当广州发生大屠杀之后,广州的胡商遭受重击。王闽政权适当的政策让中国对外贸易的重点转到了福建的泉州和福州。此后从宋元泉州港到明代的漳州月港,中国对外贸易的重点一直在福建,福建经济因而领先周边诸省多年。

二、从海路进贡中原政权

王闽政权一向实行进贡中原的政策,不过,这一政策在中原政治发生剧变之际受到了质疑。公元907年,朱温(又名朱全忠)取代唐朝建立后梁政权,割据江淮的吴国公开反对,从此,由福建通往中原的陆路被切断了,此后的闽王政权无法从陆路直接进贡中原。

朱全忠的突然行动,引发了各个割据政权的不安,一些与朱全忠关系较好的诸侯改用大梁年号,而与中原较远的割据政权大多保持用唐代年号。据邵雍的《皇极经世书》一书,朱全忠于907年称帝代唐,建立梁朝,当年王审知仍用唐朝的年号。次年,"河东李克用、淮南杨渥、山南李茂贞、泉南王审知、南海刘隐行唐年",不过,该年"荆南高季昌、湖南马殷、两浙钱镠附于梁",其中钱镠为王审知的长期盟友,他向梁朝称臣,对王审知影响极大。909年,南方的形势继续变化。"泉南王审知、南海刘隐附于梁。刘隐卒弟岩立。河东李存勖、淮南杨渭、山南李茂贞行唐年。"[①] 如邵雍所记,闽王审知

---

① 〔宋〕邵雍:《皇极经世书》卷六下,文渊阁四库全书本,观物篇三十四,第41页。

是到了朱全忠建国的第三年,即开平三年(909)才采用了大梁年号。可见,当年朱全忠篡唐的消息传来,王审知曾经犹豫了一段时间。实际上,王审知手下有不少人反对向大梁称臣。例如王审知的侄儿王延嗣劝他不要接受后梁的封号。

  当年在王审知都督府里,各方争吵激烈,也有些人对王审知"敷陈利害,劝其奉梁正朔"①。王审知和朱全忠的关系一向很好,早在唐昭宗在位时期他就很注意巴结这位权臣,逐步得到朱全忠的欢心。唐天祐二年(905),朝廷为王审知建立生祠,树立德政碑,就是在朱全忠建议下进行的。朱全忠篡唐后,一时议论纷纷,其实,王审知主意早定。作为一个实力不太强的割据者,他需要中原王朝的支持,这一利害关系远胜于缥缈的"政治道义",何况李唐王朝人心已死!他听了王延嗣的话之后,"俯首久之曰:'此特腐儒陈言,无补实用。知彼不知己,兵法所大忌。彼虽僭逆,然既已南面朝诸侯,加之坚甲利兵,半于天下,东征西伐,草折卵碎。我凭数州之地,辄婴其锋,是自取颠仆,安能成大事哉!'"② 不管王延嗣如何劝说,王审知还是决定拥护后梁王朝。新建的后梁王朝为收揽人心,封王审知为侍中,王审知不动声色地接受大梁的封敕。朱全忠称帝的第二年,即后梁开平二年(908),王审知就派人向后梁王朝大举进贡,贡品有"玳瑁、琉璃、犀象器并珍玩、香药、奇品海味。色类良多,价累千万"③。

  当时福建至中原的陆上交通被割据江淮的吴国阻断,"审知每岁遣使朝贡,泛海至登莱抵岸,往复颇有风水之患,漂溺者十四五"④。例如:"王保宜者,唐末为闽师持章赴朝廷,道路不通,乃泛海,因溺死。"⑤ 虽然遇到挫折,可是,王审知坚持进贡。他的贡品见于记载的还有:

---

① 吴任臣:《十国春秋》卷九十五,邹勇夫传,第1382页。
② 范祖禹:《范太史集》卷三十六,王延嗣传,第18—19页。
③ 王钦若、杨亿等编纂:《册府元龟》卷一百九十七,闰位部,纳贡献,中华书局1960年,第2380页。
④ 王钦若、杨亿等编纂:《册府元龟》卷二百三十二,僭伪部,称藩,第2763页。
⑤ 佚名:《江淮异人录》,万历《道藏》第11册,上海书店1988年,第19页。

梁开平四年（910），"贡方物，献桐皮扇"。

梁乾化元年（911），"福建进户部多支榷课葛三万五千匹"。

梁乾化二年（912），"福建进贡供御金花银器一百件，各五千两"。①

对于王审知的进贡，王延嗣持反对态度。史载："审知岁时遣使朝贡于梁，阻于江淮，道不能通。乃航海从登莱入汴，使者入海，覆溺大半。君闻之愀然。因复为审知历陈梁无足畏之状。勿伤财损人以自拙。"②（按，王延嗣认为：福建与中原相距较远，梁朝兴亡，其实与福建无关，与其不断向梁朝进贡，不如将此钱用在其他地方，以巩固统治。）闽王却没有听王延嗣的主张，一直坚持向中原政权进贡。当时福建的船只很少进入北方之海。传统航路是进入长江以后，由扬州港登陆，再从扬州等港的陆路进京。割据江淮的吴国与后梁政权对立，这就使福建商船无法在扬州等港口靠岸，只好在邻省的浙江宁波靠岸补充各项物资，再从宁波直接北上山东沿海的港口。由于这是一条陌生的海路，所以，福建商船半路失事的事件颇多，甚至达到沉没过半的伤亡率。王审知不顾伤亡继续北上，实在是因为这条商路对闽人来说有很大的意义。闽人每年从海外运来各项商品，这些商品对中原来说是稀缺商品，只有将其运到中原市场上才能卖出大价钱。此外，福建还可以从中原运回各种自己需要的商品。总之，这条海路可使福建市场活跃起来。王审知坚持从海路到中原进贡，实为一项伟大的决策。此后福建与北方区域的海上贸易相当发达，都与这一决策有关。

三、唐末五代福建对外贸易和文化交流

海外贸易结构。从《留氏族谱》看，福建输出的主要有陶器、铜铁等手工业制品。此外，还应有大量的瓷器与丝绸，可惜不见详载。从国外输入的产品以香料、象牙等珍品为主，这可从闽国的贡品中看出，同光二年（924），

---

① 王钦若、杨亿等编纂：《册府元龟》卷一百九十七，闰位部，纳贡献，第2381页。
② 范祖禹：《范太史集》卷三十六，王延嗣传，第19页。

王审知向唐王朝进贡的产品有：象牙、犀珠、香药；天成二年（927），王延钧遣使进贡犀牛、香药等海外珍品；四年（929），再次进贡犀牙、玳瑁、真珠、龙脑、白氎、红氎、香药；长兴元年（930），他又进贡象牙、药。王继鹏继位后，立即向后晋进贡，贡品中有象牙二十株、香药一万斤。后晋天福六年（941），王延羲进贡的海外奇珍有：象牙二十株、乳香、沉香、玳瑁等。陈洪进进贡北宋的物品有：瓶香万斤、象牙两千斤、香两千斤等。① 这些物品大多是供统治阶级消费的奢侈品，除了进贡之外，多数海外奇珍应是福建商人销往国内各地，从中赚取高额利润。

由此可见，福建对外贸易主要是以手工业品换取奢侈品，乍一看，这种贸易结构不利于中国，其实不然，在中国古代，奢侈品是财富的象征，它流入中国标志着财富的转移。而中国手工业品进入海外市场，便为自身产业的发展开拓了广阔的远景，因此，这是绝对有利的。由于掌握中国与海外诸国的中介贸易，福建海商从中获得高额利润，推动资金流入福建，对经济开发产生一定积极作用。

五代时期，与福建来往的海外国家不少。南唐时期，三佛齐继续向南唐进贡，《龙溪县志》记载："南唐保大中，有三佛齐国将军李某，以香货诣本州，易钱营造普贤院，手书法堂梁上，元祐间僧善麟摹其墨迹以示人，无能知者。"② 这位李将军虽用汉姓，但写的字是汉人不识的外国字，应是外国人，以他将军的身份来看，他应是三佛齐的贡使。日南国贡使于梁贞明三年（917）来到福建。③ 占城国也有使者来闽，《三山志》"龙德外汤院"条记载了一件事："伪闽天德二年（944），占城遣其国相金氏婆罗来道里，不时遍体疮疥，访而沐之，数日即瘳，乃捐五千缗创亭其上。"④ 不过，由于当时文献对商人不够重视，对他们的记载较少。但我们可以从当时的文化交流来看商业

---

① 徐晓望：《闽国史》第二章、第三章，福建贡品，台湾五南出版有限公司1997年。
② 黄惠等：乾隆《龙溪县志》卷十一，古迹，乾隆刊本，第7页。
③ 〔清〕吴任臣：《十国春秋》卷九十，太祖世家，第1312页。
④ 〔宋〕梁克家：《三山志》卷三十三，僧寺，台湾国泰文化有限公司本，第7989页。

第一章　福建海洋文化的形成

的一个侧面。以福建与印度来说，双方的文化交流颇盛。唐末，福建有一僧人前往印度求法，"智宣，泉州人也。壮岁慕法，学义净之为人也。轻生誓死，欲游西域，礼佛入塔，并求此方未流经法。以唐季结侣渡流沙，所至国土，怀古寻师，好奇徇异，聚梵夹，求舍利。开平元年（907）五月中达今东京，进辟支佛骨并梵书多罗叶夹经律。宣壮岁而往，还已衰耄矣。梁太祖新革唐命，闻宣回，大悦，宣赐分物，请译将归夹叶，于时干戈，不遑此务也"①。可见，智宣的壮举足以和玄奘相比。唐末，也有印度僧人渡海来到福建。天祐三年（906），"西天国声明三藏来宾"②。声明三藏之所以能从海路来到闽中，应是搭乘海船。其时，波斯的商品也进入了福建。"郭常者，饶人，业医。居饶中，以直德信。饶江其南，导自闽，颇通商外夷。波斯、安息之货，国人有转估于饶者，病且亟，历请他医莫能治，请常。常为诊曰：病可去也。估曰：诚能生我，我酬钱五十万。"③"这一记载说明三个问题：第一是饶江，即今信江，是南通闽北、转福州的通道。通过这条通道，波斯、安息之货由闽入赣……。第二，当时有身怀巨资的'转估者'，即从事贩运贸易的大商贾，一次支付五十万钱。第三，唐时福建即有波斯货。"④

闽国与朝鲜半岛的新罗国十分友好，王继鹏与王延羲在位时，新罗国曾派使者赠送宝剑给闽国国王。⑤民间交往也很密切，玄沙师备在福州安国寺说法，手下有高丽僧人。⑥新罗国的龟山和尚是福州长庆寺慧棱的弟子。⑦又如裴长史"失其名，新罗国人，慕华来归，居之建州城中"⑧。南唐朝廷很尊重

---

① 〔宋〕赞宁：《宋高僧传》卷三十，梁泉州智宣传，中华书局1987年，第751页。
② 〔清〕吴任臣：《十国春秋》卷九十，闽太祖世家，第1309页。
③ 〔唐〕沈亚之：《沈下贤集》卷四，表医者郭常，文渊阁四库全书本，第7页。
④ 郑学檬：《中国古代经济重心南移和唐宋江南经济研究》，岳麓书社2003年，第330页。
⑤ 〔清〕吴任臣：《十国春秋》卷九十六，王倓传，第1385页。
⑥ 〔宋〕梁克家：《三山志》卷三十八，僧寺，安国寺，台湾国泰文化有限公司本，第8061页。
⑦ 〔宋〕普济：《五灯会元》卷八，新罗龟山和尚，中华书局1984年点校本，第467页。
⑧ 〔清〕吴任臣：《十国春秋》卷三十二，裴长史传，第457页。

他。福建人中也有赴朝鲜的,《宋史·王彬传》记载:"王彬,光州固始人,祖彦英,父仁侃,从其族人潮入闽。潮有闽土,彦英颇用事。潮恶其逼,阴欲图之。彦英觉之,挈家浮海奔新罗。新罗长爱其材,用之,父子相继执国政。"① 如其所记,由福建出发的王氏家族后来在新罗大有发展,一度掌握新罗的大权。许多高丽僧人在福建寺院中学经。例如:灵照禅师,"高丽人也。萍游闽越,升雪峰之堂"②。他后在杭州龙华寺开山说法。又如泉州福清院高僧玄讷也是高丽人③,泉州刺史王延彬建福清寺于南安以居之。

福州开元寺(梁如龙摄影)

日本等国也有商人和学人进入福建。鉴真大师渡日,是这一时期中日佛教交流的大事,鉴真的弟子中,有泉州超功寺僧人昙静,他也是律宗,跟随鉴真在日本传教闻名,是鉴真十八弟子之一。④ 在日本开创真言宗的空海大师

---

① 〔元〕脱脱等:《宋史》卷三百零四,王彬传,北京,中华书局1977年点校本,第10076页。
② 〔宋〕普济:《五灯会元》卷七,龙华灵照禅师,中华书局1984年点校本,第411页。
③ 〔宋〕普济:《五灯会元》卷七,福清玄讷禅师,中华书局1984年点校本,第427页。
④ 〔日〕木宫泰彦:《日中文化交流史》上卷,第九章,第二节,胡锡年译,商务印书馆1980年。

第一章 福建海洋文化的形成

于贞元二十年（804）八月十日漂抵福州长溪县赤岸登陆，后到福州开元寺，十一月三日离开福州，前往长安，开始他的求法历程。唐宣宗大中七年（853），日僧圆珍搭唐人钦良晖的船舶入闽，在福州开元寺从中天竺的般怛罗学习悉昙。① 唐末，闽籍进士林宽写过《送人归日东》一诗："沧溟西畔望，一望一心摧。地即同正朔，天教阻往来。波翻夜作电，鲸吼昼为雷。门外人参径，到时花几开。"②

黄滔为雪峰义存立传时说："天下之释子，不计华夏，趋之如赴召。"③ 这说明义存在东亚诸国佛教界的地位。义存的学生玄沙师备在国外也很有名望："馆徒常千人，高丽、日本诸僧亦有至者。"④ 因此，福建重要庙宇内常有高丽与日本籍僧人。外来僧人往往在福建各地落籍，如"三佛祖师者，一刘氏，交趾人，一杨氏，南华人，其一为西域突利属长民，本无姓，以母契丹氏适龚，遂为龚姓"。三人相见如故，"因同诣雪峰义存，求证上道。义存为剪发作头陀，命法名曰：龚志道、刘志达、杨志远"⑤。三人后在邵武各寺讲经。也有些人学成之后回国，例如上述日本和尚圆珍，学成之后返回日本。

由此可见，唐末五代是福建海外贸易及文化交流十分兴盛的时代。事实上，从唐末五代闽王开始，福建一直是中国对外贸易最兴盛的地方，这一优势一直延续到明代后期的月港时代。回顾五代两宋及元明两代福建对外贸易的发展，都与唐末五代闽王政权决策有关。这些精明的决策者开放港口让外籍商人进入，同时派福建商船到海外贸易，为了开拓国内市场，不顾伤亡开拓北方航线，从而和中原市场建立直接联系，为福建购进的海外商品开拓可靠的国内市场。这些决策体现了闽人向海而生，向海而强的海洋精神。

---

① ［日］木宫泰彦：《日中文化交流史》，胡锡年译，商务印书馆1980年，第146页。
② 〔唐〕林宽：《送人归日东》，《全唐诗》卷六百零六，第7001页。
③ 黄滔：《黄御史公集》卷五，福州雪峰山故真觉大师碑铭，第71页。
④ 〔宋〕梁克家：《三山志》卷三十八，僧寺，台湾国泰文化有限公司本，第8061页。
⑤ 李正芳等：咸丰《邵武县志》卷十四，邵武地方志编纂委员会点校本，第437页。

第二章 宋元福建海洋精神

宋元是福建海洋精神的爆发期和高潮期,尤其在经济社会、造船航海和闽人闽著方面表现得尤为突出。

第一节 海洋精神的渗透:经济社会的海洋比重

经济和社会是海洋精神的根基,海洋精神向经济和社会的渗透和转化,为宋元海洋精神的发展和升华提供了源源不断的动力和坚实的基础。

一、泉州港的繁荣与鼎盛

泉州坐落在我国东南,倚山面海,地处南亚热带海洋性季风气候区域,夏秋多吹东南风,冬春则多西北风,在靠风帆推进的航海时代,给海上往返的船舶带来了宝贵的动力。泉州的地形大势为西北高而东南低,流贯全境的晋江、洛阳江不仅是泉州远古文明的摇篮和农田水利之渊薮,而且是泉州港沟通腹地和扬帆海外的大动脉。围绕着泉州的漫长海岸线,既有突出的半岛,又有曲折入内地的港湾,还分布着星星点点的岛屿,整个海岸线呈 S 形轮廓。

第二章　宋元福建海洋精神

因此，那被岬角掩护的港湾和宽敞的入海河口，为舟楫的航行提供了许多躲避风浪、安全碇泊、便于货物装卸的口岸。从地理概念上说，古泉州港包括了位于晋江入海口的泉州湾和它南面的深沪湾、围头湾。在这广袤的港湾中，自北而南，分布着一个又一个支港，有洛阳、后渚、法石、蚶江和祥芝、永宁、深沪、福全以及金井、围头、石井、安海等，故泉州港向有"三湾十二支港"之称。

伴随着宋王朝对外开放政策和福建经济社会的快速崛起，泉州港海外交通贸易焕发出更大的活力，发展速度不断加快。到北宋前中期，泉州港已经是一个"有蕃舶之饶，杂货山积"的繁华港口。此时的泉州海外交通贸易虽不及广州之盛，却居于杭、明二州之上，成为全国第二大海港。正是鉴于这样的发展势头，北宋政府于元祐二年（1087）在泉州正式增置福建市舶司，"掌市易南蕃诸国物货航舶而至者"①，"掌蕃货海舶征榷贸易之事，以来远人，通远物"②。市舶司的设立，在泉州历史或是

泉州市舶司遗址碑（成冬冬摄影）

---

① 〔清〕徐松：《宋会要辑稿》，职官四四之一，市舶司。
② 〔元〕脱脱等：《宋史》卷一百六十七，职官志七，提举市舶司。

中国对外贸易史上都是一件大事，标志着泉州进入我国最重要的海外交通贸易港的行列，泉州港亦进入全面繁荣发展时期，并在海外交通贸易方面的地位迅速赶上广州。"况今闽粤莫盛泉山，外宗分建于维城，异国悉归于互市。"①

"苍官影里三州路，涨海声中万国商。"② 宋代泉州港海外贸易的发展，主要体现在以下三个方面：一是贸易形式多样化。不但有以朝贡形式出现的政府间贸易，还有垂涎于奇珍异宝和暴利的权贵官僚私牟贸易，更多的是以发财致富和谋求生计而兴贩海外的民间贸易。二是贸易地区相当广泛。据《云麓漫钞》记载，南宋中期常到泉州贸易的海外国家或地区有30多个。另据曾于嘉定至宝庆间（1208—1227年）任福建路市舶提举的赵汝适《诸蕃志》记载，这一时期同泉州发生贸易关系的国家或地区不下60处，其范围包括今天的东亚、东南亚、南亚、西南亚以及非洲的广大地区。三是贸易商品种类繁多，"物货浩瀚"③。输出货品大致可分为陶瓷器、纺织品、金属及其制品、农副产品，以及其他日常生活用品、药材、文化艺术品、化妆品和桐油等，其中以瓷器和丝绸最多，故有"海上丝绸之路""海上瓷器之路"之称；输入货品亦达400余种，主要有宝货、香料、药物、布帛和杂货等，其中以香料和药物为最大宗。

至元代，泉州港进入鼎盛时期，成为梯航万国的世界第一大港，中外商品的集散地。泉州港的极盛，吸引了中世纪欧洲四大游历家马可波罗、鄂多立克（即和德理）、马黎诺里和伊本·白图泰的莅临。在这里，马可·波罗看到的是"此城为世界最大良港之一，商人商货聚积之多，几难信有其事"④。

---

① 〔宋〕王象之：《舆地纪胜》卷一百三十，福建路，泉州，四六，引〔宋〕陈谠《贺韩尚书》。

② 〔宋〕王象之：《舆地纪胜》卷一百三十，福建路，泉州，诗，引〔宋〕《清源集·李文敏》。

③ 〔元〕脱脱等：《宋史》卷一百六十七，职官志七，提举市舶司。

④ ［意］马可·波罗著，沙海昂注，冯承钧译：《马可波罗行纪》第二卷，第一五六章刺桐城（注甲），中华书局2004年。

第二章　宋元福建海洋精神

马可·波罗画像

伊本·白图泰塑像

伊本·白图泰则评价道："该城的港口是世界大港之一，甚至是最大的港口。我看到港内停有大艟克约百艘，小船多得无数。"① 国内文献也高度称赞说泉州"水陆据七闽之会，梯航通九译之重"②；"泉本海隅偏藩，世祖皇帝混一区宇，梯航万国，此其都会，始为东南巨镇……一城要地莫盛于南关，四海舶商诸蕃琛贡，皆于是乎集"③；更有两次从泉州附舶东西洋的杰出民间航海家汪大渊，以亲身经历写就的《岛夷志略》，记述了元代与泉州发生海道贸易的国家或地区（除澎湖外）达到98个，比宋代《诸蕃志》记载的增加了30—40个之多。此外，由于元代便捷的海陆交通，泉州同国内其他市场的联系也十

---

① 〔摩洛哥〕伊本·白图泰：《伊本·白图泰游记》，马金鹏译，宁夏人民出版社2000年，第545页。
② 〔宋〕王象之：《舆地纪胜》卷一百三十，福建路，泉州，四六，引《谯楼上梁文》。
③ 〔清〕黄任等：《乾隆泉州府志（一）》卷十一，城池，引《庄弥邵记》。

分密切，不少远地货物纷纷聚集于泉州港，远销海外，而数量浩瀚的进口商品，也被转贩于国内其他市场，形成国内最大的中外商品集散地。元代的泉州港城市繁雄、蕃商云集、帆樯如林，真所谓"泉据南海津会"，"万货山积来诸蕃，晋江控扼实要关"①，达到空前绝后的辉煌。

二、围海造田及滩涂盐碱地改造

福建地处我国东南沿海，负山枕海，平原极少，海域辽阔，素有"东南山国"之称。"闽之为郡，山多田少，地狭人稠，丰年乐岁，尚有一饱不足之忧。"② 在这种自然条件下，要养活众多的人口并非易事，出路只有一个：向山要田，与海争地。

"海田"（亦称埭田），王祯《农书》称之为"涂田"，系指对滨海滩涂地的围垦，是宋代福建扩大耕地面积的重大举措。宋代，福建沿海开发围垦活动呈逐渐活跃态势，有关围垦情况的记载在各地方志书里俯拾即是。如在沙州和沼泽较多的兴化军莆田县，"有陂塘五所，胜寿、西街、大和、屯前、东塘，自来积水灌注塘下沿海咸地一千余顷为田，约八千余家耕种为业"③。仅此一项，受益农家每户平均可得12.5亩的稻田。在北洋，通过修建三步泄、濠塘以及芦浦、陈坝和慈寿各斗门，"向之咸地悉为沃壤，不知其几十万顷也"④。刘克庄记载的数未免夸大（南北洋至今平原耕地仅有二十余万亩），但也说明当时莆田北洋已基本得到了围垦。除兴化军外，其他沿海州军也都开展了大规模"海退淤田"围海造田工程，其中福州的成绩尤为突出。据淳熙《三山志》记载，当时福州诸县已有海田"一千二百三十顷有奇"，围海堤坝

---

① 〔元〕王恽：《秋涧先生大全集》卷五十五，总管王公神道碑铭。
② 〔清〕徐松：《宋会要辑稿》，瑞异三之三〇，水灾。
③ 〔宋〕蔡襄：《蔡忠惠公文集》卷十八，劄子，乞复五塘劄子。
④ 〔宋〕刘克庄：《后村先生大全集》卷九十二，记，义勇普济吴侯庙。

"长五千六百二十丈"①，出现"兴修田土，惟福州为多"②的时评和"海舶千艘浪，潮田万顷秋"③的吟咏。值得一提的是，宋代福建沿海围垦，无论是规模还是范围，都是前所未有的，同时在全国也位列先进，所创建的海田，比两浙路的涂田规模还大。正由于"筑堤障海以为田"，沿海百姓始得"向之斥卤变为膏腴"④，社会各项事业才得以又好又快地发展。考虑到北宋元丰年间（1078—1085年）福建路官民田合计只有110 914顷，仅占全国耕地顷数（4 616 556顷）的2.4%左右，宋代垦田热在推动福建发展上厥功至伟。如仅福州一地，垦田数从闽国宋初时期的14 143.16顷增至南宋淳熙年间的42 633.18顷，200年间可耕田增加了2倍，真可谓"万工填巨海，千古作良田"⑤。

由于围垦意识和生产技术的不断进步，使福建沿海的大片滩涂得到开发利用，加快了沿海地区社会经济的发展。从宋代开始，以福州、莆田、泉州、漳厦四个平原为主的沿海地区，逐渐成为福建政治、经济、文化最为发达的地区，其中孕育的海洋精神值得今人关注和深思。

三、盐业的勃兴与海盐晒法的出现

福建雄踞我国东南沿海，海盐历来是民众不可或缺的生活和生产资源。宋元福建在创新技术的推动下，海盐生产得到迅速发展，成为我国六大海盐产区之一。

受历史因素和王朝更替影响，宋初福建海盐的产量较低，甚至需要从浙江进口食盐。好几种史料在提到北宋初福建路产额时，都只载福州长乐、福

---

① 〔宋〕梁克家：《三山志》卷十二，版籍类三，海田。
② 〔宋〕梁克家：《三山志》卷十二，版籍类三，沙洲田。
③ 〔宋〕王象之：《舆地纪胜》卷一百二十八，福建路，福州，福州诗，引〔宋〕鲍祗《咏长乐县》。
④ 〔清〕黄任等：《乾隆泉州府志（一）》卷九，水利，同安县。
⑤ 〔宋〕梁克家：《三山志》卷十六，版籍类七，水利，福清县，引郭按田诗句。

清等属县的"祖额"每年 100 300 石①，从仁宗天圣年间（1023—1032 年）开始，福建盐业呈现快速增长态势，"福漳泉州、兴化军皆鬻盐，岁视旧额增四万八千九百八石"②，见于文献记载的产盐地，除福州属县外，增加了晋江、同安、惠安、龙溪、漳浦等县的盐场或盐亭，神宗时（1068—1085 年）又设福清海口仓、长乐岭口仓、莆田涵头仓以统收闽盐。

从北宋中期到南宋初，闽盐产量的确是呈直线上升趋势。天圣六年（1028），仅长乐、福清两县产量合计就达 571.8 万余斤③，比原福州六县的"祖额"还多。崇宁三年（1104）福建路产额更高达 2540 万斤，是宋初的五倍多。南渡后，因产量最大的淮盐产区被金兵占领，两浙产区也因受战乱影响而产量大幅度下降，所以宋朝廷对闽盐更加依赖和重视，至绍兴二十三年至二十六年（1153—1156），福建年产额达到 3000 万斤，攀上历史新高峰。绍兴以后，由于盐法混乱，私盐兴炽，官盐积压，福建盐业生产能力受到影响，产量始终在 1600 万—2000 万斤之间徘徊，不过与福建历史和全国同期比较，仍保持较高的生产水平。

元朝有海口、牛田、上里、惠安、浔美、泖州、浯州等 7 处盐场，不断扩大在闽的海盐生产，产量也随之不断攀升。特别是至元十三年至至大四年（1276—1311 年）的短短 36 年里，卖盐引数从 6055 引猛增至 130 000 引④，官府手中掌握的盐数高达 5200 万斤（每引按 400 斤计算），是南宋最高产额的 1.73 倍。实际上，由于私盐泛滥，元代福建盐产量远高于官方的这一统计数字。

宋元福建之所以能在全国产盐区中脱颖而出，与拥有先进的制盐技术密不可分。

---

① 〔清〕徐松：《宋会要辑稿》，食货二三之三四；〔元〕脱脱等：《宋史》卷一百八十三，食货志下五，盐下。
② 〔元〕脱脱：《宋史》卷一百八十三，食货志下五，盐下。
③ 〔清〕徐松：《宋会要辑稿》，食货二三之三四。
④ 〔明〕宋濂等：《元史》卷九十七，食货志。

四、中外药物交流的兴盛

作为中国乃至世界的最大汇集地，宋元泉州港中外药物交流的兴盛，不仅体现在交流时间、形式、地区和数量等形式要素上，而且突出表现在交流内容这一实质要素方面。在入宋至元的 400 多年里，泉州港中外药物交流几乎得到不间断的持续发展，并在宋末至元达到历史的鼎盛。

一是在交流形式上，既有官方参与，又有民间往来。官方交流大体可分为"朝贡""赐与"和博买两种基本形式，如建隆三年（962）占城（今越南中南部）入贡"象牙二十二株、乳香千斤"[①]，元丰二年（1079）应高丽（今朝鲜半岛）国王之请，宋政府曾"赐药一百品"以及牛黄、龙脑、朱砂、麝香、杏仁煮法酒等若干。[②] 当"朝贡""赐与"这种政府贸易形式难以满足需要时，朝廷往往派人到海外或通过市舶司博买方式加以解决，如乾道三年（1167）南宋政府特拨二十五万贯给福建市舶司，"专充抽买乳香等本钱"[③]。当然，宋元时期中外药物交流的主渠道是民间贸易，无论是南宋赵汝适的《诸蕃志》，还是元末汪大渊的《岛夷志略》，都有大量关于民间药物交流的记载。1974 年泉州湾后渚港出土的一艘满载外来药的南宋海船，则是泉州商人到海外大量采购进口药物的实物证据。

二是交流地区广、数量大。自宋至元，经泉州港与我国进行药物交流的国家或地区，不仅数量不断增多，而且地域亦不断扩大。据统计[④]，成书于 1206 年的《云麓漫钞》记载有中外药物交流的国家或地区 26 个，1225 年的《诸蕃志》有 33 个，1349 年的《岛夷志略》达 66 个，地域范围也从宋代的朝鲜、日本和东南亚、印度半岛、印度支那半岛、马来半岛、阿拉伯半岛，扩

---

① 〔元〕脱脱等：《宋史》卷四百八十九，外国五，占城传。
② ［朝鲜李朝］郑麟趾：《高丽史》卷九。
③ 〔清〕徐松：《宋会要辑稿》，职官四四之二九，市舶司。
④ 肖林榕等：《宋元时期泉州港中外药物交流》，《福建中医药》1988 年第 6 期。

泉州湾后渚港宋代沉船发掘现场图（泉州海外交通史博物馆供图）

大到元代的非洲北部及东岸沿海地区。

伴随着交流地区日益广泛，中外药物交流数量亦不断增加。据史料记载，南宋建炎四年（1130），朝廷在泉州仅抽买乳香一项就达八万六千七百八十多斤[①]；乾道三年（1167），占城（今越南中南部）运进泉州的商品中，仅香药一项就有乳香、沉香等八种共十万四千三百八十五斤八两[②]。后渚港出土的南宋海船中，单降真香、檀香、沉香等香药木，未经脱水重达4000多斤。

三是交流内容广泛。宋元时期经泉州港输入我国的外来药很多，其中以香药为大宗，有脑子（即龙脑）、乳香（又名熏陆香）、没药（书中作末药）、血碣（当作竭）、金颜香（又名金银香）、笃耨香、苏合香油、安息香、沉香（又名沉水香）、笺香（又名栈香、煎香）、速暂香、黄熟香、生香、檀香、丁

---

① 〔元〕脱脱等：《宋史》卷一百八十五，食货志下七，香。
② 〔清〕徐松：《宋会要辑稿》，蕃夷七之五〇，历代朝贡。

香、肉豆蔻、降真香、麝香木、木香、栀子花、蔷薇水、白豆蔻、胡椒、荜澄茄、龙涎香、南木香、没香、荜拨、海桐皮、乌犀骨、草豆蔻、片脑、破故纸、大腹、苁蓉、河子、舶上茴香、益智子、官桂、朝脑、苏和香、苏木、石脂等。其他动植物和矿物药品种还有槟榔、椰子、菠萝蜜、没石子、乌满木、苏木、吉贝、椰心簟、阿魏、芦荟、新罗白附子、良姜、葫芦巴、人参、松子、榛子、松塔子、放风、白附子、茯苓、珠子、砗磲、象牙、犀角、腽肭脐、翠毛、鹦鹉、玳瑁、黄蜡、珊瑚树、硫黄、猫儿眼、朱砂、琥珀、硼砂、缩沙、水银、石决明，等等。与前代比较，宋元药物输入不仅品种大为增加，而且像玳瑁、降真香这样的传统奢侈品，在宋代也被收入本草书以作药用，成为宋元中外药物交流的新成员。

经泉州港输往海外的药物主要有大黄、黄连、川芎、白芷、樟脑、干良姜、绿矾、白矾、硼砂、砒霜及部分宋代已入中药的转口外来药近百种。其中有些中药，如川芎、白芷、朱砂、白矾等，宋以前不见有外传记载，可能是自宋代才开始向海外运销的。显见，无论是传统奢侈品药品化，还是进出口新药品的出现，皆是宋元泉州港中外药物交流内容广泛的最佳注脚。

以泉州港为核心的宋元中外药物交流，在中外医药学发展史上占有重要地位，对交流各国医药事业的发展都有着积极的影响。宋元外来药品原料与我国医方、医技相结合，从而产生许多经过实践证明行之有效的中药品，丰富和发展了我国中医药。另一方面，作为承载医学知识的特殊商品，中药输出不仅促进了当地医药事业的发展，而且增进了海外各国对中医药的认识，带动了中国医学的海外传播。

五、海上丝绸之路及对世界文明的贡献

海上丝绸之路的兴盛，是物质文明带动精神文明的突出表现，是宋元福建海洋精神向世界拓展的一次大胆尝试。

1. 海上丝绸之路及其建阳锦和刺桐缎

所谓"海上丝绸之路",是与陆上丝绸之路相应的概念,是指古代中国与海外各国互通使节、贸易往来、文化交流的海上通道。由于地理和经济原因,宋元福建泉州成为海上丝绸之路的重要港口,成为这一时期我国丝棉纺织品的生产和集散地。

关于宋元泉州港对外贸易状况,南宋赵汝适的《诸蕃志》与元末汪大渊的《岛夷志略》给我们留下了较为详细的资料(见下表)。在这份对比清单中,丝绸和布匹始终属大宗商品,所不同的只是地区和品色的差异。南宋中期泉州港对外丝绸贸易口岸只有14个,到了元末丝绸和布匹贸易口岸分别达到39和55个,数量成倍增加。至于商品种类,仅汪大渊在海外所见就达29个之多,其中既包括绢、生绢、缬绢、五色绢、五色缬绢、假棉、建阳锦、缎锦、锦绫、白绫、皂绫、丝帛、象眼以及白布、红吉贝、五色茸等我国各地生产的纺织名品,也有来自海外诸国经泉州港中转的麻逸布、阇婆布、西洋布、甘理布、塘头市布、巫仑布、八丹布、八都剌布、八节那涧布、剌速斯离布等各种商品,可谓品色多样,令人目不暇接。除整体状况外,日本古文献《朝野群载》卷二十还提供了一份泉州港海外纺织贸易的个案。据森克己

《诸蕃志》与《岛夷志略》所载泉州港海外贸易种类与地区

书名	口岸数和占比	丝绸	布匹	瓷器	陶器	铁	铜	铜铁器	金	银	金银器	饰品	文化用品
《诸蕃志》(1225)	口岸(18)	14	0	17	4	2	0	0	8	6	5	4	2
	%	77	0	94	22	11	0	0	44	33	27	22	11
《岛夷志略》(1349)	口岸(81)	39	55	44	14	35	21	14	22	34	1	24	12
	%	48	67	54	17	43	25	17	27	41	1	29	14

第二章 宋元福建海洋精神

书中记载，北宋时泉州商人兼纲首（即船长）李充曾多次赴日本贸易，其中仅崇宁四年（1105）一次就运载了"象眼肆拾疋（同匹）、生绢拾疋、白绫贰拾疋、磁垸贰百床、磁碟壹百床"。应该说，如此批次纺织品出口，在宋元时期的泉州港并不罕见。泉州港是名副其实的我国海上丝绸之路贸易大港。

泉州港海外贸易的兴盛，无疑会加大纺织品的需求。福建先民紧紧抓住这一历史机遇，开发出建阳锦和刺桐缎这类闻名海内外的丝织品牌。建阳锦以地而名，出自宋元时期的建宁府（路）建阳县，故亦称"建宁锦"。据王象之《舆地纪胜》记载，在宋代建阳织锦技术就闻名天下，织造的别具特色的"红锦和绿锦"，其精美可与四川相比，故有"小四川"之称。[①] 作为区域织锦中心，建阳锦在宋元海外贸易中同样大显身手。据《诸蕃志》卷上"渤泥国"记载，早在北宋时期，建阳锦就大量销往渤泥（今加里曼丹岛北部文莱一带）等地，到元代后期，汪大渊在真腊（今柬埔寨）仍可看到建宁锦的旺销景象[②]，建阳锦对海外的影响由此可见一斑。为应对海内外对建阳锦的大量需求，建阳建立了数量众多、规模庞大的织锦工场，织锦工人沿溪河濯锦，留下了"濯锦桥""濯锦溪"等历史遗迹。

福建织缎历史悠久。入宋以来，随着海外贸易的兴盛和织缎技术的大幅度提高，泉州及其腹地生产的"泉缎"（或称泉州缎）享誉海内外，且"与杭州并称一时之盛"[③]，成为朝廷赐赠和海上贸易的主要物品之一。1342年，元朝派遣使者至印度，在赠送印度国王的礼物中有精美绸缎五百匹，"其中百匹系在刺桐织造，百匹系在汗沙（今杭州）织造"[④]。泉州古称刺桐，因此泉缎往往以"刺桐缎"的名称销往海外市场。摩洛哥游历家伊本·白图泰在其游

---

① 〔宋〕王象之：《舆地纪胜》卷一百二十九，福建路，建宁，景物上，红锦和绿锦。
② 〔元〕汪大渊著，苏继庼校释：《岛夷志略校释》，真腊。
③ 张星烺编注，朱杰勤校订：《中西交通史料汇编（第二册）》，中华书局 2003 年，第 635 页。
④ ［摩洛哥］伊本·白图泰：《伊本·白图泰游记》，马金鹏译，宁夏人民出版社 2000 年，第 453 页。

记中曾指出：泉州"是一巨大城市，此地织造的锦缎和绸缎，也以刺桐命名"①。

2. 盛况空前的海路瓷器贸易

在宋元，福建以生产大量物美价廉的外销瓷器闻名于世。《诸蕃志》详实记载了 15 个"博易用瓷器"的国家和地区，分有瓷器、盆钵、五色烧珠、青白瓷器、白瓷器之属。《岛夷志略》更记叙了泉州港"贸易之货用瓷器"的盛况，当时陶瓷外销所至之处，有分别属于今日本、菲律宾、印度、越南、马来西亚、印度尼西亚、泰国、孟加拉、伊朗等国家的 50 多个地区，贸易品种增加到青瓷花碗、（紫、四色、五色、黄红、红绿、青、红）烧珠、粗碗、青白花碗、青白碗、青（瓷）器、大小水埕（埕瓮）、粗埕、（青）盘、花碗、青白花瓷器、小罐、处（州）瓷器、大瓷等各属。在这些外销瓷器中，大部分是福建窑口烧制的。实际上，元代周达观所著《真腊风土记》中曾明确记载输往该国（即今柬埔寨）商品有"泉处之青瓷器"②。显然，"泉处青瓷器"是通过泉州港外销的闽南地区窑品的泛称。

大量海外考古发现也还原了宋元福建瓷器外销的历史状况。在日本福冈市镰仓时代（1185—1391 年）的博多遗址中，出土了包括"珠光青瓷"在内的许多碗、碟、洗等同安窑系青瓷器，以及闽北大口、茶洋、华家山、社长埂等窑的青白瓷器③；在福冈、松川等地还出土有晋江磁灶窑生产的"黄釉铁绘花纹盘"和德化窑生产的"白瓷盒子"。在马来西亚、印度尼西亚以及菲律宾等国家的博物馆里，陈列着许多当地出土的泉州宋窑军持、瓶、盘、盒等。印度出土过泉州宋代的贯耳瓶，斯里兰卡曾发现德化窑的莲瓣碗和墩子式碗。土耳其的伊斯坦布尔博物馆收藏的 1 万多件中国瓷器中，也有泉州宋代青瓷器。肯尼亚发现有安溪窑的宋代瓷瓶，而埃及早在 11、12 世纪的法帖梅时

---

① ［摩洛哥］伊本·白图泰：《伊本·白图泰游记》，马金鹏译，宁夏人民出版社 2000 年，第 540 页。
② 〔元〕周达观著，夏鼐校注：《真腊风土记校注》，中华书局 1981 年，第 148 页。
③ 李知宴、陈鹏：《宋元时期泉州港的陶瓷贸易》，《海交史研究》1984 年总第 6 期。

代，就输入漂亮的德化瓷器了。① 而坦桑尼亚达累斯萨拉姆以南317公里的基尔岛出土的元代德化白瓷莲瓣碗，则是迄今发现的福建瓷器销路最远的一例。② 值得一提的是，一些海外大量出土的宋元福建瓷器却很少在国内发现，显见它们是专为外销而烧造的。如德化碗坪窑和屈斗宫窑生产的青白瓷印花盒，主要出土于菲律宾、新西兰、日本等国，国内极少发现。③ 德化的陶瓷设计师们还根据不同用途，设计出大盒、中盒、小盒、子母盒（大盒之中带三个小盒）等多种式样，款式上则有圆式、八角式、瓜棱式之别，加上盒盖上几达百种的丰富纹饰，可谓在青白瓷印花盒外销方面做足了功课。

近年来我国水下考古发现也印证了800多年前福建陶瓷外销的盛况。无论是广东阳江海域发掘的"南海一号"，还是西沙群岛的"华光礁1号"，都相继出水了大量南宋福建陶瓷。特别是"南海一号"，经过2007年至2014年长达7年的保护发掘，已识别出船舱内超过6万件层层叠叠、密密麻麻的南宋瓷器，主要由江西景德镇窑系、浙江龙泉窑系、福建德化窑系、闽清义窑系和磁灶窑系等五大民窑瓷器构成④，这验证了曾多次参与"南海一号"水下探挖的福建省博物院考古研究所所长栗建安的预判："从古沉船上前期探挖的出水古瓷器上看，大约有八成以上来自德化窑系、磁灶窑系、建窑系的福建产品。已出水的福建古瓷器数量多，种类多，质量好，是前所未有的。"⑤ 的确，2001年水下考古队曾从"南海一号"打捞出一批印花盒，后经到德化县实地考证，确定这些陶瓷印花盒都是产自宋代德化盖德碗坪仑窑。值得一提的是，"南海一号"出水文物中还有一些"喇叭口"大瓷碗"洋味"十足，与国内发现的同期产品有着很大差异。还有一些陶瓷首饰盒等物品，其式样、造型及风格都与国内同类物品迥异，显然是为国外客户专门制作的。考古学

---

① 庄为玑等：《海上丝绸之路的著名港口——泉州》，海洋出版社1989年，第39页。
② 马文宽、孟凡人：《中国古瓷在非洲的发现》，紫禁城出版社1987年，第116页。
③ 中国硅酸盐学会：《中国陶瓷史》，文物出版社1982年，第269页。
④ 《"南海一号"发掘取得进展：超6万件宋瓷重见天光》，《厦门日报》2015年2月1日。
⑤ 《建阳黑釉瓷惊现"南海一号"》，《厦门日报》2007年7月20日。

家据此认为,早在千年之前,"来样加工"这一国际商业合作及贸易形式就在中国出现了。①

"南海一号"南宋沉船出土文物

3. 瓷器外销对世界文明的贡献

借助泉州港繁盛的"海上丝绸(陶瓷)之路",以建窑为代表的黑釉瓷,以德化窑为代表的白瓷与青白瓷,以同安窑为代表的青釉瓷,以及以磁灶窑为代表的绿釉瓷和釉下彩等福建陶瓷器大量外销,对海外人民生活和瓷业发展有着深远影响,对世界文明作出了重要贡献。

史料记载,在中国瓷器输入之前,贸易各国有着多种不同的饮食及其方式,但均无理想的饮食器具。登流眉国(今马来半岛)"饮食以葵叶为碗,不施匕筋,掬而食之"②;苏吉丹(今印度尼西亚爪哇岛的苏吉丹)"饮食不用器

---

① 《小舱竟藏 4000 多件文物》,《厦门晚报》2007 年 12 月 22 日。
② 〔宋〕赵汝适著,夏德与柔克义合注,韩振华翻译并补注:《诸蕃志注补》卷上,登流眉国。

第二章　宋元福建海洋精神

皿，缄树叶以从事，食已则弃之"①；勃泥国（今加里曼丹岛北部文莱一带）"无器皿，以竹编、贝多叶为器，食毕则弃之"②；柬埔寨寻常百姓，做饭用"瓦釜"，做羹用"瓦铫"，以树叶为碗，用菱叶为匙，取椰壳为杓。盛饭用的"瓦盘"还是从中国进口的。③ 适用的器皿如此匮乏，中国瓷器备受欢迎就是很自然的事了。宋元福建外销产品以日用之碗、盘、杯、碟为大宗，而且物美价廉，无疑为输入国人民，尤其是那些社会经济发展迟缓的地区，提供了理想的卫生饮食器具。这一点在菲律宾、印度尼西亚等东南亚国家表现得尤为明显。据考证④，从泉州港始发，满载大量泉州德化窑、晋江磁灶窑等窑口贸易瓷的"南海一号"，其目的地很可能就是东南亚。德化盖德碗坪窑出土的大型海碗，口径在25厘米至30厘米之间，大型盘的口径也在25厘米以上，为国内各窑所罕见，显然是专为惯用大碗大盘的东南亚各国设计生产的。

瓷器外销不仅影响到输入国人民的物质生活，而且对其精神生活也有相当的提升作用。在东亚，唐宋时代传入日本的饮茶习俗，逐渐演化成独具特色的日本茶道文化。在日本茶道习俗的形成和发展中，建窑黑釉茶盏和同安窑系青瓷起了十分重要的作用。至今，日本流传下来的建窑碗盏，多系寺院传世之宝。其特别优秀者，被视为"名物"或"大名物"。国家征集或民间收藏的珍品，则列为"国宝"或"重要文化财富"。在东南亚，宋代德化窑、磁灶窑系等生产的各色军持是伊斯兰教徒必备之物，磁灶窑系生产的龙瓮则是菲律宾、印度尼西亚群岛民众顶礼膜拜的圣物。在北非和东非，不少国家和地区把中国瓷器当作财富和高雅的象征置于宫室或寺庙，坦桑尼亚基尔岛大清真寺遗址出土的元代德化白瓷莲瓣碗，就是真实的例证。⑤ 此外，宋代福建

---

① 〔宋〕赵汝适著，夏德与柔克义合注，韩振华翻译并补注：《诸蕃志注补》卷上，苏吉丹。
② 〔宋〕赵汝适著，夏德与柔克义合注，韩振华翻译并补注：《诸蕃志注补》卷上，勃泥国。
③ 〔元〕周达观著，夏鼐校注：《真腊风土记校注》，中华书局1981年，第165页。
④ 《"南海一号"始发港在泉州？》，《厦门日报》2007年12月25日。
⑤ 马文宽等：《中国古瓷在非洲的发现》，紫禁城出版社1987年，第27页。

陶工为向移居南洋群岛的同胞传达故国之情，用"出淤泥而不染"的莲花为题材，在器皿上进行十分传神的刻划，表现了闽地初夏山河的风光景致。还有，德化专为海外生产的青白瓷印花盒，有些用于盛装香料，有些是为了装置妇女化妆用品，如敷脸用的粉、画眉用的黛、抹唇用的朱玉等，而在日本则多放置于经家之中，这些皆有助于提升当地人民的生活品质和精神追求。

在"海上陶瓷之路"的媒介下，宋元福建陶瓷声名远播，其先进实用的制造技术也成为海外诸国引进的目标。率先来福建拜师学艺的是日本人。南宋嘉定十六年（1223），对我国黑釉瓷极为推崇的日本山城人加藤四郎左卫门氏随道元禅师同来中国，在福建学习制造黑釉瓷的技术，历经五年学成，归国后在日本尾张濑户（今名古屋市郊约55里）设窑仿烧黑釉瓷，获得成功，由此开创了日本瓷业之先河。濑户烧造的瓷器被称为"濑户物"，加藤四郎也因此被尊为日本"陶瓷之祖"。建盏——这个代表我国南方艺术的瑰宝，曾影响着日本近两个世纪的陶艺创作。此外，宋代德化窑发明的伞形支烧窑具，也随中日陶瓷技术交流传入日本，为日本陶瓷业的兴起和发展做出了贡献。

附："向海而生"的贸易利得

海外贸易是"向海而生"精神的重要体现，其贸易利得反哺又是宋元福建海洋精神建设的一大重要特征。

关于海外贸易利得的计算，元代旅居中国的意大利游历家马可·波罗给了我们一个粗略的核算方法。他说："大汗征收税课为额甚巨，凡商货皆值百抽十（即税率为10%）。顾商人细货须付船舶运费值货价百分之三十，胡椒百分之四十四，沉香檀香同其他香料或商品百分之四十，则商人所缴副王之税课，连同运费，合计值抵港货物之半价，然其余半价尚可获大利，致使商人仍欲载新货而重来。"① 此外，朱彧《萍洲可谈》也谈到北宋末期广州市舶司的"抽解"情况："以十分为率，真珠龙脑凡细色抽一分，玳瑁苏木凡粗色抽

---

① 沙海昂注，冯承钧译：《马可波罗行纪》第二卷第一五六章刺桐城。

第二章 宋元福建海洋精神

三分，抽外官市各有差，然后商人得为己物。"① 元依宋法管理市舶司，因此结合上述史料，大体可依税值的五倍估算宋元福建海外贸易利得及其变动情况。

一般而言，宋元泉州港海外贸易利得呈现前低后高、倍数跳跃的态势，这一点从以下几组数据中可见一斑。据《文献通考》记载，北宋崇宁年间（1102—1106 年），市舶收入"九年内收至一千万"②，则每年收入在 100 万缗以上，其中泉州市舶司所收不应超过三分之一，市场利得不超过 150 万缗。不过，到了建炎四年（1130），泉州市舶司"抽买乳香一十三等，八万六千七百八十斤有奇"③，如果按南宋初"乳香九万一千五百斤，直可百二十余缗"④计算，泉州市舶司这一年仅乳香抽买价值就达 100 万缗以上，海外贸易利得应不少于 500 万缗，是北宋末期的三倍以上。绍兴末年（1162），泉州和广州"两舶司抽分及和买，岁得息钱二百万缗"⑤，约占当时南宋王朝年度财政总收入的三十分之一。考虑到泉州港海外贸易已由北宋落后于广州港达到此时的持平，泉州大约可占一半，每年有 100 万缗的收入，即整个南宋时期福建官民大体保持在每年 500 万缗的海外贸易利得。值得注意的是，绍兴六年（1136）"大食（今伊朗）蕃国蒲啰辛，造船一只，搬载乳香投泉州市舶，计抽解价钱三十万贯"⑥。此外，从建炎元年至绍兴四年间（1127—1134 年），泉州市舶司仅从番舶纲首蔡景芳一人身上，就获得"净利钱" 98 万余贯⑦，每年 12 万缗以上，可见我们对宋代泉州海外贸易利得的估计还是比较保守的。南宋泉州太守真德秀曾感慨道，"惟泉为州，所持以足公私之用者，番舶

---

① 〔宋〕朱彧撰，李伟国点校：《萍洲可谈》卷二，广州市舶司泊货抽解官市法。
② 〔元〕马端临：《文献通考》卷二十，市籴一，互市舶法。
③ 〔元〕脱脱等：《宋史》卷一百八十五，食货志下七，香。
④ 〔元〕脱脱等：《宋史》卷四百零四，张运传。
⑤ 〔宋〕李心传：《建炎以来朝野杂记》甲集卷十五，市舶司本息。
⑥ 〔清〕徐松：《宋会要辑稿》，蕃夷四之九四，大食。
⑦ 〔清〕徐松：《宋会要辑稿》，职官四四之一九，市舶司。

也"①，地方文献亦称"南渡后舶司岁入充盈"②。随着泉州港海外贸易的持续发展，元王朝"征收税课为额甚巨"，同时福建地区贸易利得也更为可观，这一点连遍历世界的马可·波罗也叹为观止！

当然，封建社会权贵官僚巧取豪夺现象的普遍存在，加上海上贸易的高风险，福建官民不可能获得如此大的贸易利得。但不可忽视的是，正是海外贸易的丰厚利润，为宋元福建精神文明建设积累了相当丰富的资源，从而加深了海洋精神的底蕴。

第二节　海洋精神的物化：闻名世界的刺桐海船

宋元是我国历史上造船业和造船技术大发展的高潮时期，"海舟以福建为上"，福建造船业及其制造技术在当时中国和世界占有领先的地位，也是宋元福建海洋精神物化的杰出代表。

一、泉州湾出土的宋代海船

1974 年和 1982 年，考古工作者分别在泉州后渚港和法石港发掘出两艘古船，从而拉开了福建宋代海船实物研究的序幕。

发掘出土的后渚港古船（以下简称"后渚古船"）位于东经 118°59′，北纬 24°91′，距滩上 2.1—2.3 米，距古渡头 135 米，沉埋在由宋元青釉和宋代黑釉瓷器残片、宋代铜钱、香料木、船木、竹编、绳索残段、锈铁钉、鸟兽骨等包含物的宋元堆积层之中。船体甲板以上部分已荡然无存，只残留一个船底部。船身残长 24.2 米，宽 9.15 米，深 1.98 米，平面扁阔近椭圆形，尾方。船壳为二三重板结构，船内分为十三个隔舱。从船底形状以及第一舱、

---

① 〔宋〕真德秀：《西山先生真文忠公文集》卷五十。
② 〔清〕黄任等：《乾隆泉州府志（一）》卷二十一，田赋，历朝杂课，市舶税课。

第六舱分别保存的头桅和中（主）桅底座看，该船是一艘尖底型的多桅船。古船残体尚涂有白灰，底部的龙骨两端结合处凿有"保寿孔"，中放铜镜、铜钱，其排列形式为"七星伴月"状。"七星"是代表"七洲洋"（指现在的西沙群岛），因这一带多礁石，是航行的危险区。铜镜象征着光明，表示祈求安全通过这个经常触礁沉没的危险区。

泉州湾出土的后渚古船

伴随着后渚古船出土的文物很丰富。船上用品有桐油灰、灰括、铁钉、钉帽、铁板和麻绳、碇索、竹编等。助航工具有木桨及水时针，隔舱板和底座等。根据出土海船残船体以上底层堆积情况、海船船型与结构特点、船舱出土遗物以及沉积环境等方面的考察和分析，后渚古船系南宋晚期的中大型远洋货船，航行于东南亚一带，估计是停泊时，遭到意外不幸而沉没的。[①]

---

① 泉州湾宋代海船发掘报告编写组：《泉州湾宋代海船发掘简报》，《文物》1975年第10期。

1982年试掘的法石港古船（以下简称"法石古船"）船体残破也比较严重，与1974年出土的后渚古船比较，法石古船在造型、结构、工艺与用材等方面与后渚古船有不少类似的地方，但法石古船也有自己的特点。这些特点说明法石古船与后渚古船年代相去不远，应同属南宋晚期福建制造的远洋货船，但与后渚古船出自不同的造船厂商，或年代更晚些。[1]

泉州湾宋船的出土，是我国造船史上一项重要发现，亦为我们研究宋元刺桐海船制造技术提供了可靠的实物依据。

二、刺桐海船的多项创新

由于海外贸易的日益繁荣，宋元时期我国所造的海船，无论在坚固性、稳性、适航性，还是水密隔舱的广泛应用等，在世界上都具有先进性。"海舟以福建为上"[2]，这句在宋元广泛流传的评语，说明以刺桐海船为代表的福建海船在我国造船史上具有领先地位，这种创新主要体现在船型设计、重板船壳、水密隔舱、多桅船帆、航运设备、造船用材和联接工艺等方面。

1. 适航的船型设计

宋元时期，我国船舶的船型已经定型，其中以福船、沙船、广船最为著名，被称为中国古代的三大船型，而应用最广、影响最大的要数福船。关于宋代福船的船型特点，徐兢在《宣和奉使高丽图经》中描述说："其制皆以全木巨枋挽叠而成。上平如衡、下侧如刃，贵其可以破浪而行也。"[3] 徐兢曾于北宋宣和四年（1122）出使高丽（今朝鲜半岛），率领由福建客舟和"神舟"组成的船队往返中朝两地，因此他对福建海船的描述是较为可信和准确的。

---

[1] 中国科学院自然科学史研究所等：《泉州法石古船试掘简报和初步探讨》，《自然科学史研究》1983年第2期。

[2] 〔宋〕徐梦莘：《三朝北盟汇编》卷一百七十六。

[3] 〔宋〕徐兢：《宣和奉使高丽图经》卷三十四，客舟。

此外,《宋会要辑稿》也有福建所造海船为"面阔三丈、底阔三尺"[①] 的具体记载。结合泉州湾出土的海船,可以看出以宋元刺桐海船为代表的福船具有底尖、船身扁阔、长宽比小、平面近椭圆形等船型特点。这种船底尖、船身扁宽的设计,使海船便于破浪前进,在遇到横风时横向移动也较小,适于在风力强、潮流急的海域航行。另一方面,宋元刺桐海船在龙骨和肋骨的设计上也充分考虑到航行环境。后渚古船的龙骨是由两段粗大坚实的松木结合而成,贯穿整个船身底部,增大了船的纵向强度。而在隔舱板与船壳板交接处,都服帖着用粗大樟木制成的肋骨。这些肋骨与底部的龙骨组成一个坚固的立体三脚架,增强了船体的横向强度。尤值得一提的是,后渚古船船长中点以前的肋骨,都装在隔舱壁之后,而中点以后的肋骨又都装在隔舱壁之前。这种既考虑到船体的横向强度,又顾及结构排列整齐的做法,同近代船舶设计理念如出一辙。

此外,在船壳板细节设计方面,后渚古船船底两边壳板各外扩成四级阶梯状,使海船的回复力矩增大,有利于抗御横向波浪的冲击。还有体外龙骨的设计,其与尖底造型和四阶外壳板构成一个完整的防摇系统,使海船具有较强的稳性。

2. 实用的重板船壳

关于刺桐海船多重船壳板的应用,中外史料皆有记载。马可·波罗在其游记中明确指出泉州造船时"有二厚板叠加于上",并进一步指出刺桐海船修理时还可增添船板,"此种船舶,每年修理一次,加厚板一层,其板刨光涂油,结合于原有船板之上……应知此每年或必要时增加之板,只能在数年间为之,至船壁有六板厚时遂止"[②]。在这里,马可·波罗谈到刺桐海船船壳结构的两个特点:一是船壳在建造时基本结构是二重木板;二是船体每次大修时贴一重板,最多可大修四次,贴到六重板。国内文献也记载道"凡海舟必

---

① 〔清〕徐松:《宋会要辑稿》,食货五○之一八,船,战船附。
② 沙海昂注,冯承钧译:《马可波罗行纪》第三卷第一五七章。

别用大木板护其外，不然则船身必为海蛆所蚀"①。马可·波罗等人记载的刺桐海船多重板船体结构，已为1974年泉州后渚港出土的宋代海船所证实。该船船底用二重板叠合，舷侧则用三重板叠合。后渚古船沉没时间与马可·波罗到刺桐港的时间相距不远，说明宋元时福建用多重板建造海船是较为普遍的事情。

刺桐海船船体之所以用多重板，是因为尖底造型的船壳弯曲多、弧度大，采用此建造模式不仅取材和施工（包括维修）较容易，而且使船壳坚固耐波，经得起狂涛巨浪的冲击，有利于远航。此外，多重板船壳还有防海蛆浸噬和抗礁石撞击的功能，这些都是我国古代造船匠师长期实践的经验总结，具有时代的先进性。当然，1982年试掘的法石古船底板为厚重的单层松木，说明宋元时期刺桐海船不仅有多重板船壳，也有单层板船体，一切从实际出发。

3. 先进的水密隔舱

在我国，水密隔舱的设置可以上溯到唐代，并在宋元时期的刺桐海船得到广泛、创新的应用。马可·波罗曾记述说："有若干最大船舶有内舱至十三所，互以厚板隔之，其用在防海险，如船身触礁或触饿鲸而海水透入之事……至是水由破处浸入，流入船舱，水手发现船身破处，立将浸水舱中之货物徙于邻舱，盖诸舱之壁嵌隔甚坚，水不能透，然后修理破处，复将徙出货物运回舱中。"②水密隔舱板的设置，使全船分成若干舱，个别舱破漏水，不会流到其他各舱，既便于修复，增加抗沉性，且可加强船体结构，有利于船型的增大。马可·波罗的记载在后渚古船得到了证实。这艘可载重200吨左右的宋代海船，由十二道隔舱壁将全船分成十三舱，除舱壁近龙骨处留有小小的"水眼"外，所有的舱壁钩联十分严密，水密程度很高。在海外航运贸易兴盛的刺桐港，水密隔舱设置不仅有助于增强船舶的抗沉性，而且多隔舱亦具有便于货物装卸的优点。

值得注意的是，宋元刺桐海船在水密隔舱设计时增设"过水眼"，使水密

---

① 〔宋〕周密：《癸辛杂识·续集》卷上，海蛆。
② 沙海昂注，冯承钧译：《马可波罗行纪》第三卷第一五七章（注甲）。

隔舱与舱壁过水眼完美结合，充分体现了福建船工原则性与灵活性相辅相成的造船智慧。水密隔舱增强船体的抗沉性，这是造船的基本原则；但必要时可让进入船体的海水通过过水眼在各舱流动，以便自动发挥其调节海船稳定和船首船尾吃水深浅的作用，这是险恶环境下航行必不可少的灵活性。水密隔舱完整功能的发挥，原则性与灵活性缺一不可，其创制与改进是我国劳动人民对世界造船技术的重大贡献。水密隔舱技术经13世纪的马可·波罗介绍传入西方，后在18世纪得到广泛应用。

还原水密隔舱福船（林配宗供图）

4. 独特的多桅船帆

宋元刺桐海船以多桅多帆著称。据《马可波罗行纪》记载，进出刺桐港的大海船最常见的是"四桅十二帆"和"四桅四帆"类型。《伊本·白图泰游记》亦载，泉州、广州造的"大船有十帆至少是三帆"[1]。泉州湾出土的两艘

---

[1] ［摩洛哥］伊本·白图泰：《伊本·白图泰游记》，马金鹏译，宁夏人民出版社2000年，第486页。

宋船也皆为多桅形制，说明"船舶之多桅原理，为典型的亚洲式"①。其中四桅多帆是宋元刺桐远洋商船的典型配置。

多桅不仅意味着多帆，而且风帆的形制、功用也不相同。四桅船一般有四张主帆，其他的帆则称辅助帆。主帆形如斜刀，可转动换向采风，也可升降以调节受风面积，又可调动风帆作用力中心使之最佳受力，它们是具有东方特色的优秀风帆。辅助帆则有四角帆（亦称"头巾帆"）或三角帆之分，"大樯之巅，更加小帆十幅，谓之野狐帆，风息则用之"②。它们都是当风力变化或风向不同时，用以调节船行速度的有力措施。主帆和辅助帆，有时多张有时少张，是根据不同航区、不同风力大小而调节的，所以记载中有四桅四帆或四桅十二帆之别。

此外，四桅船舶中的二桅"可以竖倒随意"③。虽然宋元刺桐海船船桅可高达十余丈，但由于可以自由起倒，所以并不显得笨重和受限。相比之下，当时外国航船的船桅多"不可动"④，显见船桅转轴的安置是我国海船建造中的又一项重要创新。这样，宋元刺桐海船有多桅杆，可拆装；主帆可转动，可升降；又有三角帆或四角帆辅助，就使得帆船在各种复杂多变的海况条件下航行，也能应付自如，安全快速。正如宋人朱彧在《萍洲可谈》中谈到的那样："海中不唯使顺风，开岸就岸风皆可使，唯风逆则倒退尔，谓之使三面风，逆风尚可用矴（同碇）石不行。"⑤

5. 完备的航运设备

关于福建海船的船上设备，徐兢在《宣和奉使高丽图经》"客舟"中有较为详细的描述："船首两颊柱，中有车轮，上绾藤索，其大如椽，长五百尺，下垂碇石……船未入洋，近山抛泊，则放碇著水底，如维览之属，舟乃不行。

---

① ［英］李约瑟：《中国科学技术史·土木工程与航海技术》，科学出版社 2008 年，第 510 页。
② 〔宋〕徐兢：《宣和奉使高丽图经》卷三十四，客舟。
③ 沙海昂注，冯承钧译：《马可波罗行纪》第三卷第一五七章。
④ 〔宋〕沈括：《梦溪笔谈》卷二十四，杂志一。
⑤ 〔宋〕朱彧撰，李伟国点校：《萍洲可谈》卷二，舶船蓄水就风法。

若风涛紧急,则加游矴,其用如大矴,而在其两旁。遇行,则卷其轮而收之。"① 船首有正矴(大矴)和副矴(游矴),都用绞车控制,是停泊设备。接着,徐兢还告诉我们船尾有正舵和副舵,正舵又分成大小两种,可根据水的深浅分别使用;副舵供海上航行时配合主舵控制方向。此外,徐兢乘坐的官船还在船舷两边缚上大竹作为"橐",其作用之一是抗拒风浪对船身的冲击,增加神舟的稳定性,"缚大竹为橐以拒浪";其二是起着水线的作用,"装载之法,水不得过橐"②。橐就是满载的标志,这是迄今为止中国古代帆船有关水线概念的首次记录。

虽然徐兢讲的是北宋时期的福建客船,但结合泉州湾商船出土遗迹以及法石乡发现的宋元矴石③,我们可以清楚看到,宋元刺桐商客海船已配有正副木石锚矴、正副大小可升降方向舵,以及用来测量水线的装置等较为完备的航运设备。而在国外,方向舵的使用比中国晚了400多年。

此外,桨的使用在宋元刺桐商客海船上也很普遍。被摩洛哥游历家伊本·白图泰称作"艟克"的大海船,"船上约有二十只大如桅杆的大桨,每一桨前约有三十人聚拢在那里,分站成两排,面对面站着。大桨上系有两根粗绳,一排扯绳摇动大桨,将绳放松,另排再划桨"④。当海面风平浪静时,海船依靠划桨前行。据伊本·白图泰介绍,这样设备精良的海船,只有泉州和广州能够制造。

6. 科学的造船用材

宋代福建"林菁深阻"⑤,"林烟翁霭,横亘数百里"⑥,仅《三山志》所载福州地区就有松、樟、楠、杉等木40余种,造船所需的木材极为丰富。长

---

① 〔宋〕徐兢:《宣和奉使高丽图经》卷三十四,客舟。
② 〔宋〕徐兢:《宣和奉使高丽图经》卷三十四,客舟。
③ 陈鹏等:《泉州法石乡发现宋元矴石》,《自然科学史研究》1983年第2期。
④ 〔摩洛哥〕伊本·白图泰:《伊本·白图泰游记》,马金鹏译,宁夏人民出版社2000年,第537页。
⑤ 〔宋〕刘克庄:《后村先生大全集》卷九三之六,漳州渝畬。
⑥ 〔宋〕梁克家:《三山志》卷四十二,土俗类四,物产。

而笔直的杉木可做桅杆，耐水浸泡的松木可做船身，坚硬的梨木可制作舵。其中桅杆上挂帆，要经受数百吨至上千吨的压力，要求最高。一般而言，十丈长的海船，一定要有一根长十丈的主桅，至少需要一棵高达三四十米的巨杉做主桅，否则无法承受海风的巨大压力。也就是说，从早期开始，福建船匠一直使用耐咸、硬挺能造海船船体及各构件的松、樟、楠、杉等作为造船的主要木材，泉州湾出土宋船如此，现代所造木船亦如此。这一点，福建与我国南方另一造船中心广州不同，"盖广船乃铁力木所造，福船不过松杉之类而已"①。南宋宰臣吕颐浩在品评各地海船质量高低时也关注到木材的作用："臣尝广行询问海上北来之人，皆云南方木性，与水相宜，故海舟以福建船为上，广东西船次之，昌明州船又次之。"②

福建海船能在强盛的南方造船集团中脱颖而出，除优质丰富的木材和选材思路佳外，科学的用材原则和方法也功不可没。从出土的后渚古船看，凡是经受强大压力的构件和部位，造船工匠都采用坚硬的木材。一是在贴近龙骨的二路外壳板，用樟木板使船底坚实耐磨；二是用整根樟木制成艏柱和肋骨，以增大船体强度；三是第一道和第十二道隔舱壁全用樟木板，使之成为有力的防撞舱壁；四是舵承座与桅杆座分别用叠合大樟木和巨块樟木制成，加强了它们对舵和桅的承受力；五是用樟木制成其他干道隔舱壁紧贴船底的一路隔板，既增加了隔舱壁的强度，又达到了防腐的目的。以上事实说明，以后渚古船为代表的刺桐海船，其用材是经过认真选择的，在用材方面的安排也是很科学的，正所谓樟"高大，叶似楠而尖长，弥辛烈者佳，为大舟多用之"③。

7. 精巧的联接工艺

从泉州湾出土海船看，宋元刺桐海船的联接工艺也十分精巧。一是龙骨与艏柱的接连采用了直角榫合的工艺技术，具有美观坚固双重效果；二是船

---

① 〔清〕茅元仪：《武备志》，华世出版社1984年，第4775页。
② 〔宋〕徐梦莘：《三朝北盟汇编》卷一百七十六。
③ 〔宋〕梁克家：《三山志》卷四十二，土俗类四，物产，木。

板上下左右之间都用榫接，并用铁钉加固，缝隙间都涂塞用麻丝、竹茹和桐油灰捣成的艌料，可使船体联结成坚固的整体，并有防渗漏功能；三是在木船的不同部位使用方、圆、扁不同形状的铁钉，采用"参""吊""锔"等适宜方法钉合，有效加强钉合部位乃至整个船体的强度；四是在钉合时还用钉送把铁钉送进木板深处，再用桐油灰将钉头密封，减少海水对铁钉的锈蚀，并提高船体的水密性。

使用铁钉加固以及桐油灰塞缝，是宋元福建特有的造船工艺技术，连邻近的广州民用海船也不具有。"深广沿海州军，难得铁钉、桐油，造船皆空板穿藤约束而成，于藤缝中以海上所生之茜草干而窒之，遇水则涨，舟为之不漏矣。"① 伊本·白图泰对刺桐海船的铁钉加固技艺印象深刻："先建造两堵木墙，两墙之间用极大木料衔接。木料用巨钉钉牢，钉长为三腕尺。"② 使用铁钉工艺，需要较高的捻缝技术相配合，因此游历中国多年并熟知中西造船技术的马可·波罗十分推崇刺桐海船桐油灰塞缝工艺，"船用好铁钉结合……然用麻及树油（按，即桐油）掺合涂壁，使之绝不透水"③。

刺桐海船的木头榫联、铁钉加固以及桐油灰塞缝，是我国唐宋以来先进造船工艺的继承与发展，至今仍被普遍应用于木船的建造。与此形成对比，宋元时世界上许多航海国家的木船"惟联铁片"或"以铁锓露装"，尚未普遍使用铁钉加固。至于木头榫接和桐油灰塞缝这两种工艺，更是当时其他国家所未曾想到的，至多不过是"以椰子树皮制绳缝合船板，涂以橄榄糖泥的脂膏和他尔油"④ 或"取方相思合缝……惟以草塞罅漏而已"⑤，以至于"不使钉、灰"的甘埋里（今伊朗南部的霍尔木兹）船"渗漏不胜，梢人日夜轮戽

---

① 〔宋〕周去非：《岭外代答》卷六，藤舟。
② ［摩洛哥］伊本·白图泰：《伊本·白图泰游记》，马金鹏译，宁夏人民出版社2000年，第486页。
③ 沙海昂注，冯承钧译：《马可波罗行纪》第三卷第一五七章。
④ 〔日〕桑原骘藏：《蒲寿庚考》，陈裕菁译，中华书局1954年，第95页。
⑤ 〔明〕郑若曾：《筹海图编》卷八。

水不使竭"①。上述船型、结构、属具和造船工艺等的分析表明，宋元刺桐海船具有的结构坚固、稳性好、抗沉能力强、航行设备完备等先进性能，为日后福船扬名海内外奠定了雄厚的基础。宋元福建造船业的辉煌成就，与民间造船的兴盛密不可分。

第三节　海洋精神的具现：领先世界的航海成就

"维（同惟）闽之泉，近接三吴，远连二广。万骑貔貅，千艘犀象。"② 作为我国古代对外交通大港，宋元时期泉州往来地区包括今天的印度支那半岛、印度尼西亚、菲律宾、波斯湾沿岸、阿拉伯半岛乃至埃及、东非和地中海等70多个国家和地区。当时泉州对外交通的航线主要有三条：一是自泉州启航，经万里石塘（今我国西沙群岛）至占城（今越南中南部），再由此转往三佛齐（今印尼苏门答腊）、阇婆（今印尼爪哇）、渤泥（《宋史》作"勃泥"，今加里曼丹岛北部文莱一带）、麻逸（今菲律宾民都洛岛）等地，史称"东洋航线"；二是由泉州放洋过南海，越马六甲海峡到故临（今印度西南部），进入波斯湾、亚丁湾，远达非洲东海岸，史称"西洋航线"；三是由泉州北上，经明州（今宁波），转航高丽（今朝鲜半岛）、日本。繁盛的海外交通贸易，极大地推动了航海技术的发展，泉州亦成为中世纪世界航海业最发达和航海成就最突出的地区，具体而又集中体现了宋元福建海洋精神的独特风貌。

一、创辟东洋航线

所谓东西洋，是元代以来中国古籍对大陆疆域以外海洋的合称。成书于

---

① 〔元〕汪大渊著，苏继庼校释：《岛夷志略校释·甘埋里》。
② 〔宋〕王象之：《舆地纪胜》卷一百三十，福建路，泉州，风俗形胜，引〔宋〕连南夫：《修城记》。

第二章 宋元福建海洋精神

元大德八年（1304）的《南海志》是迄今所知最早同时提及东洋、西洋的著作。依该书所记，元代的东、西洋应以中国雷州半岛—加里曼丹岛西岸—巽他海峡为分界。加里曼丹岛和爪哇岛及其以东的海域、地区为东洋，其中爪哇岛、加里曼丹岛南部、苏拉威西岛、帝汶岛直至马鲁古群岛一带被称为大东洋，加里曼丹岛北部至菲律宾群岛被称为小东洋。西洋指加里曼丹以西至东非沿岸的海域和地区，其中又以马六甲海峡为界而分为大西洋和小西洋。西洋航线是一条古老的传统航线，据宋代周去非的《岭外代答》记载，早在唐代广州港已与西洋有往来，并在宋元海外贸易的刺激下不断得到拓展。相比之下，东洋航线的开辟和发展则晚得多，直到南宋淳熙五年（1178），从广州港起碇南下的帆船，碍于东北季风，于径直航抵三佛齐后，稍偏东南则至远驶及阇婆戛然而止。故其书在记述交通海外诸蕃航海见闻时，详西洋而略东洋，东洋只收录阇婆（即大东洋）一地而已。① 南宋中期（约1200年）以前，东洋辗转往返刺桐港的也不过渤泥与阇婆数地。这样，创造性开辟通向东洋各国或地区新航线的历史使命，也就责无旁贷地落在具有季风优势的后继刺桐帆船的舵上。

福建人民开辟东洋航线的第一步，是开发澎湖群岛（史称平湖或彭湖）和交通流求（又名琉球，今我国台湾）。溯源澎湖开发史，至迟晚唐已悄然肇始，至南宋乾道年间（1165—1173年），澎湖"编户甚蕃"，成为毗舍耶人的掠夺目标。"自（泉）州正东海行二日至高华屿，又二日至𪉈鼊屿，又一日至流求国。"② 澎湖群岛开发成功，既可以成为增进闽台交往的跳板，又可以成为发现菲律宾群岛的媒体，进而稳定地开拓出刺桐港驶向菲律宾群岛的新航线。

随着海外贸易日益兴盛和航海技术不断进步，刺桐海船开拓东洋航线的步伐亦不断加快。南宋庆元年间（1195—1200年），福建市舶司（设在泉州）常到外国舶船地点已增加了菲律宾群岛的麻逸、三屿（今菲律宾巴坦群岛中

---

① 〔宋〕周去非著，杨武泉校注：《岭外代答校注》卷二，海外诸蕃国。
② 〔宋〕欧阳修等：《新唐书》卷四十一，地理志五，江南道，泉州。

的三个岛屿)、蒲哩唤(今马尼拉)和白蒲迩(今巴布延群岛)诸地。① 据考证,1277年间沉没于泉州后渚港的南宋海船就是一艘航行于南海等海域,有可能是从三佛齐返航的"香料胡椒船"②。元世祖至元二十九年(1292)十二月,元朝大军自泉州后渚港启碇,南征爪哇,其航线"过七洲洋(我国海南岛东北七洲列岛以南洋面)、万里石塘,历交趾(今越南北部)、占城界,明年正月,至东董、西董山(今越南东南洋面的卡特威克群岛中的萨巴特岛与大卡特威克岛)、牛崎屿(上述群岛中的小卡特威克岛),入混沌大洋(又称昆仑洋)、橄榄屿(在今印尼纳土纳群岛境)、假里马答(今印尼卡里马塔群岛)、勾阑(今印尼格兰岛)等山,驻兵伐木,造小船以入"③。显见这一远征航线应是刺桐港民间商贸直航阇婆(爪哇)路线的继承与发展,与100多年前周去非所述广州港帆船直航三佛齐必经东西竺屿(今马来半岛东南洋面奥尔岛)航线相去甚远。到元末顺帝年间(1333—1368年),以泉州为起点的东洋航线已大体成形。汪大渊《岛夷志略》所述航程,开篇为彭(澎)湖,次及琉球(即流求),再次即菲律宾群岛的三岛(即三屿)、麻逸等地,最后航

宋代胡椒子、香料木(泉州海外交通史博物馆藏)

---

① 〔宋〕赵彦卫:《云麓漫钞》卷五,福建市舶司常到诸国舶船。
② 福建省泉州海外交通史博物馆编:《泉州湾宋代海船发掘与研究》,海洋出版社1987年,第65—66页。
③ 《二十五史·元史》卷一六二,史弼传。

抵尖山（今巴拉望岛南部）、苏禄（今苏禄群岛）。至此，刺桐帆船的寄碇点已西绕菲律宾群岛，到达东洋西缘的渤泥。这些被刺桐港航海志称为"小东洋"的尖山、苏禄、渤泥等地，皆为南宋中期以后泉州海商开辟的重要贸易区。

归纳起来，宋元称为东洋航线的主要线路有：（1）由泉州港启航，经我国西沙群岛（当时称万里石塘）至占城（越南中南部）。顺风二十余日可达①，是宋元刺桐港较为繁忙的航线。（2）自泉州入海，经西沙群岛先至占城，然后再转往三佛齐（苏门答腊）、阇婆（爪哇）、渤泥（文莱）等地。"自泉州舶一月可到"②。（3）由泉州出发，经广州、占城、渤泥至麻逸（菲律宾民都洛岛）、三屿（菲律宾巴坦群岛中的三个岛屿）；或自泉州出发，经澎湖、琉球（台湾）至麻逸，这是往菲律宾的两条航线。

将大东洋与小东洋连接起来，形成全新的东洋航线，是宋元福建人民对我国航海事业的巨大贡献，也是不畏艰险、勇于创新的大海洋精神的真实写照。

二、拓展西洋航线

泉州港古代通航海外诸国或地区的航线主要是西行航线，此线唐代即已开辟通航，宋初印度洋沿岸伊斯兰教国家或大食（阿拉伯半岛南部）商业殖民地已成为刺桐港海外贸易的重要对象。至南宋中期，刺桐港与阿拉伯半岛之间的往来更加频繁。"自泉（州）发船，四十余日至蓝里（今苏门答腊岛北部班达亚齐）博易住冬，次年再发，顺风六十余日方至其国。"③ "其国（指大食）在泉州西北，舟行四十余日至蓝里，次年乘风帆，又六十余日始达其国。"④ 从《诸蕃志》对阿拉伯半岛诸寄碇点的政情、民俗、物产及中阿交往

---

① 〔宋〕赵汝适：《诸蕃志》卷上，志国，占城国。
② 〔元〕周致中：《异域志》卷上，爪哇国。
③ 〔宋〕赵汝适：《诸蕃志》卷上，大食国。
④ 〔元〕脱脱等：《宋史》卷四百九十，外国六，大食传。

的 1000 余字记述看，此时的福建市舶司对印度洋南亚次大陆远航线已十分熟悉。据《诸蕃志》记载，南宋中期的刺桐港帆船还远驶非洲东海岸，到达层拔（今桑给巴尔）、弼琶啰（今索马里）、中理（今索马里的东北部海岸）、忽斯里（今埃及）、遏根陀（今埃及的亚历山大港）等地。这条航线是宋代开辟的，往返一趟大约需要两年。

元移宋祚，刺桐港迎来又一个海外贸易的春天，刺桐港帆船队以其拥有载重和远航、续航能力方面巨大的优势开始称雄亚非航线。关于这一历史画卷，《岛夷志略》有较为详实的记载。据统计①，该书以地为纲、以事系地，记述亲历的国家、地区或部落寄碇名称多达 219 个，其中西洋的贸易点 63 个，计有中南半岛 25 处，苏门答腊岛 11 处，南亚次大陆 14 处，伊朗、阿拉伯半岛、东非沿岸各 3 处。对照前代，明显看出是新开辟的贸易点居多，且比较均衡地分布于各大陆或群岛海岸，导致这一时期的西洋航线呈现繁复又有所延伸的特点。

纵观宋元刺桐海船西洋航线的拓展，以 1258 年阿拔斯王朝覆灭为标志，大致可分为两个阶段。在前一阶段里，由于以巴格达为京师的阿拔斯王朝（史称大食）国势强盛，阿拉伯半岛俨然成为亚、非、欧国际贸易的枢纽，所以这一时期刺桐港海商致力开拓阿拉伯半岛航线，见著于刺桐港航海志的波斯湾内外寄碇点特别多。随着曾是海上"丝绸之路"劲旅的阿拔斯王朝覆灭和泉州海商集团鼎盛，后一阶段刺桐港西洋航线的拓展走向了前所未有的深度与广度。在印度洋西岸后起王朝开放贸易的刺激下，刺桐客商逐渐将贸易线路西移至埃及、红海一线，处于阿拉伯海与红海联结点的哩咖塔（今亚丁）成为刺桐港船队的重要寄碇点。以此为跳板，向北则深入红海西岸的阿思里（今库赛），向南直抵马达加斯加岛对岸位于南纬 17°50′的加将（捋）门里（今克利马内），从而把中国古代帆船在非洲东海岸的寄碇点推进到最南端。②

---

① 傅宗文：《刺桐港史初探》，《海交史研究》1991 年第 1—2 期。
② 〔元〕汪大渊著，苏继顾校释：《岛夷志略校释》，中华书局 1981 年，第 349 页、第 346—347 页、第 297 页。

第二章　宋元福建海洋精神

归纳起来，可以称为西洋航线的线路有：(1) 自泉州放洋，经南海、三佛齐，越马六甲海峡，至印度的故临（印度西南部），然后换乘小船前往波斯湾。这条航线在唐代的广州已经开辟。(2) 由泉州出航，经南海、三佛齐、故临至波斯湾，再由波斯湾沿阿拉伯海岸西南行，至亚丁湾和东非沿岸的弼琶啰（今索马里）、层拔（今桑给巴尔）等地。这条航线是宋代开辟的，往返一趟大约需要两年。

上述可知，无论是开辟东洋航线还是拓展西洋航线，刺桐港人都以历史创造者的大无畏精神书写我国古代航海史的新篇章。这一点在当时就有所认识，因为在《宋史》《诸蕃志》《岛夷志略》等重要宋元航海贸易著作里，计算海外各国或地区与我国的距离里程，往往以泉州为起点，福建人民应为此骄傲！

当然，除南下的东西洋航线外，宋元福建先民同样活跃在北转的高丽、日本航线上。"咸平五年（1002），建州海贾周世昌遭风漂至日本，凡七年得还，与其国人滕木吉至，上皆召见之。"[①] 这是宋元福建海商交通日本的最早记载。有人根据朝鲜人郑麟趾的《高丽史》记载统计，自北宋大中祥符五年至南宋祥兴元年或元至元十五年（1012—1278 年）的 266 年间，宋元商人赴高丽者达 129 回 5000 余人。[②] 从有记载的商人籍贯来看，其中以泉州、福州商人最多。《宋史》"外国列传"亦称，高丽"王城有华人数百，多闽人因贾舶至者，密试其所能，诱以禄仕，或强留之终身"[③]。高丽位于中国东北部，但到其国的中国商人，却以闽人为多，这充分说明宋元福建海外交通贸易是多么的繁荣和发达，勇于开拓创新的精神深深撼动海外诸国。

---

① 〔元〕脱脱等：《宋史》卷四百九十一，外国七，日本国传。
② 宋晞：《宋商在宋丽贸易中的贡献》，《史学汇刊》1977 年第 8 期。
③ 〔元〕脱脱等：《宋史》卷四百八十七，外国三，高丽。

三、御风技能的提升

向海而生、勇于开拓的精神是可贵的，但劈波斩浪航行大海最终还得依靠人类驾驭船舶的能力和技术。这种技能首先表现在船舶动力风帆的使用方面。

关于福建海船使用风帆的技能，徐兢在《宣和奉使高丽图经》"客舟"卷里有精彩的描述。"大樯高十丈，头樯高八丈。风正则张布帆五十幅，稍偏则用利篷，左右翼张，以便风势。"① 除顶风以外，其他方向的风，福建海船皆可通过调整帆的角度或使用不同种类的帆来航行。伊本·白图泰在乘船来中国时，也亲身感受到泉州海船高超的制帆与用帆技能，他说"帆系用藤篾编织，其状如席，长挂不落，顺风调帆，下锚时亦不落帆"②。宋应星在《天工开物》更称"凡风篷之力，其末一叶，敌其本三叶。调匀和畅顺风则绝顶张篷，行疾奔马；若风力溘至，则以次减下；狂甚则只带一两叶而已"③。可见，这种多桅硬篷船，既能充分利用风力，又能灵活变换受力方向，唯当头风不行，其他七面风都可利用。在茫茫大海中，风云变幻寻常事，不必停船待风，可连续航行，这也是解决动力问题上的一大技术成就。

此外，为解决航行中的风向与水深问题以提高御风能力，福建舟师发明了"以鸟羽候风所向，以绳垂铅锤以试之"④ 的简便实用方法，即用鸟羽悬于桅顶以测风向，并总结出风正用帆，稍偏则利用篷的风动力运用技巧；航行途中，用底部沾油的铅锤探测海底，以测量海水深度和辨别泥沙性质，为安全、快捷乘风行驶提供地理识别。南宋末年吴自牧的《梦粱录》更记载了泉

---

① 〔宋〕徐兢：《宣和奉使高丽图经》卷三十四，客舟。
② [摩洛哥]伊本·白图泰：《伊本·白图泰游记》，马金鹏译，宁夏人民出版社2000年，第486页。
③ 〔明〕宋应星：《天工开物》，漕舫，广东人民出版社1976年，第239页。
④ 〔宋〕徐兢：《宣和奉使高丽图经》卷三十四，客舟。

州海船可"测水约有七十余丈"①,说明当时已有比较熟练的深水测深技术了。

量天尺、测深锤(泉州海外交通史博物馆藏)

四、导航新技术的使用

指南针的广泛使用和"牵星术"的出现是宋元福建航海成就的重要标志。关于磁石的指南特性,早在东汉时期我国已有记载,北宋初年沈括《梦溪笔谈》关于人工磁化方法的记载,更为人们在航海中使用指南针创造了重要的技术条件。至迟11、12世纪之交,这项举世闻名的科学发现首先被广州舟师用于航海实践中,"舟师识地理,夜则观星,昼则观日,阴晦观指南针"②。几乎与此同时,泉州海船也开始采用这项新技术,"若晦冥,以用指南浮针,以

---

① 〔宋〕吴自牧:《梦粱录》卷十二,江海船舰。
② 〔宋〕朱彧撰,李伟国点校:《萍洲可谈》卷二,舶船航海法。

揆南北"①。到了南宋，航海指南针的使用在刺桐海舶上已形成了制度。史料记载②，淳熙十五年（1188）泉州巨商王元懋发船赴南海贸易，"使行钱吴大作纲首（即船长），凡火长之属——图帐者三十八人，同舟泛洋，一去十年"。行钱是高利贷资本的代理人，火长则是南宋初年刺桐港海船创设的新编制人员。说是创设，是因为直到至元三十年（1293），元廷颁布的《市舶则法二十三条》舶船人员设置条中，仍无"火长"类一职。关于刺桐港海船普遍设置火长一职，吴自牧在《梦粱录》中说得更明确，"风雨晦冥时，惟凭针盘而行，乃火长掌之，毫厘不敢差误，盖一舟人命所系也。愚累见大商贾人言此甚详悉。若欲船泛外国买卖，则自泉州便可出洋"③。赵汝适《诸蕃志》亦载："舟舶往来，惟以指南针为则，昼夜守视唯谨，毫厘之差，生死系焉。"④ 毫无疑问，至迟自12世纪70年代肇始，刺桐港海船在我国已率先普遍装备罗针盘，进入指南针导航的新时代。

与此同时，通过观测天体（特别是北极星）的高度，来判定观测时本船的地理位置（主要是南北位置，即纬度）的天文定位技术（阿拉伯人称之为"牵星术"，所用工具为"牵星板"），在宋代的刺桐海船上也已出现。1974年泉州后渚港出土的南宋末年沉船，在船尾舱发现一把竹尺。经专家研究，认为可能是"量天尺"，即早期的牵星板，可用它来定恒星出水高度，以判断海舶所处的纬度方位。据韩振华《我国古代航海用的量天尺》一文的翻译和考证，元至元年末（1292—1293年），马可·波罗率领的护送阔阔真公主的刺桐船队由马六甲海峡进入印度洋后，曾多次使用天文定位术确定船队的位置：戈马利（今科摩林岬），"北极星，可在是处微见之，如欲见之，应在海中前行至少二十迈尔（mile），约可在一古密（cubit）高度上见之"；"马里八儿"（今印度西南马拉巴海岸），"在此国中，看见北极星更为清晰，可在水平面十

---

① 〔宋〕徐兢：《宣和奉使高丽图经》卷三十四，客舟。
② 〔宋〕洪迈：《夷坚志·夷坚三志已》卷六，王元懋巨恶。
③ 〔宋〕吴自牧：《梦粱录》卷十二，江海船舰。
④ 〔宋〕赵汝适：《诸蕃志》卷下，海南。

古密上见之"。这里的观测高度"古密",即为"中国尺寸的欧洲译语"。1古密,相当于1寸或25°25′。国内译本《马可波罗行纪》中,"可在水平面二肘上见之""出现于约有六肘的高度之上""所见北极星……星位更高"等有关北极星高度的记载也多次出现①,说明当时对"牵星术"的运用已达到相当的程度。牵星术定位法与指南针定量测向法的综合运用,真正实现了"夜则观星,昼则观日,阴晦观指南针"的全天候导航理念,从而确立了中世纪我国航海技术在世界突出的领先地位。

五、航海图与船队编组的出现

有关泉州港航海图的记载,最早见于赵汝适的《诸蕃志》。南宋嘉定十七年(1224),赵汝适莅泉提举福建市舶,"暇日阅诸蕃图,有所谓石床、长沙之险,交洋、竺屿之限"②。显然,赵汝适看到的是一种早期的诸如标记南海海域石床长沙(今我国西沙群岛)、交趾洋和东西竺屿(今马来半岛东南洋面奥尔岛)险阻的海图。迨至元代,常航行于宋元比较固定航线的刺桐海商、舟师,已备有指引航线的"针经"或"针簿",记录由甲地到乙地的航向、时间、周围海域的情况,以及陆地、岛屿、山峰的名称与地形地貌特征等。③ 航海图的出现,标志着福建航海已走出了"摸着石头过河"的初始时代,并为进一步发展海上交通事业提供了更多的技术工具与知识,因而是福建航海技术史上的又一大进步。

对于造访的外国游历家来说,元代刺桐海船的科学编组给他们留下了深刻的印象。在泉州一个多月的考察和护送阔阔真公主远嫁伊儿汗国(今伊朗)途中,意大利人马可·波罗详细记载了刺桐大小船舶配套编组航行的情况:

---

① 沙海昂注,冯承钧译:《马可波罗行纪》,中华书局2004年,第717页、第723页、第729页。
② 〔宋〕赵汝适著,夏德与柔克义合注,韩振华翻译并补注:《诸蕃志注补》,赵汝适序。
③ 黄乐德:《泉州科技史话》,厦门大学出版社1995年,第135页。

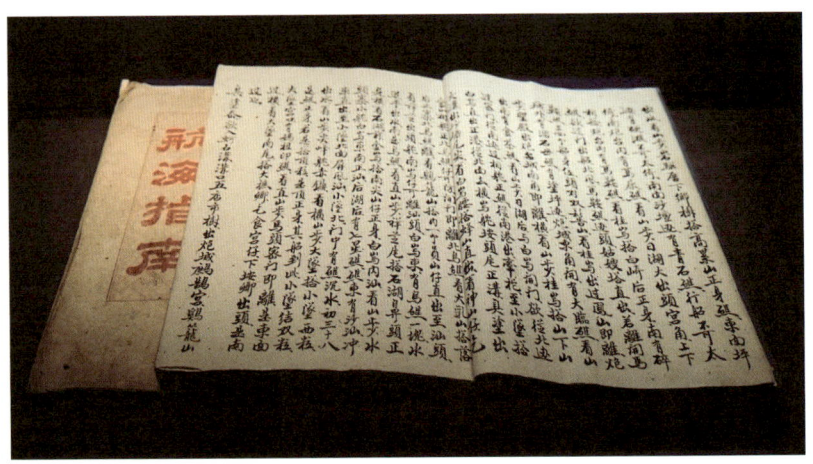

针簿（泉州海外交通史博物馆藏）

大船"各有一舵，而具四桅"，船中"有船房五六十所，商人皆处其中，颇宽适"。这是长期海上航行生活所必需的。"具帆之二小舟"，可"单行"，亦可系于大船之后，需要时便"操棹而行，以助大舶"。另有"小船十数助理大舶事务"，以避免庞大船舶受港口深度限制而造成靠泊困难。① 伊本·白图泰亦记载往来印度洋的中国船分大中小三类，大者有船员千人，并有随行船相随。随行船有"半大者，三分之一大者，四分之一大者"② 三级。《宋史》亦指出："胡人谓三百斤为一婆兰，凡舶舟最大者曰独樯，载一千婆兰。次者曰牛头，比独樯得三之一。又次曰木舶，曰料河，递得三之一。"③ 就是说，无论官方或是商运船队，宋元时期泉州港船舶都有所分工，形成完整的航行集体和运输体系，这是航海认知发展的必然结果。

宋代航海是中国古代航海的全盛时期，技术成熟，尤其是四大发明中的指南针，举世闻名。宋元福建勇于创新的航海成就，为中国和世界航海事业

---

① 沙海昂注，冯承钧译：《马可波罗行纪》第一五七章。
② ［摩洛哥］伊本·白图泰：《伊本·白图泰游记》，马金鹏译，宁夏人民出版社2000年，第486页。
③ 〔元〕脱脱等：《宋史》卷一百八十六，食货志下八，互市舶法。

做出了重要贡献。此外，正是由于航海技术的提高与发达，使宋元刺桐港海上交通更加安全，航向更为稳确，航行时间也大为缩短，有力推动了泉州海外交通贸易的进一步发展，从而为宋元福建海洋精神整体大幅提升提供了有利条件。

第四节　海洋精神的升华：闽人闽著的海洋观

人是海洋精神的开拓者，闽人闽著的海洋观念集中体现了宋元福建海洋精神的深度。

一、刺桐港祈风制度的形成

"船方正若一木斛，非风不能动。"① 我国沿海有极规律的季风，冬季吹东北风，夏季则吹反向之西南风。利用海洋季风转化为帆船动力，是刺桐港古老的航海经验之一。唐天祐元年（904）至后唐长兴元年（930）在泉州任职长达26年的王延彬曾观察到："岁屡丰登，复多发蛮舶以资公用。惊涛狂飙无有失坏，郡人藉之为利，号'招宝侍郎'。"② 可见当时人们利用季风航海已很稔熟。"北风航海南风回"③，遂成为南海航线驾驭季风的宝贵准绳。对航海季风的神效，南宋绍兴年间（1131—1162年）提举福建市舶司（设在泉州）的林之奇曾扼要置评说："象齿南龟，远出岛舶，以舟为趾，重译罔隔。沙阜石幢，涩如芒刃，以风为翼，万里一瞬，勃勃蓬蓬；怒号瀛海，以神为墟，立谈而改，羽盖云车，邈然浩荡；以礼为介，厥应如响，惟风必期，岁有常

---

① 〔宋〕朱彧撰，李伟国点校：《萍洲可谈》卷二，舶船蓄水就风法。
② 〔清〕周学曾等：道光《晋江县志》卷三十四。
③ 〔宋〕王十朋：《梅溪后集》卷二十，诗，提舶生日。

信。"① 在他看来，季风是海船之翼，借它可以避开任何险阻，疾驰急驶。神是海船的寄托，可以令怒海无波。礼仪是通神的手段，祀神祈风，以收风期常信之效。

九日山碑刻（王东明摄影）

正是基于这样一种认识，从晚唐始刺桐港逐渐形成一种祈风制度，迨北宋元祐二年（1087）福建市舶司设置之后，祈风更正式列为崇隆典礼。"舶司岁两祈风于通远王庙"，根据南安九日山现存有关祈风石刻，泉州港一年祈风两次，初夏四月为"回舶南风"，十或十一月初冬为"遣舶所风"，届时知州、提舶则必亲率僚属举行隆重仪式。祈风固于事无补，但借助祈风祀典，有益于普及和提高人们对航海风力知识的认识。"泉州纲首朱纺，舟往三佛齐国，亦请神之香火而虔奉之。舟行迅速，无有艰阻，往返曾不期年，获利百倍。

---

① 〔宋〕林之奇：《拙斋文集》卷十九，祭文，祈风文。

前后贾之于外蕃者未尝有是。"① 显然，朱纺是泉州海商巧用航海风力的杰出代表。

值得注意的是，"回舶南风"也是去高丽、日本的信风，正如徐兢《宣和奉使高丽图经》所说，"舟行皆乘夏后南风"②，"去日以南风，归日以北风"③。也就是说，夏季一方面有南海商客入港，一方面又有赴东北亚者出海；冬季一方面有华商、蕃商往南海贸易，一方面有赴东北亚贸易者返来，一年中几无淡季可言。这与专营南洋的广州和专营高丽、日本的明州有所不同，故泉州一年祈风两次，而广州仅"五月祁风于丰隆神"④。泉州可兼营两地贸易，这固然与福建位于我国海岸线之转折处的优越地理位置有关，但更应看到其中蕴含着先民巧用季风的智慧和技术，终使后来居上的泉州港成为世界第一大港。

 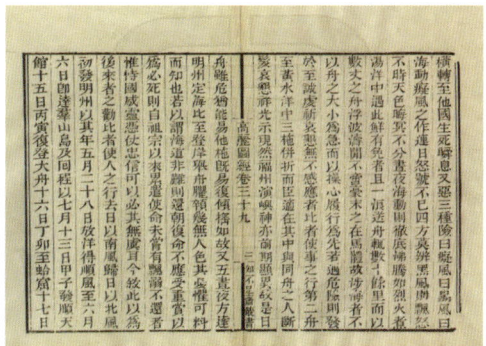

《宣和奉使高丽图经》书影

二、海外地理知识的拓展

随着海外交通贸易的繁荣与鼎盛，宋元泉州港人有关海外地理方面的知

---

① 陈衍等：《福建通志》附《福建金石志》卷九，引〔宋〕方略：《兴化军祥应庙记》。
② 〔宋〕徐兢：《宣和奉使高丽图经》卷三，封境。
③ 〔宋〕徐兢：《宣和奉使高丽图经》卷三十九，海道六。
④ 〔宋〕朱彧撰，李伟国点校：《萍洲可谈》卷二，舶船蓄水就风法。

识得到快速拓展，这一点，《诸蕃志》和《岛夷志略》体现得尤为明显。

1. 《诸蕃志》中的诸蕃图

赵汝适（1170—1231年），宋太宗（赵炅）八世孙，官至朝散大夫，曾于1208—1227年提举福建路市舶司（设在泉州）。宝庆元年（1225），赵汝适以提举市舶司时之闻见并亲访的有关海外诸国事迹，著成《诸蕃志》二卷。卷上志国，卷下志物，共45篇，约9万字。

谈到《诸蕃志》的著述缘由，赵汝适在自序中云："问其志则无有焉。乃询诸贾胡，俾列其国名，道其风土，与夫道里之联属，山泽之畜产，译以华言，删其秽渫，存其事实，名曰《诸蕃志》。"[①] 可见，赵汝适著述《诸蕃志》的目的，就是弥补泉州港史上无志的缺憾，写一部以国名、风土、交通关系和山泽畜产为纲的介绍海外地理风物知识的著作，以实现"山海有经，博物有志"的宏大志愿。鉴于南宋中期以前泉州港出海贸易船舶常取道于广州，因此，以泉州港事为着眼点的《诸蕃志》，与以两广见闻为题材的周去非《岭外代答》（撰于1178年），二者在有关海外诸番国内容记载上有三分之一雷同，也就不足为奇了。

在《诸蕃志》一书中，赵汝适记载了南宋中期同泉州发生贸易关系的国家和地区58个，其中对非洲的记载，比以前的地理著作更详实，不仅有非洲东海岸国家和地区的地理交通记载，而且还很注意对各国和地区珍稀动植物特产的描述。如记述弼琶啰国云："产物名骆驼鹤，身顶长六七尺，有翼能飞，但不甚高。"[②] 据考证[③]，赵汝适所说的"骆驼鹤"，系指今日的长颈鹿。虽耳听为虚，但赵汝适达闻海外诸番国地理风物知识的精神是值得肯定的。更由于《诸蕃志》的流传，使国内人民开拓了海外视野，同时也引出了元代

---

① 赵汝适著，夏德与柔克义合注，韩振华翻译并补注：《诸蕃志注补》，赵汝适序。
② 赵汝适著，夏德与柔克义合注，韩振华翻译并补注：《诸蕃志注补》卷上，志国，弼琶啰国。
③ 李仲均：《赵汝适与〈诸蕃志〉》，《海交史研究》1990年第2期。

杰出航海家汪大渊"尝两附舶东西洋"[①]的惊世之举。

2.《岛夷志略》中的东西洋

汪大渊，字焕章，江西南昌人，曾约于1330—1334年和1337—1339年两次由泉州港附舶东西洋，历数十国，足迹几半天下。返归泉州后，即据亲历见闻，仿《诸蕃志》体例，于1349年写下了不朽著作《岛夷志略》。值得一提的是，这部详细记载了元代泉州港交通贸易盛况的著述竟缘于当时修纂《清源续志》（泉州古亦称清源）附录所需。以百十国之志略，而附于一郡乘之后，这不仅是泉州港史上值得夸耀的大事，也是我国地方志旷古未有的奇观，由此亦可见泉州人对域外地理知识是多么的渴求。

汪大渊对海外地理知识拓展的贡献在于，《岛夷志略》不仅所载国家和地区比《诸蕃志》多40余个，而且明确提出和实践印证东西洋这一重要地理概念。所谓东西洋，是宋元提出的对我国疆域以外海洋的合称，是对元代海外交通贸易国家和地区的整体划分。迄今为止，我们知道《岛夷志略》是继《南海志》后同时提及东洋、西洋名称的著作，且从书中10余处提及的小东洋、东洋、西洋（包括大西洋和小西洋）地域范围看，汪大渊对于东西洋的把握十分到位，这在东西洋地理概念划分的初期是难能可贵的。与《南海志》不同的是，《岛夷志略》中的东西洋不只是一个地理概念，而是汪大渊两次航行东西洋实践的结晶，因而其著作对后世的影响很大。

东西洋概念的提出，标志着国人对域外地理知识认识上的一次飞跃。在这一重要历史时刻，汪大渊和《岛夷志略》起着举足轻重的作用。

《诸蕃志》和《岛夷志略》的出现，拓展了中国人的海外地理知识，丰富了我国地理学的内容，更是宋元福建海洋精神的文化体现。

三、泉州城的拓建和港市布局

泉州城是泉州港交通贸易的政治支撑和人才高地，在海外贸易和海洋理

[①]〔元〕汪大渊著，苏继庼校释：《岛夷志略校释》，张翦序。

念的实施中具有战略地位。因此,唐宋政府对泉州城的修筑和拓建以及布局极为重视。

泉州城初建于唐开元二十九年(741)以前,后称之为衙城。为适应城市发展和海外交通贸易的需要,五代时泉州不仅建有"周三里百六十步"的子城①,还在其外围修筑了"周二十里,高一丈八尺"的罗城②,"泉城市,旧狭窄,至是扩为仁风、通淮等数门,教民间,开通衢,构云屋(货栈)……岁丰,听买卖,平市价,陶器、铜铁,泛于番国,收金贝而还,民甚称便"③,初步形成内子城外罗城的格局,为泉州城进一步发展打下良好基础。

嘉定三年修城官砖(泉州海外交通史博物馆藏)

---

① 〔清〕黄任等:《乾隆泉州府志》卷十一,城池,子城。
② 〔清〕黄任等:《乾隆泉州府志》卷十一,城池,府治。
③ 泉州《清源留氏族谱·宋太师鄂国公传》。

第二章 宋元福建海洋精神

北宋宣和二年（1120），郡守陆藻在五代版筑土垒的基础上，"增筑外砖内石"的罗城[1]，划城南为对外商贸市场，港市一体化面貌初现。南宋嘉定四年（1211），在海外贸易兴盛的推动下，泉州官民共同出资"大修"城池。[2]为保证建筑质量和防止盗窃挪用，修建者还设立了专门的官窑场烧制砖瓦。2008年11月，在泉州南俊路北拓工程工地上，发现的一块印有"嘉定三年修城官砖"字样的红色城砖，就是这次罗城大修的历史见证。[3]到了南宋绍定三年（1230），郡守游九功为防治晋江下游水患加砌"瓮门"，又在南罗城外沿晋江北岸之东自浯浦西抵甘棠桥一线，增建了长"四百三十八丈、高盈丈、基阔八尺"的石砌翼城[4]，辟罗城镇南门外为"蕃坊"，十洲之人在此聚居[5]。因四方盗起，元至正十二年（1352）监郡偰世玉拓南罗城地合翼城为一体，将泉州城建设为"周三十里、高二丈一尺、东西北基广二丈四尺，外甃以石；南基广二丈，内外皆石"[6]的大都市，同时把"四海舶商诸蕃琛贡皆于是乎集"即海外贸易最繁盛的"一城要地""南关"围进城里[7]，港市一体化建设步伐加快，以港立市理念得到深化。随着城市带动与辐射功能不断提升和完善，宋末泉州社会经济发展进入鼎盛时期，户口由唐天宝年间（742—756年）的二万三千八百有六户、十六万二百九十五口，增加到南宋淳祐年间（1241—1252年）的二十五万五千七百五十八户、三十五万八千八百七十四口[8]，泉州已与汴京（今开封）、京兆府（今西安）、杭州、福州、长沙、庐陵、南京同称为全国八大望州，泉州府城亦成为拥有数十万人口且充满活力的国际大都会，从而为海外贸易的持续繁荣发展和海洋精神的不断提升提供

---

[1] 〔清〕黄任等：《乾隆泉州府志（一）》卷十一，城池，府治。
[2] 〔清〕黄任等：《乾隆泉州府志（一）》卷十一，城池。
[3] 《泉州发现南宋古城砖——可能印证泉州古城墙走向》，《厦门日报》2008年11月7日。
[4] 〔清〕黄任等：《乾隆泉州府志（一）》卷十一，城池，府治。
[5] 〔清〕周学曾等：道光《晋江县志》卷九。
[6] 〔明〕黄仲昭：《八闽通志（上册）》卷十三，地理，城池，泉州府，府城。
[7] 〔清〕黄任等：《乾隆泉州府志（一）》卷十一，城池，引《庄弥邵记》。
[8] 〔明〕黄仲昭：《八闽通志》（上册）卷二十，食货，户口，泉州府。

了强大的人力和物力支持。

经过宋元几次大的修葺和拓建，泉州城的整体布局与功能布局更趋合理。从整体布局看，泉州城址的扩建，基本是遵循两大原则，一是因地制宜，循地势而为，即由子城直街延伸，向临晋江的南面拓展，形成了不规则的梯形，整个城郭状似鲤鱼，故泉州又有"鲤城"之称；二是依子城、罗城的递扩原则，整个泉州城向泉州港靠近，以充分发挥港市一体化优势。从功能布局看，"城内画坊八十"①，统于"五厢"②，说明泉州城内有规制宏丽的坊巷 80 区；官廨公署设于子城内"双门前头"之北，"贾肆皆聚于"今泮宫地方的"阛阓坊"，各功能区划分明确；城南是各国商客集聚的"蕃坊"和船舶停靠装卸物货之地，是泉州最繁华的地方，管理海外贸易的市舶提举司就设在城南水仙门内；今聚宝街一带则是珍奇宝物荟萃交易之所，至今尚有"聚宝街夜夜元宵"之传说。可以说，整个泉州港市布局具有高度的统一性和科学性。正如元代文人吴澄所评述的："泉，七闽之都会也，番货、远物、异宝、奇玩之所渊薮，殊方别域，富商巨贾之所窟宅，号为天下最。"③

四、蔡襄与海内第一桥

蔡襄（1012—1067 年），字君谟，号莆阳居士，又号蔡福州，兴化仙游慈孝里（今仙游县枫亭镇）人，后迁居莆田蔡土宅（今莆田市城厢区霞林街道）。蔡襄是一位对家乡有突出贡献的闽籍官员。从北宋庆历四年至嘉祐五年（1044—1060 年），蔡襄两知福州，两知泉州，一任福建路转运使，前后长达十余年。特别是他主持修建的洛阳桥，体现出一位关心民间疾苦，重视发展沿海经济的古代官吏的思想品质。

---

① 〔宋〕王象之：《舆地纪胜》卷一百三十，福建路，泉州，风俗形胜，引〔宋〕陆守：《修城记》。
② 〔清〕黄任等：《乾隆泉州府志（一）》卷十一，城池，引《万历府志》。
③ 〔元〕吴澄：《吴文正公集》卷二十八，送姜曼卿赴泉州路录事序。

第二章　宋元福建海洋精神

洛阳桥旧影

洛阳桥今貌（郑文桂摄影）

洛阳桥，原名万安桥，位于泉州洛江区与泉州惠安县洛阳镇交界的洛阳江入海口的江面上。洛阳桥修建于北宋中期，是我国第一座多孔式跨海长石桥，开创了在江河入海口上架桥的先例，加上多项领先国内外的建造技术，故其与北京的卢沟桥、河北的赵州桥、广东的广济桥并称为我国古代四大名桥，更有"天下第一桥"[1]或"海内第一桥"之美誉。

唐宋以降，泉州人民为摆脱洛阳江的阻隔曾付出了艰辛的努力。洛阳江位于泉州北上通往兴化（今莆田）、福州以至内地的交通要道，水流湍急，风大浪高，形势险峻。在建桥以前，人们只能摆渡过江，但时常因"遇飓风大作，或水怪为祟，沉舟而死者无算"[2]。为祈求平安过渡，人们称此渡口为"万安渡"，期盼早日建桥的愿望极其强烈。

船只过渡都不容易，造桥就更困难了。受险恶、复杂地理地质环境的制约，人们多次造桥的尝试都遭到了失败。直到北宋庆历初年（1042年前后），"郡人李宠始甃石作浮桥"[3]，即在江中堆聚石块，然后在其上架设浮桥。自然，在水湍流急，风大浪高的开阔入海口，"甃石作浮桥"并非解决问题的根本途径。不仅堆聚的石块易被水流和风潮所冲垮，而且其上的浮桥也极易被风浪吹打而漂散。因此，皇祐五年（1053）"僧宗己及郡人王实、卢锡倡为石桥未就"[4]。正当造桥工程遭遇困难之际，蔡襄出知泉州，毅然承担起主持修建石桥的重任。在蔡襄守泉两任计三年多的时间内，他率领民众大胆创新，不断对造桥工艺进行改进，终于攻克重重难关，于嘉祐四年十二月（1060年1月）建成了一座规模空前的跨海石构长桥。

由于石桥建在万安渡口，故取名"万安桥"，又由于桥梁横跨于洛阳江上，故俗称"洛阳桥"。"累（垒）趾于渊，酾水为四十七道，梁空以行。其

---

[1]〔清〕黄任等：《乾隆泉州府志（三）》卷七十五，拾遗上，引《弇州山人稿》。
[2]〔清〕黄任等：《乾隆泉州府志（三）》卷七十五，拾遗上。
[3]〔清〕黄任等：《乾隆泉州府志（一）》卷十，桥渡，晋江县，万安桥，引《名胜志》。
[4]〔明〕黄仲昭：《八闽通志（上册）》卷十八，地理，桥梁，泉州府，晋江县，万安桥。

长三千六百尺（约合 1106 米），广丈有五尺（约合 4.6 米）"①，因利用江中小岛构筑，故桥分为两段。整座桥梁全部用花岗岩石料筑成，桥面是用宽 2 尺、长 4—5 丈的大条石七道纵列安置而成。桥面两旁护以石栏，并置有石狮 28 座，石亭 7 座，石塔 9 座，桥两端还立有武士石像。桥堍四角石柱上有石琢葫芦，旁有洞，中雕有佛像，民间称之为"七七四十九只观音殿"。整座桥"飞梁遥跨海西东"②，气势磅礴，雄伟壮观。

洛阳桥的建成，使人们"去舟而徒，易危为安"③，成为"往来于其上者，肩毂相踵"④ 的泉州路上交通重要孔道。为了纪念蔡襄建造洛阳桥的历史功绩，泉州人民特在桥南修建了一座蔡襄祠，并将蔡襄亲撰《万安桥记》刻成石碑，立于祠内。

"石架长桥跨海成，论功直得万安名。"⑤ 蔡襄建造洛阳桥时，勇于创新，善于突破，在工艺技术方面创造了多项中国乃至世界第一的伟大成就。

一是首创筏形（型）基础。在整个桥梁建造中，桥基起着承载桥墩和桥面的重要作用，因此桥墩水下基础工程完成的好坏，是直接关系到桥梁能否经久耐用的大问题。洛阳桥位于江海会合的喇叭口端，江水湍急，海潮汹涌，更兼水下是长年淤积的烂泥，因而墩台基础的修筑无法采用传统的打桩方法，亦不可能去除淤泥直接利用水下岩石层，必须另辟蹊径。为此，蔡襄等首创现代称之为"筏型基础"的奠基新工艺，即利用落潮的间隙，在江底沿着桥梁中轴线抛置大量石块，并向两侧展开相当的宽度，成一横跨江底的矮石埕，

---

① 〔宋〕蔡襄：《蔡襄全集》卷二十五，万安渡石桥记。
② 〔清〕黄任等：《乾隆泉州府志（一）》卷十，桥渡，晋江县，万安桥，引〔明〕徐𤊹诗。
③ 〔宋〕蔡襄：《蔡襄全集》卷二十五，万安渡石桥记。
④ 〔清〕黄任等：《乾隆泉州府志（一）》卷十，桥渡，晋江县，万安桥，引〔明〕康郎记。
⑤ 〔宋〕王象之：《舆地纪胜》卷一百三十，福建路，泉州，洛阳桥诗（诸桥附），引〔宋〕蔡若水：《万安桥》。

以此作为桥墩的基础。据今人估算①，洛阳桥的基础石埕长 500 多米，宽 25 米左右，高 3 米以上。垒石、匝石、叠石等"累趾于渊"的筏型基础，其建造方式对中国乃至世界造桥科学都是一个伟大的贡献，欧洲诸国直到 19 世纪才使用这一技术。

二是发明种蛎固基新方法。在江水入海口架石桥，必须妥善解决桥基和桥墩间石块的互相连结问题，否则在江流和潮汐的双向冲刷下，桥梁容易受损垮塌，这在没有速凝水泥的古代确是施工上的一大难题。就洛阳桥而言，由于其采用的筏型基础是在江底随桥梁中线两侧，有相当的宽度，所抛石头无规则地叠压，间隙疏散，不能连为整体，在风浪潮汐的冲刷下，很容易漂动甚至流失。为解决这一难题，蔡襄在总结前人对牡蛎生物特性认识的基础上，发明了"种蛎于础以为固"②的方法，即把牡蛎（又名蚝，俗称海蛎子）散置于石础和石墩上，利用牡蛎外壳附着力强，繁生速度快的特点，把桥基和桥墩牢固地胶结成一个整体，从而达到提高桥梁下层建筑坚固性和耐久性的目的。这种巧妙运用"石所累，蛎辄封之"③的介壳海生动物生长特性，实现封固桥基和桥墩的"种蛎固基法"，创生物学应用于桥梁工程的世界先例，同时也是我国人工养殖贝类的开端。

三是发展尖劈形桥墩。根据现有资料，我国尖劈形桥墩最早出现于唐代的中桥，宋初重修西京（今河南洛阳）天津桥时也采用了尖劈形石墩。蔡襄曾任西京留守推官，很可能亲自考察过天津桥和中桥的桥墩型制。因此，在建造洛阳桥时，蔡襄借鉴了天津桥"甃石为脚，高数丈，锐其前以疏水势"④的做法，"累石条为桥基""两头若圭射势"⑤。与天津桥和中桥不同的是，蔡

---

① 中国科学院自然科学史研究所主编：《中国建筑技术史》，科学出版社 1985 年，第 239 页。
② 〔元〕脱脱等：《宋史》卷三百二十，蔡襄传。
③ 〔清〕黄任等：《乾隆泉州府志（一）》卷十，桥渡，晋江县，万安桥，引《王慎中记》。
④ 〔清〕徐松：《宋会要辑稿》，方域一三之一九，桥梁。
⑤ 〔宋〕方勺：《泊宅编》卷中。

襄因地制宜，在用大长条石犬牙交错地垒砌桥墩时，将桥墩两端均筑成尖劈状，借以分开江流和潮汐的双向冲击力，达到全方位保护桥墩的目的。

洛阳桥桥墩

四是采用悬臂式桥墩新工艺。在洛阳桥桥墩垒砌时，蔡襄设计在桥墩顶部逐次挑出2—4层条石，以达到承托石梁的作用。这一新颖做法，既增加了桥墩的跨径，又缩短了石梁的长度，可谓一举两得。而这种采用悬臂式桥墩的方法，对后来桥梁结构的发展亦起了先导作用。

五是浮运架桥法的最早应用。在石桥建造中，要将数十吨乃至上百吨重的石梁悬空安放在桥墩上，以铺成桥面，这在没有大型起重设备的宋代，似乎是一件不可能的事情。但蔡襄却巧妙地利用潮汐涨落现象，"激浪以涨舟，悬机以弦纤"[1]，即利用海潮高涨时机，用船将事先按规格尺寸加工好的石料运至桥墩之间，然后通过简单的吊装设备，把巨石牵引就位；待落潮时，石料便会徐徐降落在预定位置上，从而顺利地起架为梁。这一充满智慧的架梁

---

[1] 〔清〕黄任等：《乾隆泉州府志（一）》卷十，桥渡，晋江县，万安桥，引《王慎中记》。

或筑墩方法，在蔡襄以后的福建石桥建造和维修中仍被屡屡采用，如一生造桥达200余座的道询和尚就曾多次"率其徒操舟运石成桥"[①]，而明万历间（1573—1620年）姜志礼修桥时更有详细记载："大石梁折，戴石补之，舟至泊于桥，择四月之十八日，乘潮长而上。连三日潮俱小，舟不加浮。匠师告急，余曰，昔忠惠公以二十一日安桥，岂须是耶？及是日，滔天之水，果自东来，石梁遂上，二异也。悬空挈石，一绳千钧，架高千仞，下临深渊，每值狂风巨浪，人尽危之。自经始迄告成，木不摧，绳不断，石不陨，无几微虞，三异也。"[②] 这个被后人称为"浮运架桥法"的施工方法，在现代桥梁工程中仍得到广泛应用。

蔡襄主持建造的洛阳桥，不仅是我国第一座海港大石桥，而且在工艺技术上有许多创新和突破，是我国古代桥梁建筑史上的伟大创举。现存洛阳桥石刻题词中，有一方称它为"海内第一桥"，实不为过。经过900多年的风风雨雨，洛阳桥现存桥长834米，宽7米，残存船形桥墩31座，加上钢筋混凝土公路下的石梁桥面遗存，人们依稀可见其当年的雄姿。

五、海纳百川：世界宗教博物馆

"泉之为郡，风俗淳厚，其人乐善，素称佛国。"[③] 以泉州为代表的八闽大地，历来是我国宗教的昌盛之地。尤其是宋元时期，不仅有大量佛教和道教寺院，还有伊斯兰教、基督教和印度教等建筑以及大批宗教石刻，因而带来了中外文化交流的契机和信息。

1. 泉州清净寺——我国现存最早的伊斯兰教建筑

泉州清净寺（原名圣友寺，又名艾苏哈卜清真寺，或艾苏哈卜大寺），位

---

① 〔清〕黄任等：《乾隆泉州府志（一）》卷十，桥渡，惠安县，獭窟屿桥，引《名胜志》。
② 〔清〕周学曾：道光《晋江县志》卷十一，津梁志，城外各都之桥，万安桥。
③ 〔清〕黄任等：《乾隆泉州府志（一）》卷二十，风俗，引《张阐集》。

于泉州鲤城区涂门街中段,始建于南宋绍兴年间(1131—1162年)①,"元至正间(1341—1368年)里人金阿里重建"②,是阿拉伯穆斯林在中国创建的现存最古老的伊斯兰教寺,与扬州仙鹤寺、广州怀圣寺和杭州凤凰寺并称为中国沿海四大清真寺。

泉州清净寺(王东明摄影)

泉州清净寺现存主要建筑有门楼、奉天坛和明善堂三个部分。门楼朝南,高达20米,宽4.5米,分外、中、内三层(进)。门楼外中两层(一、二进)皆为圆形穹顶拱门,建筑形式系天圆地方,与中国以直线方形为主的建筑特征不同。第二进(中层)系蜂窝纹半圆顶雕饰,第三进(内层)为拱拜式圆顶,甬道两壁有米哈拉布的建筑形式。此外,清净寺早年有光塔,清康熙年间被大风刮倒。穹隆顶、光塔、米哈拉布,这些伊斯兰建筑元素的出现,比照当地碑文史料记载,可以推断现存清净寺门楼,基本保持着1310年前后艾

---

① 〔清〕黄任等:《乾隆泉州府志(三)》卷七十五上,拾遗上,引《闽书抄》。
② 〔清〕黄任等:《乾隆泉州府志(一)》卷十六,坛庙寺观,晋江县附郭,清净寺。

哈玛德或 1350 年金阿里重修时的中世纪伊斯兰教寺的建筑风格。但若从建筑的各个部分及细部看，门楼混有浓厚的中国建筑艺术手法。如第三进的拱拜式圆顶，在作圆时，其四角各架一斜梁，然后才逐渐收缩起圆，这与阿拉伯伊斯兰早期按圆周叠砌、一圈圈向上缩小的圆顶建筑风格是不同的，是中国传统"藻井"式建筑的一种变体。又如辉绿岩条石砌筑的大门雕刻比较精细，而二、三进的花岗石门的雕琢却较为粗犷，推测大门在元代以后可能再经修缮。

泉州清净寺门楼及拱门仰视图

与门楼相连的是占地面积约 600 平方米的礼拜大殿奉天坛。1987 年的考古发掘表明[①]，历史上奉天坛曾经历至少 10 次较大规模的重修或改建，其中多发生在宋元时期。从发掘出土的各种迹象看，宋代的奉天坛是有四柱亭子的高台建筑，其南墙也并非如现存的 8 个长方形大窗，系用木柱接在石柱之上的大门门柱，可以推证当时的大门是在现南墙偏东部分，这种木接石的柱子是中国传统建筑的特色。此外，从发现的 3 层砖铺地面、石铺地面、硬土路面及天井挡石、墙基、水井、瓦砾等建筑遗迹，加上有过 3 次修建的地面

---

① 福建省博物馆等：《泉州清净寺奉天坛基址发掘报告》，《考古学报》1991 年第 3 期。

及被火焚的痕迹，进一步推断宋代的奉天坛是中国式的木、石、砖瓦建筑，是跟现在的奉天坛完全不同的寺院式木结构高台建筑。

元代建筑遗迹有石柱墩位和石础 27 个，2 段条石路面，2 条砖槽地下排水沟及 3 层红、灰方砖铺地面，系东南部高台建筑周围续建而成的略呈曲尺形土木石相结合的中国式多开间住房结构，其四周均超出现存奉天坛建筑的范围，并发现火焚的遗迹。从碑文和文献所能查到的资料看，目前有关元代清净寺修建的记载有两条：一是阿拉伯文碑上记于 1310—1311 年艾哈玛德所修甬道、寺门和窗户，二是福州吴鉴撰立的汉文碑及《金氏族谱》《乾隆泉州府志》所载于 1350 年里人金阿里捐资与夏不鲁罕丁共修而"旧物征复，寺宇鼎新，层楼耸秀"[①]。

元末至明代晚期，奉天坛又至少经历过两次较大规模的修建。特别是明万历三十六年（1608）的大修，历时一年四个月（1608 年 6 月至 1609 年 9 月）[②]，其建筑风格除门龛外，基本上属于中国式的。现存奉天坛四面墙体与 10 个大磉墩，虽经后人数度修缮，尚保持明万历年间修建的形制。

明善堂位于奉天坛之北，是中国四合院式的建筑，与门楼和奉天坛一起，形成今日举世闻名的中阿合璧伊斯兰教寺。

2. 晋江草庵——世界仅存的摩尼教寺院

晋江草庵，位于晋江安海华表山南麓余店苏内村，是世界现存唯一摩尼教寺院遗址。草庵始建于宋代绍兴年间（1131—1162 年），初为草筑，故名。摩尼教在中国又称明教、明门、魔教、牟尼教等，3 世纪波斯（今伊朗一带）人摩尼（Mani，216—277 年）所创始。摩尼教以拜火教为信仰基础，吸收基督教、佛教和古巴比伦宗教思想而创立。摩尼教崇尚光明，提倡清净，反对黑暗和压迫，曾是风靡一时的世界性大宗教。

摩尼教于唐代传入泉州，现存草庵遗址为元顺帝至元五年（1339）建筑。该寺院紧依华表山（又名万山峰、万石山）麓，依山崖傍筑，建筑形式为石

---

① 〔清〕黄任等：《乾隆泉州府志（三）》卷七十五，拾遗上，引《闽书抄》。
② 〔明〕李光缙等：万历《重修清净寺碑记》，现存泉州清净寺内祝圣亭。

晋江草庵遗址（王东明摄影）

构单檐歇山式，四架椽，面阔三开间，间宽 1.67 米，进深二间 3.04 米，屋檐下用横梁单排华拱承托屋盖，简单古朴。草庵的核心是一尊岩壁上凿出的高 1.52 米、宽 0.83 米浮雕摩尼光佛像，周围刻着一个直径将近 2 米的环形佛龛。佛像中的摩尼面相圆润，宽袖僧衣，结跏趺坐于莲花座上，背景是十八道放射状光轮。因为石质不同，佛像的脸呈草绿色，手粉红，身灰白。整个佛像神态庄严慈善，衣褶简朴流畅，用对称的纹饰表现时代风格。晋江草庵的这尊摩尼佛像是目前世界仅存的一尊摩尼教石雕佛像，具

晋江草庵摩尼光佛石像

有不可估量的实物价值,是中外文化交流的重要历史见证。

从草庵寺前出土的刻字黑釉碗推断①,草庵很可能在宋代就是摩尼教的寺院了,这也可从陆游《老学庵笔记》对南宋福建明教兴盛的描述加以佐证。明初以后,由于受封建统治者严厉打击,作为一门具有严密理论体系的宗教,摩尼教在中国已消亡,草庵遂也成了道教或佛教的场所了。但作为民间信仰,摩尼教一直在晋江草庵附近村社流传着,显示出摩尼教本土化的强大生命力,以及中外精神文化交流的深厚底蕴。

3. 泉州外来宗教石刻

唐代以来,尤其是宋元时期,数以万计的亚、非、欧各国侨民居住在泉州,其中以波斯人、阿拉伯人和印度人为多,形成"缠头赤脚半番商"②这样一种"夷夏杂处"③的万国都市景象。各种宗教如伊斯兰教、景教(基督教聂斯脱利派)、天主教(方济各会)、印度教、摩尼教、犹太教等也相继传入,并留下了大量珍贵遗物。其中尤以宗教石刻为多,仅泉州海外交通史博物馆就展出了500多方,透露出中外文化交流的丰富内涵。

在泉州外来宗教石刻中,以婆罗门教石刻最为珍稀。婆罗门教是印度古代宗教之一,形成于公元前7世纪,以崇拜婆罗贺摩(梵天)而得名。婆罗门教在印度社会中传播较早,衰落也早。因此,我国学者对婆罗门教是否传入中国多持否定态度。但从泉州发现的宗教石刻,却雄辩地说明婆罗门教确曾传入中国。证据之一是,泉州发现了婆罗门教三主神之一的毗瑟拿石雕。据考证,它是泉州番佛寺(建于原泉州南校场附近)的遗物,现陈列于泉州小开元宗教石刻陈列室。证据之二,是在泉州开元寺大雄宝殿后廊,有两根刻有浮雕图像的石柱。据著名作家、英籍华人韩素音指认,其中一幅雕像中"树上的孩子叫科里西拿,是婆罗门教信奉的神之一"④。韩素音也是研究婆罗

---

① 萧春雷:《摩尼教的转世生命:从救世到捉鬼》,《厦门晚报》2007年8月26日。
② 〔元〕释宗泐:《全室外集》卷四,清源洞图为洁上人作。
③ 〔宋〕郑侠著,郑宛华等集校:《西塘集》卷八,代谢仆射相公。
④ 《稀世之宝——婆罗门教遗物》,《泉州晚报》1985年9月22日。

泉州宗教石刻陈列馆展厅（薛彦乔摄影）

门教的学者，著有《印度教》一书，她的考证应有相当的说服力。证据之三，是泉州东观西台附近，以前有座神龛，有三块据查也是从番佛寺取来的婆罗门教石刻，被垒筑在一个高约一米的石座上。现在神龛已废，石刻影印图像被收入吴文良先生所著《泉州宗教石刻》一书的第四部分"泉州婆罗门教石刻"。如此稀世之宝，在泉州这么完整地保存着，充分说明婆罗门教确曾传入泉州，传入我国。

在泉州外来宗教石刻中，以中外文合璧碑刻内涵最为丰富。如奈纳·穆罕默德墓碑碑文为阿拉伯文、汉文；黄公墓百氏坟是穆斯林夫妻合葬墓，墓碑碑文为阿拉伯文、波斯文、汉文合刻；伊本·奥贝德拉墓碑碑文，为阿拉伯文，插入"番客墓"三个汉字；奉训大夫永春县达鲁花赤墓碑碑文为阿拉伯文和汉文；艾哈玛德墓碑碑文为波斯文、阿拉伯文、汉文，文中有"艾哈玛德·本·和加·哈吉妞·艾勒德于艾哈玛德的先辈娶刺桐人为妻"的记载，这是中阿人民通婚的见证。这些中外文合璧的碑文，有的汉文十分谙练，碑文的书法、历法的换算都使用中国传统的方法，说明中外文化交流已达到相当高的程度和水平。

开元寺刻有浮雕图像的石柱（薛彦乔摄影）

在泉州外来宗教石刻中，以人名身份石刻数量最多。如出土的 300 多方伊斯兰教寺院建筑石刻、墓碑、墓盖石中，有来自波斯的施拉夫、设拉子、贾杰鲁妞、布哈拉、霍拉桑、伊斯法罕、大不里士、吉兰尼、哈马丹，土耳其斯坦的玛利卡，亚美尼亚的哈拉提，也门的哈妞门，以及阿曼、叙利亚、花刺子模、伊拉克、里海地区和布哈拉等地的人。他们的身份有贵族、传教士、官员、商人、技艺人直至一般平民和奴隶。从这些人名石刻中，我们还可了解到宋元泉州创建和修建清净寺的大致情况。

元伊斯兰教潘总领墓碑石
（泉州海外交通史博物馆藏）

元印度教毗湿奴石雕立像
（泉州海外交通史博物馆藏）

元基督教尖拱形四翼天使石墓碑
（泉州海外交通史博物馆藏）

元天主教泉州主教安德肋石墓碑
（泉州海外交通史博物馆藏）

此外，在泉州发现的 30 多方古基督教石刻中，有 20 多方属于景教。当中有古叙利亚文拼写的突厥语和中文合璧的、元代"管领江南诸路"的宗教高级官员也里可温（教长）失里门的墓碑，还有泉州路掌教官兼景教兴明寺住持吴咹哆呢嗯所书碑文，以及圣方济会泉州主教安德烈（意大利人）的古拉丁文墓碑，从中可以看到元代景教在泉州之兴盛，也可以看到泉州与中亚、波斯乃至欧洲之间的文化交流。

　　从外来宗教石刻所载内容不难看出，婆罗门教（印度教）、伊斯兰教、基督教（含天主教）、摩尼教（明教）以及犹太教、佛教等多种宗教，与长期流传于泉州的本土道教、民间信仰以及地方儒教文化和平共处，堪称世界宗教史上的奇观，泉州因而赢得"世界宗教博物馆"的美誉。通过泉州宗教这个侧面，可见在海外交通这个大平台上，宋元时期的福建是多么的开放，与海外各国的文化交流是多么的兴盛，这也是宋元福建海洋精神发展的一个重要推动力量。

第三章　明清福建的海洋文化与精神

明清时代虽然有海禁政策不断出现，但福建地理形势导致海禁难以贯彻实行，随着明朝行政系统的腐败，闽粤边境成为对外贸易的主要口岸，而后向闽粤两省其他港口发展。明代晚期，明朝对外政策松动，私人海上贸易盛行，对外交往频繁。面对倭寇入侵的形势，俞大猷提出加强海防，在海上消灭倭寇的观念。迄至明末，由郑芝龙、郑成功、郑经三代组织的海上力量纵横南北，显示了勇于开拓、无所畏惧的海洋精神。

第一节　海禁的制约与郑和远航

明代初年官府的海禁政策，并非反对海外贸易，最早的海禁仅仅是为了防止倭寇入侵。随着大股倭寇被消灭，海禁也松弛下来。嘉靖年间倭寇重起，是明朝再次海禁的原因。在重创倭寇之后，明朝的海禁政策再次放松。

一、明代前期的海禁政策

明初实行海禁的历史原因。早在元代初年，因日本海盗经常入侵朝鲜，

第三章　明清福建的海洋文化与精神

已经臣服于元朝的朝鲜国王经常向元朝诉苦倭寇入侵之害，并告知日本多黄金的消息，这便刺激了元朝统治者的贪欲。为了征服日本，元朝曾经组织了两次规模不小的侵略日本的战役，然而由于台风及船舶质量问题，元朝大军在日本海岸覆没。其后，由日本出发的民间武装将其袭击范围从朝鲜半岛扩及东亚大陆海岸，史称"倭寇"。当时从朝鲜半岛到中国的东南省份，都受到倭寇的入侵。有时还有广东受到倭寇侵袭的报告。元明鼎革之际，占据浙江的元朝割据力量方国珍拥有强大的海洋力量。明军消灭方国珍之后，这股海洋力量没有人管理，横行于海上，他们勾结倭寇，导致沿海各地常有倭寇侵袭，东南沿海民众不得安生，便有消灭倭寇的要求。不过，倭寇时起时伏，来去无常，极难对付。朱元璋的对策是在沿海建立要塞，相隔百里建设一个近千人的所，几个所连在一起，设置一座近万人的卫，卫所烽燧相望，发现倭寇，互相告知，并集中力量出兵。有一次，明朝福建卫所军队的战舰追击倭寇直到东面的"琉球大洋"，这就使倭寇无法在东南海洋横行。为了与明朝水师对抗，倭寇也开始集中力量，数千倭寇突然袭击中国某个口岸，有时会攻克明朝沿海数百人防守的所城。他们时来时停的袭击更是让明军头痛。一直到永乐年间辽东望海堝事件发生，一股数千人的倭寇被明军引进伏击圈全部消灭，从此大股倭寇入侵的事件不再发生，中国海岸的卫所大都闲置无为。其后，日本进入所谓的战国时代，各藩国相互作战，藩主尽量招兵，日本武士大都在国内征战，近百年时间里，东亚海上出现难得的平静。

　　明代前期，为了配合明军剿灭倭寇，政府实行海禁政策。所谓海禁，就是不准民间的船只出远海，更不准去日本贸易。明朝官员认为，若是没有国内奸民勾引倭寇，便不可能有倭寇入侵。这是他们实行海禁的原因。也有人说，明朝初年实行海禁，不让民众下海，是为了垄断对外贸易，但从实施效果来看，明朝主要是针对边海渔民，很少涉及贸易，事实上，海禁政策对海洋渔业造成巨大的影响。至于对外贸易方面，明朝对海外国家是开放的，欢迎海外国家前来进贡，明朝只是加强管理，不让本国民众到海外贸易而已。从明朝政策的性质来看，这本来是一个有时间限制的政策，既然实施这一政策是为了消灭倭寇，那么倭寇消停之后，是不是可以放松海禁政策呢？实际情况不是的。明朝官府有个特点是坚守祖制，这是什么意思呢？就是说，明朝官府自定一个规矩，将明太祖朱元璋制定的政策奉为圭臬，一丝一毫不准改变。海禁作为明太祖的主要政策之一，就这样流传下来。尽管明朝在实际工作中有过调整，甚至有反向操作，然而，就大体而言，海禁是永久的官府政策，原则上是不改变的。这一政策名义上一直实行到明末，这使明朝一切海洋政策的调整，都好像戴着枷锁舞蹈，它的局限性是在长期政策演变中展示开来的。

明代中前期，随着倭寇活动频率下降，过于严厉的海禁政策便受到民众的抵制。有许多人开始冒犯海禁之令下海，也就是说，海禁之令并未得到完全执行。明朝官府的政策一向有执行力问题，也就是说，朝廷下什么禁令是一回事，能执行到什么程度是另一回事。嘉靖年间浙江福建巡抚朱纨总结明初的海禁政策，归纳为"寸板不准下海"的禁令，其实，遍查明朝前期官府的号令，从来没有如此严厉的禁令，换一种说法，明朝官员从来没有将海禁之令执行到如此地步。这是因为，现实中总会遇到一些无法严格执行的东西。例如，明朝浙江沿海有黄鱼之贡。每到黄鱼盛行的季节，浙江地方官一定要捕捉一些黄鱼进贡宫廷。但是，黄鱼是海鱼，要捕黄鱼，就得派船出海，渔民出海捕黄鱼进贡皇帝，总不能算违禁吧？于是，明朝不得不放开黄鱼之禁，每逢黄鱼上市之际，允许渔民下海捕鱼。这样，海禁的命令便放开了一个口。为此，明朝海禁之令随之调整，允许渔民在近海捕鱼捉蟹，这对浙闽都是一样的。所以说，明朝的禁令从来都不是"寸板不准下海"，这是无法做到的。仔细想一想，这个开口非常之大，因为，近海捕鱼很难确定范围，什么是近海，多少距离才算远海？明朝官员有确认过吗？其实没有！

为了禁止渔民远航可能和倭寇勾结，明朝形成了一个禁止双桅船的制度。一般地说，双桅船是较大的船，更大的船还有三桅、四桅的，明朝官员想：只让单桅小船出海，他们便无法远涉重洋与日本贸易了。所以，明代前期的《明会典》上记载的航行禁令，只禁双桅以上的海船下海，不禁单桅小船。其实，单桅小船可跑的距离就很远了，有些渔民会跑到台湾去。不过，以单桅小船跑远海，这是很危险的。当时福建渔民还会跑到浙江和广东沿海去捕鱼。这么长的距离最好是使用中等渔船，也就是双桅船，然而，双桅船是被朝廷禁止的。不过，民众回避这一法令的办法很多，一些较大的船除了主桅之外，会设置另一支可以活动的桅杆。船舶航行在近海时，用一支桅杆航行，等到了远海，官军的哨船看不到该船了，便竖起另一根桅杆，这就变成双桅船，可以远航外海。渔民为什么要远航外海呢？这是因为大海有大鱼。以海参来说，东亚出产海参的产地主要是渤海及澳大利亚沿海，而且以澳大利亚沿海为主，明朝渔民为了捕捉海参，早就远航到了澳大利亚沿海。总之，为了延续海洋生产，渔民不得不向外海发展。官方的禁令无法禁止他们的远洋渔业，这是明朝的一个特点。表面上有海禁之令，实际上，民众的渔船跑遍四海。有时官府越要禁什么，反而会刺激相反的事情发展。这是中国政治的特殊现象，了解这一点，才会知道明朝官府的政令究竟是怎么回事。①

明朝对海禁之令的执行还有区域之别。统治较严的区域，或是地理条件允许的区域，海禁政策会得到较好的执行。以中国北方来说，辽宁、河北（北直隶）、山东等省地广人稀，元明易代之际，混乱的局面下，原有人口大量流失，于是有了大量的无主之田。在这些省份，农民的地位远高于渔民，既然官府不让下海，那就耕田为生不是更好吗？在明代的很长一段时间里，北方多数民众是不吃海鱼的，这是因为，明朝海禁之令在北方真的得到执行，海边基本没有渔民。南直隶和浙江是另一种情况，南直隶是定都南京的明朝直接管辖区域，辖地大约相当于清朝的安徽、江苏两省，而明朝的浙江省大致相当于清朝的浙江省，辖地没有大变。南直隶和浙江是官府管得较严的区域，任何政策都贯彻得较为彻底，所以，明朝禁止下海的政策在江浙二省会得到执行。至于更为南方的省份就不一定了，尤其是相对边远的福建、广东二省，较为重要的城市都在海边，当地民众大都倚海为生，要想禁止当地人

---

① 徐晓望：《明代的东海渔业》，《福建论坛》2018 年第 5 期。

下海，好比夺人性命。所以，明朝的海禁在福建、广东是很难实行的。

明代福建的情况相当特殊。福建盐场大都分布于沿海，要将沿海生产的食盐运销内陆，首先要用船将盐巴由沿海盐场运到闽江口的福州仓山，这就要用上海船。承载海运的福清盐商为了运载海盐，便要打造海船。福清盐商发现：海船造得大一些，便可运载较多的盐巴，利润也会更高一些。这样，他们打造的盐船越来越大，有的盐船一艘可载三四千石盐巴，这就是很大的船了。据明代前期的史料记载，福建商人的盐船一向存在，并没有因政府海禁之令而废止。这是因为，明代福建的盐业一直是官府重要的财政来源，没有盐业，福建官府的收入会下降很多，海禁之令一向是针对边海渔民的，当然不会用以削弱自己的主要财政来源。可以说，明朝的海禁之令从未影响到福建盐船的运行。福清大盐船是一种载重较大的海船，载重三四千石的大船不少见，通常这样的船长约二十米，宽六七米，就其长宽而言，已经达到闽产杉木的极限，也就是说，福清盐船达到明代常用大福船的极限。换句话说，明代前期的海禁之令并没有影响到福建的海船制造业，大福船制造术从明初到明代中期一直保留下来，这对福建有重要意义。

进一步研究资料会发现：明代福建的渔业并未受到海禁之令的重大影响，这从税收可以看出来。明朝承元朝之制，有设置河泊所征税的制度，不论是海上渔民还是内河渔民，都要向河泊所缴纳税收。福清、晋江的河泊所税收一向由海上渔船承担。按照明朝的海禁政策，福建沿海渔民不可以下海捕鱼，也可以不缴纳税收吧？但明朝福建官府不允许。所以，明代前期福建渔民并没有停止下海捕鱼，也不能不缴纳税收。而且，福清和晋江的河泊所税收相当高。一直到明代中期，河泊所税收一直存在，显然，明朝福建官府没有因为朝廷有海禁之令便废除征收河泊所税。至于普通口岸的海禁之令，也没有得到严格的遵守。因此，对明朝海禁之令应有广角度的观察，它的目的仅是抑制倭寇入侵，在倭寇活动消停之后，就没有必要维持那么严厉的禁令了，因此，在福建、浙江许多地方，海禁之令都流于形式，军民表面上遵守海禁之令，实际上有许多变通的办法，老百姓照样出海，打鱼的打鱼，做小生意

第三章 明清福建的海洋文化与精神

的也照做无误。

不过,明朝的海禁政策也不是完全没有影响到沿海民众的生活,最大的问题就是明朝官府实行的迁岛政策,这就是将远岛民众迁到内海。最早这一政策的施行是为了沿海民众,因为,将那些明军无法周全保护的远岛民众迁至大陆,本意是为了民众。然而,在具体实施中朝廷政策产生扭曲。例如,福建的海坛岛本是一个离大陆很近的岛屿,元末明初,生活在海坛岛上的人口有四万人之多,本来不该列入迁徙范围之列。然而,执行政策的明军向岛上居民索贿不成,竟然在地图上做手脚,他们将海坛岛画在澎湖列岛附近,并说此地人口稀少,因而被列入迁徙对象。一日,明军大队突然登陆岛上,下令三日内不迁到大陆,通通杀死!这就迫使海坛四万居民荒乱中乘船西渡,不少人淹死在海中。即使到了大陆,四万多居民一时无法安顿,地租仍然要缴纳,民众困苦不堪。海坛岛遭罪之深,令人同情。其他岛屿也有同样的现象,比方说,鼓浪屿是厦门岛内侧的一个小岛,离海沧很近,却也被列入迁岛名单,当地居民被逐。同样的岛屿还有不少,对民众影响很大。

此外,闽粤迁岛严重影响了闽粤人民的海上开拓。除了海坛岛之外,另有南澳岛和澎湖列岛都被列入迁岛范围。这些地方原来都有民众居住,因元末战乱的关系,许多陆居民众来到三大岛屿躲避战乱,导致海岛人口大增。明初实行迁岛政策,将一些边远岛的居民迁回大陆,许多未及迁徙的人口被官军杀死,而迁居沿海的民众,因没有田地可耕,往往成为流民而饿死。更大的问题是,由于这些岛成为无人岛,反而成为海盗们最喜欢的地方,他们来到海坛、南澳、澎湖诸岛聚集,看到有机会时便袭击大陆。所以,这三大岛屿成为海寇与倭寇的活动中心。三大岛屿中,南澳的发展最为特殊,南澳岛是台湾海峡中重要的岛屿,经过台湾海峡的船舶大都会在南澳岛停靠,久而久之,南澳成为东亚贸易的一个重要港口。来自东南亚及日本的商船经常到访南澳岛。

总的来说,明初的海禁政策严重妨碍了民众的海上发展。其一,实行这条禁令之后,一切海洋活动都成为非法行为,动不动成为官府打击对象。海洋人民的海洋活动受到制约。其二，明朝实行的迁岛政策严重妨碍了闽粤民众向海洋发展的步伐，并且让海峡中线的一些岛屿成为海寇活动的基地，从而产生更大的危害。不过，明朝初年的海禁之令随着岁月流逝逐渐淡化，官府的执行从严到松。实际上，明朝在一定程度上允许沿海民众在海洋活动，海禁之令并没有像官方公告那样严厉。

二、郑和远航与福建的关系

明朝实行海禁的另一个原因是为了垄断对外贸易。明代市舶司的官府经营海上贸易，这类贸易分两种，一种是吸引海外船只到明朝来进贡，另一种方式是派出船只出远海贸易，可以让商人承包。久而久之，东南亚的进贡贸易大都由福建商人承包。当时的海洋有东洋与西洋之分，东洋国家是日本、琉球、吕宋、苏禄等岛国，而西洋国家可就多了，到了印度洋之后，南亚次大陆像一条舌头伸向海洋，印度海岸线拥有众多港口，闽粤商人在许多港口都有贸易。明朝洪武二年（1369），皇帝派出郑和、王景弘二人率水师下南洋贸易，这就是著名的"三宝太监下西洋"。在永乐及宣德皇帝之间的二十多年内，郑和与王景弘七下西洋，这是震惊世界的航海事业。参加航海活动的主要是明朝从东南诸省调来的卫所军队。因当时的福建民众有下海远航的习惯，所以，郑和舰队需要的引航员和舵手，大都来自福建，而且主要来自漳州诸卫所。郑和的船队每次下西洋都有水手 27 000 人以上，其中福建卫所兵担当主力。

郑和七下西洋与福建的关系表现在：其一，郑和船队每次下西洋之前，都要驻扎福建长乐的海口，在这里集中全部舰队，然后选择时间向西航行。为什么郑和选择福州港为舰队出发之所呢？是有其历史原因的。福建在元朝属于江浙行省，元朝建都北京后，每年都要从江浙行省调发大批粮食，有时一年达到两百多万石。如此巨大的粮赋负担会划分给江浙省的各个路州，福建宣慰司也要承担一部分粮赋。因此，在福州与长江的港口之间，常有官船来往。由福建征发的船舶将福建的粮食运到长江口的刘家港后，再与江南船舶汇合，共同向北方天津港或是辽东港口运输。明朝代元之后，在辽东驻扎大量的军队，仍然依靠江南的粮食。由福建出发的船队大都在长江刘家港聚会，再向辽东跨海运输。① 总之，元明之际，福州与长江口港口的关系密切，经常有大帆船往来。有名的福清大帆船，也就是福清盐船是这条海路上使用最多的船只之一。所以，郑和可以选福州为汇集各地大船的港口，每次出海，郑和都要由南京先到福州长乐港汇集各地大船，然后出发。

长乐南山天妃宫石柱础

其二，郑和船队每次出海在长乐港驻扎的时间，往往有几个月到半年不等，有时长达十个月。福州是南方重要的造船基地，也是大福船的产地。这里要注意的是：并不是什么船只都可以用于远航的，大福船是一种适宜远海的船只，它的船体很深，上宽下窄，不怕波浪颠簸。普通的平底船是无法出

---

① 徐晓望：《一路向北——元代福州港的海运》，《闽都文化》2019年第2期。

海的，因为平底船缺少深度，会随着海浪起伏，所以，平底船只能在水浅的海岸航行，出远海有很大的困难。郑和船队要到印度洋一试身手，一定要用福建的大福船，这是永乐二年（1404）明朝下令福建造船的原因。该年，福建承造的海船仅有五艘，但都是最大的战舰。郑和下西洋之前，首先抵达福州，并在福州停留一段时间，他们的任务之一应是考察福建为他们制造的大船，并对大船进行装修。由于郑和长期在福州长乐驻扎，他受福建文化影响颇深，除了航海技术外，他和众多航海民众都成为天妃的信徒。永乐五年（1407），永乐皇帝下令在南京建造天妃宫，年年祭祀，这一举措大大提高了天妃的地位。此外郑和对福建文化也有一定的影响，例如，他在长乐附近大兴土木，建造了天妃宫道观等建筑。需要说明的是：宋元福建妈祖庙的名字不同，在宋代叫顺济庙，在元代叫灵慈庙，天妃宫之名是明代才有的，而且最早出现在江南。郑和抵达福建后，将天妃宫之名带到了福建，其后，福建的灵慈庙逐步改名为天妃宫，清朝又将天妃宫升格为天后宫，天下的妈祖庙也随着福建的改名而改名，究其根柢，将灵慈庙改为天妃宫，是郑和及其船队的创新。

泉州天后宫（成冬冬摄影）

其三，郑和远航船队需要依赖福建的航海技术。元末明初，福建对外贸易的主体渐渐从泉州人、福州人转到漳州人，这是有其历史背景的。明代前期是福建人考科举最发达的时代。兴化府莆田人长期领衔科举考试的冠军；其后是泉州人和福州人，他们中科举的数量也不少。因科举人数多，兴化、泉州、福州诸府与官府关系较好，他们对朝廷政令十分关切，既然朝廷禁止海上交通，他们也会接受朝廷的指令，很少出外贸易，将主要精力集中在科举之上。漳州人则不同，明代的漳州除了龙溪县民，多数漳州人对科举不太热衷，他们更愿意下海贸易。明代的漳州森林密布，海岸线绵长，九龙江下游洲岛相连，芦苇丛高深。于是，漳州人往往选择一两个港口私下造船贸易。明朝官军即使想干涉他们的贸易，也很难捕捉漳州人私下造船的信息。多数情况下，是明军驻漳州的官员也参加当地的贸易，他们会接受漳州富绅的贿赂，暗地里参与海上贸易。明朝的水军也是一班特殊人群，他们有权决定渔民的渔船是否可以出海，每逢三令五申海禁时，他们会积极参加，朝廷无意关心海禁之时，他们也会组成贸易团队，到海外贸易。事实上，许多出海贸易的船队都来自军队中的有钱人家。不过，由于漳州人长期下海贸易，他们逐渐掌握了远航的技术，明代的火长和水手都以漳州人为最。据正德《漳州府志》记载，郑和舰队所需要的航海技术人员，是在漳州卫选拔的。明代下西洋所需航海人才，大都是从福建寻找，其中多为漳州人。郑和对漳州人航海技术的信任和使用，进一步巩固了漳州人在航海业的地位，从明初到明末，漳州的火长和水手都是最有名的。

其实，郑和之后，去东南亚贸易的私船很多，那么，他们是怎么知道东南亚的航路呢？我们知道，郑和航海是明代初年的重大航海活动，每次都有27 000多人参加，这种规模的航海活动也是一次将航海知识普及于民众的活动，郑和航海结束之后，福建沿海民众私下到海外贸易的行为多了起来，其中有些人还冒充明朝官方的代表，对海外国家进行封赐，谋取个人利益。他们的航行技术和文化，是对郑和七次下西洋活动的继承。官府对这些行动最初是睁只眼闭只眼，无法制止，或是有心无力。后来感到他们闹得不太像话了,便下令禁止。不过,他们的禁止,仅是迫使闽粤下级官员不再冒充明朝使者,而更多的漳州船舶仍然私下到海外国家贸易。总的来说,明朝的海禁之令,使许多省份终止了海洋活动,反而使海洋活动向福建集中,并使福建成为中国沿海诸省海洋活动最盛的区域。

第二节　抗倭运动和俞大猷发展水师的计划

明代中叶,朝廷的海禁政策经过多方调整,已经变得有名无实。其时,福建沿海的商船北上浙江、江苏,南下广东、海南,甚至有一些商船跑到东南亚国家做生意。到了嘉靖年间,出现了新的变化,这就是葡萄牙人北来和倭寇入侵。在抗倭运动中,俞大猷提出了发展水师在海上抗击倭寇的计划。

一、嘉靖年间倭寇活动的发生

葡萄牙是欧洲的一个国家,它是欧洲人向东方发展的主要代表。葡萄牙南临非洲,很早就开始了对非洲西岸的探索,他们在非洲找到了象牙海岸和黄金海岸,因而掌握了非洲的巨额财富,这些财富构成了葡萄牙人继续前进的动力,而其目标是东方国家的财富。在 15 世纪末期,他们绕过非洲南端进入了印度洋,从而接通了海上丝绸之路的固有航线,并顺着这一航线来到东南亚和中国。最初,葡萄牙人的目标是东南亚东部的香料群岛,他们在这里采购丁香、肉豆蔻、胡椒等香料,不过,整个欧洲消费的香料不过 30 多万银元。于是,葡萄牙人渐渐将贸易重点转移到中国。来自葡萄牙的船只开始出现在广东与福建的沿海港口,进一步到宁波港贸易。

浙江宁波近海的双屿港是明代嘉靖年间著名的对外通商港口,但这个港口不是国家正式的港口,而是一个自行发展起来、走私船只聚会的港口。它的兴起与福建商人有关。福建与浙江是相邻的两个省,历史上有繁荣的海上贸易。明初的海禁使这一贸易停止，但是，浙江著名的舟山渔场仍然吸引着福建渔民，于是，福建渔民开春季节都会到浙江舟山一带捕鱼。舟山是宁波的外岛，而宁波外岛中有一个相当隐秘的双屿港，于是，福建渔民中有一些人在此做贸易，用福建商品交换浙江的各种商品。渐渐地，双屿港贸易越做越大，于是，福建商人将葡萄牙人带到此地。

葡萄牙人最喜欢的商品是中国生产的丝绸、瓷器和白糖。其时，瓷器是江西景德镇的商品，白糖主要来自福建，丝绸则是浙江省的重点产品。在瓷器、白糖、丝绸这三项商品中，丝绸价值较高，所以丝绸才是真正的奢侈品。因此，闽浙粤三省的海上贸易，渐渐向浙江集中，这也是双屿港得到中外重视的原因。除了葡萄牙人外，日本商人是宁波港的常客，他们也经常到双屿港贸易，这样，双屿港渐成为多方势力交错的国际贸易港。不过，在这里贸易的商人必须仰仗武力，所以他们大都结成帮派，一个帮派会有几十只到上百只商船。有东南亚国家的商人帮派，更多是华人的帮派，例如来自漳州、潮州、泉州、兴化府以及福州的帮派等。他们往来于东南亚与华南沿海，贩卖双方都需要的商品。于是，经常有来自东南亚的船队到双屿港贸易。

生丝

丝织品

双屿港的重要变化是葡萄牙与东南亚国家之外日本势力的加入。嘉靖年间，日本人潜入中国，学会了浙江矿夫的炼银技术。他们将这一技术传回日本后，开发了大批生产白银的矿山。于是，白银像洪水一样涌入日本的市场，导致物价飞升，民众苦不堪言。恰在这个时候，有一些中国商人抵达日本，他们发现：在日本出售中国商品，可以轻易获得大量的白银。这样，漳州一带掀起了一股到日本贸易的浪潮。这是嘉靖二十二年（1543）的事。次年，有上百艘漳州、同安一带的商船到日本贸易，仅仅因出事漂到朝鲜海岸的商船就有多艘。当时葡萄牙人经常和福建人一起到双屿港贸易，他们中间有一些人被带到了日本，葡萄牙人对中国与日本之间的贸易也非常感兴趣，试图独自发船到日本贸易。不过，一直到1550年，才有一艘葡萄牙商船抵达日本。葡萄牙人的特点是在广州近海采购中国商品，而后到日本出售，换取大量的白银，再购取中国商品到印度果阿的葡萄牙人基地，并由果阿的葡萄牙人商船将中国商品运销欧洲葡萄牙人的首都里斯本港。为了方便在广州购取商品，他们进入了明朝招待东南亚商人的澳门港，而后逐渐反客为主，独占澳门港为贸易场所。

随着与日本贸易的发展，明朝商人渐渐发现：日本的人工非常便宜。于是，每个到日本贸易的巨商都聘请了一批日本刀手用作护卫。他们在双屿港贸易，面临其他商帮的竞争，于是，每次有商人前来购物，他们都会让这批日本刀手作为护卫，保护商人穿行数十里一直到安全地带。然而，这批日本刀手护送商人是兢兢业业的，回程便开始自由行动。他们闯入路过的村庄杀人劫货，这就变成倭寇了。一时间，这类事件多次发生，浙江民众便喊倭寇来了！这是嘉靖年间倭寇发生的起因。

倭寇真正震动嘉靖皇帝是因一桩抢劫大户的事件。嘉靖皇帝年幼时有一个浙江籍的老师，姓谢，嘉靖皇帝上台数年后，这名老师辞职，居家休养。嘉靖皇帝对其十分宽容友好。因嘉靖皇帝的优待，余姚谢氏在当地很有影响，不过，谢氏家族人口众多，开支浩繁，维持一个大家族的生活也很不容易。其中有人开始从事海上贸易，赚取大钱。这里要说到，当年在双屿港做贸易的商帮，要出售他们的商品也很不容易，普通商人不太敢购取。这是因为，一旦被边防卫所军队查获，最轻处罚也是全部商品没收，弄不好就破产了。

所以，做海上贸易一定要一个有权势的家族，余姚谢氏刚好符合这一条件。许多商人主动找上门来，求着谢家人收购他们的商品。然而，谢家人生意做久了也出了问题，就是资金周转不过来，于是，他们以各种理由拖欠，如明军来了，要抓海盗，你们还是快跑吧！然而花招多耍几次，海商们就不相信了，于是，他们集约谢家共同的债主商量，一起到谢家要钱去。大约是嘉靖二十六年（1547），这批由葡萄牙商人、闽粤帮派商人组成的讨债者，带着一批日本刀手到谢家抢劫。帝师家庭被抢，这是大事，地方官再也无法隐瞒，而嘉靖皇帝大怒，派出朱纨任浙江福建巡抚，专职处理消灭倭寇之事。

朱纨原在南赣巡抚任上，上任福建巡抚后就近抵达漳州沿海。他接受俞大猷的建议，招募有"海沧打手"之名的漳州水手组成水师，然后率领这支水师北上，准备清剿双屿港做生意的海盗。按照俞大猷的说法，这些海盗多为漳州海沧（今属厦门）人，只要家乡水师来了，他们肯定不敢接仗。与此同时，朱纨认为倭寇发生的主要原因在于海禁被破坏，因而实行恢复海禁的政策，"寸板不许下海"。在闽浙全面实行如此严厉的海禁政策，自然得罪了许多以海为田的人家。朱纨以为只有闽浙豪门大户才反对海禁，其实，反对海禁的还有许多小户人家。海边人家多靠铲取贝壳为生，朱纨却连挖贝壳这类事也不让做，自然受到民众的一致反对。不过，朱纨在打击海盗方面取得了一定的成就，他从漳州带来的水师于嘉靖二十七年（1548）攻击宁波双屿岛，海盗们听说来自家乡的水师打来了，吓得四散而逃。朱纨占领双屿港之后，下令用木头和石头填堵双屿港，从此，双屿港退出东亚贸易港口之列。朱纨又移兵漳州，准备将在漳州活动的葡萄牙人彻底逐出漳州的港口，并且实行海禁。

然而，朱纨在漳州犯了一个错误。葡萄牙人在漳州贸易，对明朝来说最好的方法应是设关收税，有人将这一建议告诉朱纨，朱纨却未能接受。朱纨坚持海禁，下令驱逐进入九龙江腹地的葡萄牙人。葡萄牙人以货款未收齐为理由，徘徊于漳州沿海岛屿。嘉靖二十六年（1547），漳州官府组织过一次驱逐葡萄牙人的战斗，不幸战败。嘉靖二十八年（1549），朱纨率闽浙水师主力南下福建，在漳州诏安沿海重创葡萄牙舰队，俘虏一百多名葡萄牙官兵，同时俘虏了一些正与葡萄牙人交涉的中国商民。其中有些人是在与葡萄牙人谈判商品的价格，有些人与葡萄牙人谈赎买被绑架人质的价钱，还有些人是洗衣妇等服务人员。通常情况下，对这些人的处置应当是无罪释放，不过，明朝有个触犯海禁之罪，朱纨手下的官员便想了一个吓唬一下老百姓的计谋。他们下令将这些"通番"的老百姓绑到校兵场，每名犯人配一名刀斧手，假装要杀头。等到中午行刑时分，在场的官员下令停止行刑。接受命令的官兵从点将台向校场奔去，负责行刑的刀斧手们以为长官下令杀人了，不等传令的官兵来到，便举刀行刑，一下砍下了九十多个脑袋，待到听清楚命令是停刑，才知道出了错误。这一事件，是临场官员的错误，朱纨本来是没有责任的，但他听信在场官员的妄言，干脆将错就错，上报被杀掉的这些百姓有通番之罪，这就将责任揽到自己身上了。于是，浙江与福建对海禁不满的官员趁机上疏弹劾朱纨，说他滥杀无辜！这是九十多条人命啊！于是，引起朝廷舆论的反转。吏部派出官员重新审查这一案件，结论是：葡萄牙人仅有走私罪，不该死刑。而朱纨、柯乔等人确实有滥杀百姓之罪。于是，朱纨被免职，待罪期间，朱纨自杀而死。

朱纨之死在官场造成噤言的效果，没有人再敢议论海禁，但是，倭寇未灭，事情还得做。在东南方面，由王忬取代朱纨任职浙江福建巡抚，王忬仍然信任俞大猷，从福清及漳州海沧招兵到浙江沿海防守。然而，王忬在浙江没几年，又被调到北京去抗击入侵的蒙古军队。浙江方面，人去政亡，浙江一些官员觉得：倭寇好久没有入侵了，用大钱养活一支军队实在是浪费。于是，浙江海道副使丁湛出了一个馊主意：不给水师发钱，他们没有军饷之入，自然会逃回福建老家。闽籍水师人员受虐之后，确实逃回老家，不过，因为没有路费，他们一路上边抢边走。官府接到民众的报告，迅速派兵去围剿，搞得这些来自水师的士兵向外海逃去，许多人进入日本诸港，和那边的倭寇有了关系。迄至嘉靖三十一年（1552），倭寇突然大举袭击浙江与南直隶沿海。这就是著名的倭寇运动。

第三章 明清福建的海洋文化与精神

嘉靖年间的倭寇是一批很特殊的人。前文说过，最早双屿港有一批主要来自漳潮的商人，他们会雇佣一批日本刀手作为护卫。然而，这批刀手经常在浙江农村抢劫，连带他们的雇主也被看成倭寇。其实，在朱纨清剿海寇之际，海寇内部也发生了火拼，大体上是江浙海盗与福建海盗联手，消灭了一些广东潮州的海盗帮派，此后，海上就以江浙海盗王直为首领，福建海盗虽然名声不显，但他们拥有许多大船。由于明朝水师的打击，王直等人便避居日本的边海岛屿，仍然在做海上生意。不过，这时候的浙江巨绅也不愿与海盗们做生意了，王直等人不得不选择一些中小商人。但是这些人信誉很差，往往领了海商的钱，以购货为名逃到内陆城市，换一个名字做生意。王直等人货款出去了很多，却收不到商货，已经有向抢劫方向发展的可能。更大的问题在于，被浙江巡抚副使丁湛驱逐的水师向东航海，投靠了以王直为首的倭寇，这使他们了解到：江浙沿海其实没有海防力量。嘉靖三十一年，王直等人率领大队人马到浙江台州一带抢劫，他们分成多支小队深入江浙内地，王直、徐海等人坐地分赃，引起许多日本人羡慕。他们开始投资王直、徐海等人，而王直、徐海等人雇佣的日本刀手越来越多。他们每年开春便到浙江、江苏、福建三省抢劫，又雇佣船只回到日本。这样，倭寇的队伍越来越大，后来发展为成千上万人。对东南边海安全形成巨大的威胁。据明代官员估计，当年倭寇大约百分之三十是真倭，另外百分之七十其实都是东南海盗，他们原先也是商人，而后发展为海盗。

然而，随着倭寇运动的发展，倭寇内部的矛盾也越来越大。插手海盗队伍的日本商人企图培养出自己直接指挥的力量，而王直、徐海等中方力量对此抱有怀疑。有一年日本出动大股倭寇，想到江浙闯一闯，由日本培养的陈东率领。王直与徐海却与明军私下联系，让陈东等进入明军的重围，这就是王江泾之战。明朝调来了有名的广西狼兵，围歼数千倭寇。结果陈东等倭寇头子都被杀尽，于是，日本势力对王直与徐海产生了怀疑。他们鼓动大批倭寇家属向王直要人，王直无以应答，便到浙江沿海与明朝官府谈判。其时，负责浙江剿倭事务的是督抚胡宗宪。胡宗宪与王直都是徽州老乡，他将王直的母亲请来，奉养在府中，实际是将王直母亲当作人质。如此与王直谈判，王直不得不答应。胡宗宪对徐海则使用另一种手段，明朝的间谍告诉徐海，胡总督很是欣赏他，只要他投降，一定可以当大官。暗地里却有一支明军趁其防备松懈时突然袭击，将其部下全部剿灭，徐海也被杀死。在这种背景下，王直与胡宗宪谈判，仍然梦想明朝会答应开海通商。最终他也被胡宗宪骗到杭州下狱，大股倭寇奉命解散，只有王直亲信部队与倭寇中坚还在一个小岛坚守。这样，胡宗宪消灭大股倭寇的目的已经达到。对于王直，胡宗宪犹豫再三，最终向皇帝上奏：杀死王直，派兵围攻固守小岛的倭寇。然而，当王直被斩的消息传来，那些倭寇认定胡总督骗了他们，突围后南下福建，从而使倭寇后期活动的重点转向福建，给福建造成巨大的破坏和损失。

闽海与浙海相通，大约在嘉靖二十三年（1544），漳州人就开始蜂拥海上，到日本贸易。漳州人的商船只要能抵达日本，不论什么商品都可以售出高价，换得白银返回中国。这种高利无人能够阻挡。因出海商人高价购取商品，漳州月港一带物价上升，便有人到泉州、福州等沿海区域贸易。约在嘉靖二十四年（1545），有一批海盗商人突然来到泉州晋江一带做生意，一开始是和平贸易，后来就有纠纷，纠纷多了，便会打架，小打很快发展为帮伙打架，这种规模的打架，也就相当于小型战争了。所以，从嘉靖二十四年开始，福建沿海就乱了。由于朝廷尚在维持海禁政策，海上贸易都在边远的村落海角汇聚，官府不管，经常有弱肉强食这种事发生，老百姓得不到公道。这一时期，海上贸易之风从漳州蔓延到泉州，再从泉州蔓延到福州和福宁府，整个海岸线都有贸易产生，漳州的月港、泉州的安海、福清的海口等重要海港都成为外贸交汇之地，经济发展很快，民众富裕，很快成为海盗的目标。

嘉靖三十一年（1552），袭击浙江的倭寇也来到福建。倭寇活动越来越频繁，每年都有大批倭寇从海上攻击福建城镇。他们从抢劫沿海村镇发展到攻克城市，导致八闽大地到处都有倭寇在攻城掠地，可以说是山海沸腾。当时福建人与日本的贸易利润非常高，官府若及时将这一海外贸易管理起来，不仅可以得到很多税收，老百姓也可以因此致富。可惜的是，明朝有海禁之令

第三章 明清福建的海洋文化与精神

海澄月港遗址

不可改变,官府未能及时出手管理海上贸易,而无序的海上贸易引来动乱,动乱又发展为大规模的倭寇入侵战争,老百姓处于水深火热之际,一直盼望官府能够做出有力的反击。于是,有一支强悍的戚家军从浙江来到福建。

戚继光是山东人,出自一个世代为将的家族。戚继光成年时,正当浙江一带倭寇盛行,他被调到浙江参战。戚继光在长期抗倭战争中发现一个很难解决的问题,那就是由卫所调发的明军不肯拼死作战,明军的武器其实不亚于倭寇,然而,两军对垒时,几个倭寇发起集团冲锋,明军便垮了,比民间械斗还不如。戚继光想,那还不如找一些民间好汉来当兵。当年金华义乌一带正有两帮民众械斗,规模很大,动不动就有数千人参加。于是,戚继光在金华以高薪招兵,组成了一支强悍的军队。这支部队以战场纪律好著称,与倭寇交战,不动如山。他们使用的武器也不讲究,什么好用,就用什么。倭寇以长刀闻名,戚继光便用大毛竹对付倭寇。每次对阵,戚家军前锋都有几个高大的汉子,用分叉的毛竹扫对手的眼睛。倭寇用刀砍毛竹,不容易砍断,一不小心刀就会被毛竹带走。倭寇的长处无法使出来,就好打了。其时,不论是明军还是倭寇都装备了很多的火枪,每逢战斗,双方先用火枪对射,再以军队布阵冲锋。戚家军看倭寇个子不高，找来一些大汉穿上数重铁甲，冲锋在前。他们刀枪不入，肉搏时，高个子举刀从上往下砍，一个人可敌几个倭寇。在浙江战场上，戚家军屡战屡胜，倭寇便有意避开戚家军，大都进入福建。胡宗宪看到这一情况，便派戚继光率浙军6000人入闽，担任打击倭寇的主力。戚家军入闽之后，从北向南，横扫倭寇据点。嘉靖四十一年（1562）八月，戚继光大破倭寇于宁德的横屿寨，斩首倭寇"二千六百余级"。不久在福清县的牛田再次发生大战，戚家军在牛田之战中杀死倭寇668人，迫使倭寇胁从部队2000余人反正，并解救了被俘百姓954人。福清之南，就是当时很有名的兴化府了，在兴化府附近的林墩，双方再次交战，这一仗，戚家军歼灭倭寇3000余人，其中斩首2023级，被逼入河中淹死的倭寇不计其数。①经过横屿、牛田、林墩三次血战，戚家军歼灭倭寇7000余人，但自己的部队也死伤1000余人，其后，戚家军退回浙江休整，准备第二年再次入闽。然而，就在这一时段，大股倭寇进入福建，攻克兴化府，杀死进士17人，百姓被杀无数。这批倭寇回到日本后，将发财的消息传回家乡，刺激日本武士大举而来，嘉靖四十二年（1563），入闽倭寇达数千人，加上一直在福建活动的各支倭寇胁从部队，人数众多。新任福建巡抚谭纶调来俞大猷、刘显、戚继光三人统辖的军队，围攻据守兴化卫的倭寇。嘉靖四十二年四月双方交战，明军共"斩杀倭寇2200余级"。然而，倭寇之来仍然不可抑制，当年冬天，进入福建的倭寇达到两万余人，福建全省官兵到处接战。十二月，双方爆发了仙游之战，戚家军再次获得斩首千余级的胜利。其后，倭寇不得不向南逃去。次年春二月，戚家军在同安王沧坪追上倭寇，双方大战一番，失败的倭寇主力南下漳浦县，戚家军又追到漳浦的蔡丕岭，再次斩首数百级倭寇。从此，大股倭寇退到广东境内，一部分倭寇由广东的南澳港乘船返回日本。剩下的倭寇或死或伤，只有少数加入当地的海寇队伍。其后，大股倭寇的活动仅限于广东境内，福建省抗倭战争告一段落。

---

① 戚继光：《戚少保奏议》卷一，上应诏陈言乞普恩赏疏，中华书局2001年，第28页。

二、俞大猷建设水师的战略规划

在嘉靖年间与倭寇作战的过程中,除了戚家军立下功劳外,闽浙水师的作用也非常大。早在朱纨和王忬任浙江福建巡抚之时,俞大猷就向朝廷指出:消灭倭寇最好是在海上。因此,闽浙粤三省都非常重视水师的建设。

抗倭战争发生前,明军的配备是一个省一名总兵,一名参将。但到了抗倭的高潮时期,福建省有好几名总兵和参将。他们大都驻扎各地的水寨,积极参加抗倭战争,经常击沉倭寇来犯的战船,只是因为力量有限,作用不是很大。直到戚继光入闽,福建水师配合作战,才发挥了重大作用。随着明军不断胜利,倭寇被迫退到海岛上。

倭寇南下后,闽粤海盗成为海上力量的主角。从嘉靖末年到隆庆、万历初年,在闽粤沿海活动的海盗集团有吴平、曾一本、林道乾、诸良宝、林凤等。他们都会聘一些倭寇打冲锋,但以闽粤海盗为主。由于这些海盗的活动主要在闽粤边境的海上,所以,这一时期的战斗以福建水师为主。抗倭名将以"俞龙戚虎"为上。俞大猷之所以能排在戚继光之前,是因为他提出了"发展水师、在海上歼灭倭寇"的概念。嘉靖年间,日本的手工业大幅度落后于中国,日本造的船舶比较原始。例如,日本的船舶非常笨重,速度很慢;他们的桅杆不能转动,只能使用正面的海风。由日本沿海到中国沿海,中国帆船大约用七天七夜时间,而日本船舶需要一个月时间。因手工业落后,他们只能造中小船只,不够坚固。俞大猷指出:用大福船去撞日本帆船,会取得"车碾螳螂"的效果。如果有广东以铁木制造的大船就更好了。在俞大猷的建议下,在抗倭战争最盛时,明朝从广东调发二百余艘广船,和福船一起到江南,散布于各个海口。他们的任务就是在海上巡逻,发现倭船便以冲击为主的方式作战。因日本船身较矮,结构不牢,以闽粤大船冲击,能将其压在船下,全船倭人溺死。江浙战场抗倭战争获胜,在很大程度上是水师的胜利。江浙抗倭到了后期,日本船只就很难接近江浙两省的海岸,因此,倭寇的入侵才转向福建与广东。其时，闽粤两省交界处的南澳岛已经成为国际贸易中心之一，有不少日本的商船在南澳岛登陆，来自日本边岛的倭寇以南澳岛为转运之地，他们首先抵达南澳，然后才向福建发展，这是抗倭战争后期主要在闽粤作战的原因。其时，戚继光任福建总兵，俞大猷任广东潮汕一带的总兵，两人会师，调发两省军队攻克南澳岛，全歼岛上的倭寇。不过，关于是否在南澳驻兵，广东方面有所犹豫，因为当时的南澳还属于边远地带，驻军多了，粮食供应困难，驻军少了，无法控制局势。而岭南的海盗非常多，两广总督有捉襟见肘之虞。因岭南倭寇侵袭事件屡屡发生，于是，闽粤两省商量，将南澳划归福建省管辖，由漳州水师派一名副总兵管辖南澳岛，这就堵死了倭寇攻击中国南部的隘口。漳州水师驻守南澳岛之后，倭寇南下闽粤就变得十分困难。北起南直隶的羊山港，南到海南岛的港口，到处都有明朝水师巡逻，他们见到日本船只就发起攻击，数千里海防线上，明军与日本船只经常发生战斗，双方损失颇多。明朝水师力量的加强，是倭寇无法在江浙闽粤登陆的原因。此后，倭寇越过中国海，向东南亚发展，对东南亚诸国产生较大的影响。可见，俞大猷建设水师的战略规划是抗倭战争胜利的重要原因。万历二十年（1592），日本发动侵略朝鲜的战争，当时日本陆军人数较多，明军很难击溃日本军队。但日本军队的弱点在海上，中朝军队从海上向日军发动进攻，大都获胜。其实，在战争最盛时，明朝还在福建大建水师，计划从福建直接攻击日本本土。日本西南的大名甚至与福建水师联络，企图共同袭击日本的本州，消灭丰臣秀吉的势力。后来因形势的变化，这一战略计划没有执行下去。

为了加强水师的优势，俞大猷等人还积极为水师船只配备大炮。这些大炮有铜制的和铁制的两种。葡萄牙人早期带到中国的大炮，多为红铜浇铸而成。中国工匠见到大炮后，改变了铸炮的材料。在铜制大炮方面，中国工匠已经能用黄铜制炮，而黄铜制成的大炮比欧洲原有的红铜大炮更为耐磨；另外，中国工匠还发明了以生铁铸炮，这种铁炮价格便宜，一座铜炮的价钱可以铸成多座铁炮。据明朝的史料，明代铸炮术以福建工匠最好，北方的边防军经常调用闽匠北上，帮助北方要塞铸炮。在福建水师将领的倡导下，明代福建、广东等地的水师船舶装上了大炮。按照当时的习惯，一艘中型船只可在船头和船尾装两架大炮，不过，发射时间必须错开。一旦船头船尾两架大炮一起发射，反坐力会将整艘船舶震碎。当时船上大炮发射的炮弹多数是实心弹，也有少数开花炮弹。这些实心弹以较高的速度落下来，可以轻易地穿过船体。至于开花大炮，也说明当时的技术还不成熟。

福建水师还继承了传统的火攻战术，他们会发射火箭和火缶，使对方船只起火。福建水师与倭寇作战，先用火炮轰击，靠近之后，用火枪、火箭射击，再抛掷点燃的火缶。这些技术的进步使当时的水战变得非常激烈。[①] 当年闽粤水师与海盗的战斗，每战都会有数千人死亡，数十艘战船沉没。在海战中锻炼出来的福建水师和广东水师都具备了非常强大的战力，这是明代水师可以重创海外力量的原因。从嘉靖末年到万历初年，经过多年的战斗，明朝水师终于消灭了大股海盗，使海疆恢复平静。

闽粤浙水师的强大有重要意义。他们在东海上的活动，实际上制约了海寇与倭寇的发展。由于闽浙粤水师经常在海上航行，遇到倭寇便会攻击，所以，倭寇很难在浙江、福建两省登陆。万历年间，每过几年就会有大股倭寇船队被闽浙水师消灭的消息传来。我们知道，当年浙江水师大都是从福建招聘的，而福建的陆军也都聘请戚家军，这便形成了闽浙两省互相支援的奇观：闽中驻军一直以浙江义乌人为主，而浙江水师一向是福建人组成。此外要知道的是，万历二十年（1592）之后，日本的丰臣秀吉侵略朝鲜，中国军队在朝鲜作战之际，也曾增加福建水师的经费，大造船只，准备从海上讨伐日军。其后虽然此事未成，但从趋势看，日本若继续侵略朝鲜是没有好果子吃的。

站在历史的高度看俞大猷发展水师的计划，可以说非常富有战略远见。当时日本及倭寇显示的战力，大约陆战以日本武士为优，而海上以明朝水师为长。俞大猷提出海上制敌的思想，是一项具有长远影响的战略。世人都说

---

① 徐晓望：《略论明朝水师仿制欧洲火器及其击败荷兰军舰的火攻战术——明朝水师对欧洲火器的仿制和创新》，《台湾历史研究》2024年第1期（总第十期）。

击败倭寇是戚继光等将领的贡献，其实戚继光的胜利主要在大陆上，而断绝倭寇来犯的更大原因，是闽粤浙水师的崛起。万历年间的援朝抗倭战争，明朝仅仅出动了俞大猷一手带起来的广东舰队，便将日本水师打得丢盔弃甲，最终逃回日本列岛。其时，明朝的福建水师和浙江水师还没有出动。可以说，明朝水师对日本具有绝对的优势。许多人以为来自日本的倭寇入侵，大约在嘉靖末期及隆庆年间便结束了，其实不然。从万历年间到明末，一直有倭寇在海上与明朝水师作战。他们之所以没有造成大害，是因为明朝东南各省的水师都具有相当的力量，大多数倭寇都在海上被拦截，无法登陆。可见，以福建水师为核心的明代水师一直是和平保卫力量，它保护了福建等东南省份数百年的和平，一直到鸦片战争。

第三节 闽人"以海为田"的外向经济

明代福建的小商品经济发达，早在明代前期，福建就出现了因商业发达而出现的城镇化倾向，在晋江半岛和福清半岛，人口密集，城镇颇多。晚明政策调整之后，漳州与泉州的渔民和商人逐渐到菲律宾的马尼拉贸易，他们输出各种商品，输入产自日本和美洲的白银，从而促进了南方社会经济的变化。其中福建的变化最为激烈，构成了以海为田的外向型经济结构。

一、闽人"以海为田"的经营模式

明清中国经济其实不是自然经济，而是一种小商品经济。[①] 从运作空间来说，闽人的小商品生产有两种方式，其一是在陆上开垦田地，种植稻米和其他谷物。其二是下海捕鱼捡贝，这就形成了渔民。（按，关于农民经济，以往

---

① 徐晓望：《论小商品经济》，《中国经济史研究》1997年第2期。

的研究已经很多了，这里要强调的是：农民经济并非完整的自然经济，为了换取自己的生活资料，他们大多要出售自己生产的粮食等农产品，他们生产的粮食也许不出售，但都会有一个市场价值。所以，即使生产粮食的农民，他们本质上是一个小商品生产者。）若将渔民的生产方式比附农民，海洋就是他们的田地，捕鱼捉蟹是他们的生产模式。自古以来，福建沿海有一种"以海为家"的疍人，他们主要生活于福建沿海岛屿和闽江的沙洲，都是以船为家，长期在海上和内陆的沙洲漂泊。他们的主食也是大米，为了得到大米，他们要在集市上出售鱼类产品，以便换取自己需要的东西。福建沿海区域港湾众多，渔业在福建一直占有重要的地位。明清时代的渔民擅长运用食盐制作咸鱼，他们腌制的咸鱼及鱼干，是福建市场运销的主要商品之一。明清时代，福建山区向沿海输出木材、纸张、茶叶、香菇、笋干等商品，沿海可向山区输出的商品不多，最流行的就是水果、盐巴和咸鱼等食品，其中咸鱼占有重要地位。

福建渔民不是自产自销的近海经济。其实，福建渔民追逐鱼群经常会到其他省份的渔场，这就发展了远航渔业。例如，明代福建渔民经常到浙江舟山群岛的渔场捕鱼，每到春汛，舟山群岛渔场上，来自福建的渔船密密麻麻，捕捞的鱼堆积如山。舟山群岛以黄鱼和带鱼最为有名，其中带鱼是深水鱼，早年的渔网不够坚牢，无法捕捞。后来福建渔民发明了深海钓鱼法，将一排几十枚至上百枚钓钩挂上鱼饵扔到海里，一次可以钓起数十条鱼。这就产生了著名的深海钓船，这是渔业的重大发明。明代福建渔民还在台湾沿海活动，他们最早是追逐台湾海峡的乌鱼而到乌鱼的产卵地——台湾南部的渔场。乌鱼在这里集中排卵，渔民捕捞待产乌鱼制乌鱼籽，又称"乌鱼孵"，这是很畅销的鱼货。由于深海有大鱼，他们经常往来于台湾海峡两岸。就以铲取贝壳的渔民来说，他们不只是在近海捕鱼，而且会远航到很远的海礁上铲取大的贝壳。所以，不论东海、南海、黄海的各处远海岛屿，都有中国渔民到访。闽人铲获野生贝壳，会将其制成淡菜之类的干货，它是闽人的非季节食品，不论什么季节，都可以在市场上购得海产品制成的干货，以补充身体所需。

除了捕鱼业之外，闽人"以海为田"的第二种形式就是发展制盐业。食盐在古代是一个很赚钱的行业，但制造食盐是一项艰苦的劳动。早期制盐是"煮海为盐"，就是在海边垒起土灶，割取海滩上的芦苇为燃料，将海水引入盐灶中蒸煮。盐水熬干后，就剩下盐巴了。明代的制盐法有了很大的改进，福建盐民主要采取晒盐法。这种方法是在海边用石块和瓦片垒成盐田，再引海水到盐田暴晒。随着海水逐渐晒干，盐田中就有盐巴形成，将这些盐巴取出，就是食盐。晒盐法制盐，成本很低，或者说除了人工几乎不要成本。福建沿海设置盐场，分布于同安、金门、晋江、莆田、福清等县。但福

《天工开物》"布灰种盐"图

建的食盐消费市场主要在山区，从沿海盐场到内地市场该怎么运输呢？闽中盐商的办法是派出盐船到诸县的盐场收购食盐，然后运到闽江口岸福州的仓山存贮，再逆闽江而上，分售闽江上游的建宁府、延平府、邵武府和汀州府的部分地区。所以说，制盐业本质上还是一种商品经济，只不过由于官府的控制，民众要出较高的价格才能购得必须食用的盐巴。除了官营盐业外，明

朝福建还有私盐存在。以闽东的私盐来说，它的销地除了福建沿海之外，主要对准闽北的松溪、政和、寿宁、屏南诸县。来自山区各县的民众会到福宁府沿海挑盐，比如说，宁德县的霍童镇是一个沿海大镇，山区农民组成的挑夫会到霍童镇购盐，然后挑回数百里外的家乡。他们风餐露宿，晓行夜息，极为艰苦。但是，他们可以用挑盐的收入补贴家庭。

17世纪60年代荷兰使团在福州码头

闽人以海为田的第三种形式就是海上交通与贸易。福建沿海多山，有些地方走陆路不容易，而海路转运商品较为廉价。以福州府城到福宁府首府霞浦县来说，陆上两地之间隔着多重大山。清乾隆年间，福宁知府李拔乘轿子从福州越北岭到霞浦县，发出了"闽道更比蜀道难"的叹息。李拔带着家人上路，为了安全，只能走旱路。实际上，福宁府与福州府城的来往多是走海路，两地间常有船舶来往，运输人，也运输货物。福州与其他沿海各州府之间的商业运输，也是以走海路为主。据说，从漳州运货物到福州码头，走海路的成本是走陆路的二十分之一。令人感叹的是，明朝实行海禁后，沿海诸港的交通也受到影响，只有到了海禁松弛的阶段，海上运输才恢复正常。除了海运，闽人还有以河流为主的河运，其中闽江河运最为重要。闽江上游发源于武夷山脉、仙霞岭等高山地带，无数小溪汇成较大的河流，最后汇成浩浩荡荡的闽江。闽江上的船只多种多样，最上游是三块板构成的"三板"，后人又称"舢板"，很浅的溪流也可通行。中游的溪流可以行驶稍大一点的木船，这类木船除了桨与篙之外，在船头还会安装一只"木招"，木招的作用是控制船的方向，最大的溪船大约载重 10 万斤，也就是 50 吨。闽江下游河流较为平缓，可以使用风帆。以上这些船只的驾驶风险较高，都有专门的船户负责驾驶，从事闽江运输业的人口不少。与之相比，沿海运输业的人口更多，他们的活动保持了沿海诸县之间的联系。福建的海上运输线很自然地向周边诸省延伸。明代前期福建船只经常出没于沿海浙粤两省，去浙江是购取杭州、宁波的商品，去广东是运粮食。

运输与贸易。福建人到浙江，主要是在宁波的沿海岛屿。福建自古就是可耕地太少，民众只有向山向海开发，才有出路，尤其是辽阔的海洋，不仅可以捕鱼，还可以进行贸易。福建因山多，可以种植各种水果，还可以将竹子加工为纸张，于是，明代闽人的生活方式便是开山种竹、种茶，加工为纸和茶，加上水果制成的蜜饯和黑白糖，出售给周边各省，换得粮食。这种经济是小商品经济，必须通过贸易才能持续。因此，早在明代前期，便有福建商船到宁波周边的海岛出售各种小商品，换取浙江的丝绸等奢华的手工业制品。明代前期福建已经形成两个造船中心，一个是闽江福州段口岸，这里的海商主要是福清商人，他们会在福州定购商船，而后用于海洋运输及贸易。另一个是漳州，漳州地形复杂，九龙江下游直对厦门港，但河道复杂，周边多山，上游出产杉木，顺流而下，可供造船之用。在离厦门港不远的九龙江下游，洲岛间杂，树木茂盛，民众将船只藏在洲岛之间，官军是无法查到的。因此，虽说出海贸易被官府定为非法，但漳州民众仍然在九龙江下游岛港之间造船，用以对外贸易。明代前期，东南亚国家仍有来自福建漳州与广东潮州的大船航行，送去各种中国商品，从当地购取香料、苏木、珍珠等商品。据当时商人所说，他们一来一去，获利甚多。总之，边海渔民的生活方式，都和海洋有关。

除了与浙江、广东的贸易外，福建历史上与东南亚保持密切的联系。明朝禁止民众下海贸易，各地执行这一禁令的程度是不一的。浙江和广东都有广阔的良田，渔民不下海，也可以靠种植粮食为生。尤其是在元末农民起义结束后，民间荒地很多，许多渔民因得到田地而成为农民，这在当时被认为是一种身份的升级。福建则不同，福建田地少，渔民无法全部转换为农民，所以，他们不得不下海谋生，与东南亚诸国贸易。尤其是元末明初大乱之时，抵达东南亚诸国的中国移民众多，在旧港一带形成以陈祖义为核心的武装力量，他们主要由潮州、漳州移民组成，他们的活动从元末延续到明初。明朝实行海禁之后，民众下海变成非法行动。但是，漳潮民众无法切断本地与海外的经济联系，为了与海外保持贸易，他们不得不反抗卫所军队对他们活动的禁止。

总的来说海洋是巨大的生活空间，若能利用这个空间发展自己的经济，便会使生活变得更好。明代福建各种产业都与海洋有关，就算是山区的经济也与海洋有关。这是因为，山区的各项产品需要输出沿海城市，才能获得大利，海洋是福建商品输出的主要通道。明代后期，由福建山区生产的纸张、纺织品、蔬果等商品出海之后，向北可以运往江南城市或是日本等国，向南可以运往广东或是东南亚国家，从而获得大利。福建沿海的民众从内地购得瓷器、丝绸、中药等商品，加上本土生产的黑白糖，用以输出海外，换取日本与美洲的白银，从而完成财富的积累。总之，只有海洋通道顺畅，福建经济才能形成良性循环，国产各种商品销售通过海洋贸易销售至各地市场，并从海外获得大量的白银，用以购取来自江南的各种商品，从而使经济活跃起来。可见，福建省的发展是离不开海洋的。海洋是财富的来源，这就是"海者，闽人之田也"的意义，闽人必须向海而强。位于海边的福建民众无法舍弃这个为他们提供财富与食物来源的空间，因而会抗拒海禁政策。以"政策应当服务于公众"的观点来看，闽人维护自己的海洋利益并没有错。事实上，政府对海洋政策的调整，也是因为他们看到闽人"以海为田"的特征，不让民众下海是不行的。

二、明代晚期福建官方海洋政策的调整

海上贸易是海洋生涯的重点。在倭寇盛行时期,有大量的船舶被卷入海寇活动。嘉靖四十二年(1563),戚继光率领的明军南下泉州、漳州一带,以月港为根据地的福建商船纷纷驶入大海,观望形势。明朝官府顺势派遣官员进入月港,与当地民众搞好关系。于是,在海外避难的商船纷纷返回月港,明朝对月港的统治得以恢复。隆庆元年(1567),官府在月港设立海澄县,并且允许月港的海船到海外贸易,这就是"隆庆通海"的由来。

"隆庆通海"之后,许多研究者认为明朝进入了允许海外贸易的新阶段,其实不然。明朝当时对月港通商有很多限制。首先,由月港出海的船只不得到日本去,这是因为,倭寇多是从日本来的。月港的官员发现漳州去日本的商船一定要在南风季节出海,他们就限制春天船舶出海数量,让商船无法北上日本。其次,只允许中国的船只到外海贸易,不让外国船只到月港贸易,目的是不让外国人知道底细,也就无法对福建发动侵略。所以说,月港通商不是废止海禁,而是将海禁之令具体化,禁止与日本通商仍然是主要内容,严防外国人入境仍然是海禁条例。隆庆通海,只是让月港商人可以到海外贸易,绝对不是让外国人入境贸易。所以说,明代从来没有废除过海禁,只是对海禁的具体内容作一些调整。

人们对隆庆通海的另一个疑问是:明朝有在广东实行这一条例吗?其实,月港通商达到了化寇为民的转变,万历初年主政的张居正有意将这一条例在广东推广,为此将福建巡抚刘尧海调到两广督抚任上。然而,刘尧海到广东后,却遇到了新的问题。这是因为,万历初年,广东潮州一带海寇活动十分频繁,大股海寇如林道乾、林凤等人,都曾拥有近百条船只。在这种情况下,倘若贸然开海,不知事情会怎样。另外,广东的澳门已经发展为一个有名的港口,葡萄牙人占据澳门,每年都会给广州带来各种货物,尤其是带来产自

第三章 明清福建的海洋文化与精神

日本的白银。其时，因倭寇的入侵，浙江与福建两省都严禁对日本通商。在这一时期，只有葡萄牙人可以往来于日本与中国做生意。他们会到广州采购大量的丝绸、瓷器、白糖等商品，然后将其运到日本的平户和长崎出售，换来白银运入中国，这对广东来说是极大的利好。正因为这个原因，中国外贸的中心从福建月港转到广东的广州，广州城因而扩大数倍。在这一背景下变动广东的对外贸易政策，其实不利于官府集中管理。因此，主持月港通商的刘尧诲在广东做官后，并没有将月港的通商政策移植于广东，而是坚持澳门独口开放的政策。于是，明朝的对外贸易形成福建与广东的对照：福建漳州的月港只允许当地民众出海贸易，但不得去日本，且月港不接纳外国人；广东的广州与澳门欢迎外来商人，但不允许本地百姓到海外贸易。简单地说，月港是许出不许进，澳门是许进不许出。这两大港政策的不同，导致闽粤两省对外贸易形式的不同。福建月港的商人可以乘船下海，因而在东南亚形成了福建华侨集团。广东民众不得从澳门出海，只有潮汕人在粤东私自下海，他们在海外的势力一度不如闽商。

尽管明朝对闽粤两省的对外贸易政策有所调整，有些限制还显得莫名其妙，例如，广东澳门港许进不许出，究竟有什么益处？好在古代贸易量不大，有两个口岸足供中国货物的对外贸易，限制口岸，反而有利于中国商人垄断居奇。此外要注意的是明代海外政策给闽粤两省带来的专有利益。因明朝在其他省份仍然执行海禁，这就给了闽粤二省外贸上的独特地位。福建月港的收获是：漳泉商船可以下海到菲律宾的马尼拉贸易。西班牙人于1571年占领菲律宾的马尼拉，为了吸引华人到马尼拉贸易，西班牙人消灭了一伙抢劫华人船只的海盗，并将被掳华人送回福建，这一示好政策让福建省一下轰动起来。从此，福建商船大举到马尼拉贸易，使马尼拉繁荣起来。从1571年到明代末年，每年都有十几条到几十条商船到马尼拉贸易。虽然东南亚诸港都向福建商人开放，但只有马尼拉给闽商带来的利润最高。这条贸易线给月港、厦门带来的白银也是很多的，虽然比不上广州，但因明末贸易规模较大，月港和厦门都有较大的发展。福建对外贸易的中心渐渐从月港转移到更为接近外海的厦门，厦门也从一个明代设置中左所的地方逐渐发展为一个中小城市。明代后期，环球贸易市场形成，西班牙人从美洲带来大量的白银，从中国购得丝绸、瓷器等奢侈消费品。西班牙人还向欧洲输出白银，运回手工业制品。葡萄牙人则在欧洲购得白银，并向欧洲输出中国奢侈品。这样，就形成了环球贸易，这对中国的影响是巨大的。

晚明另外一个重要变化是对日本贸易的重新启动。月港通商之初，明朝的禁令十分有效，由月港出发的商船无法到日本贸易。不过，这种做法对中国并无好处，这是因为，日本出产的白银比美洲还多。因中国商船无法到日本贸易，澳门的葡萄牙人趁机垄断了对日本贸易，其时葡萄牙人在广州购货，然后到日本出售，再从日本带回白银。这一贸易以中国商品为主角，但获利最多的却是中间商葡萄牙人。于是，有一些月港商人试图到日本贸易。他们以到东番（台湾南部）贸易的借口，将船驶到台南，然后从那里向东北航行，一直到日本的港口。万历二十年（1592），日本发动侵略朝鲜的战争，明朝出兵援朝，双方打了七八年，最后以日本撤军告终。在中日战争期间，明朝对日本的贸易制裁非常严厉，月港几乎没有船只到日本贸易。然而，迄至朝鲜战争结束后，中国与日本的关系缓和，万历三十五年（1607），有一只来自泉州的商船随大风漂到了日本，日本大名如获至宝，给商人很高的待遇。此后，偷偷去日本贸易的商船越来越多。从万历后期到明末，每年都有四十多只船到日本贸易，最多的时候有七十多只船，明朝虽有对日本贸易的禁令，但是，这些禁令都被管事人忘记了。于是，中国与日本的直接贸易恢复。由于日本人欢迎中国的一切商品，其贸易量巨大，贸易规模超过月港的对菲律宾贸易。

关于明末中国对日本贸易的历史地位，往往被人低估了。这是因为，明末形成的环球贸易——由马尼拉对美洲的贸易，由葡萄牙从澳门出发到印度和欧洲的贸易，以及美洲与欧洲之间的贸易——十分引人注意，然而，不论是西班牙由马尼拉发往美洲的商船，还是葡萄牙由澳门回归葡萄牙的商船，每年都只有一两艘可以到达本国港口，它的贸易量一般。然而，由中国到达日本的船只，往往在四十艘以上。这就是说，在明末的国际贸易线上，中国

马尼拉大帆船

与日本的贸易才是大头，不论是中国的商船还是西班牙、葡萄牙、荷兰、英国的商船，都在力争介入中日贸易，而中日贸易中的关键又是中国商品。只要得到中国商品，就可以在日本的港口换得大量白银。至于日本方面，在西班牙人、葡萄牙人支持日本天主教叛乱之前，日本港口对所有外国商船开放。然而，自从日本天主教徒暴动失败后，日本就有意培养中国商人到日本的贸易线路，在中国商人赴日本贸易达到一定规模之后，日本江户幕府于崇祯七年（1634）前后实行"闭关锁国"政策，逐步断绝了两个天主教国家（葡萄牙、西班牙）对日本的贸易。所以，明清之际，在日本贸易的主要是中国商人和荷兰商人。在这一时期，漳泉商人在日本的地位极为重要。

不论是在美洲贸易还是在欧洲贸易中，中国商品都是最受欢迎的，而且输出量还不少，这就对中国的经济结构产生巨大的冲击。

三、明代晚期福建的经济构成

中国传统的小农经济是一种小商品经济。农民除了种植口粮外，还会种植各类可以在市场上换钱的经济作物，从而带动茶叶、水果、蜜饯、笋干等多种农副产业的发展。这种经济形式在福建尤为突出，是因为福建多山少田，山地难以种植粮食，却可以种植各种水果和茶叶。当福建农民主要经营目标从粮食转向经济作物时，经济结构就发生了变化。由于经济作物产值较高，于是有了专门经营经济作物的小农，他们通过市场出售商品，并购进粮食。这种生产形成发展起来，就会造成区域性的缺粮现象。于是，随着人口的增长和甘蔗、烟草等作物的种植，福建变成了缺粮区，需要大规模进口粮食。其时，浙江与广东的粮食情况都比福建好，早在明代前期，就有福建商船到浙江与广东购取粮食。明代的广东人少地多，土壤肥沃，每个劳动力都可以耕种上百亩土地，根本无力照顾。广东人种植粮食十分简单，只要在春天撒播粮种，秋天即可收获。因此，到了秋天，广东的粮食多得无法贮藏，只好出售给福建商人。明代的福建人口过剩，所以，有许多人移民广东，至今广东的潮州和雷州以及海陆丰等地流行闽南话，他们的祖先多为闽南的移民。广东山区也有很多福建汀州的移民，他们就是历史上闻名的客家人。嘉靖年间倭乱发生时，福建的泉州、福州沿海几乎无法耕作，收成很少，他们得以生存下去，主要是靠广东及浙江输入的粮食。观察浙江的方言，可知沿海一带有许多福建人，从温州至舟山，许多岛屿居民都以福建渔民为主，他们主要是在宋明时期到浙江的。实际上，明代浙江沿海的商业化水平不如福建，所以，浙江是向福建输出粮食，甚至今江苏一带的长江流域也向福建输出粮食，而福建输出的是白银和福建特产。

明代闽人在海外活动的成功，导致大量白银输入闽粤沿海，极大活跃了福建经济。明末清初的闽南区域，城镇经济发展很快，晋江半岛的城镇，例如石狮、围头、邯江等都是非常发达的。沿海经济发展后，刺激了山区经济。

先是漳州南靖、平和山区的制瓷业发展，瓷器可以直接从月港输出海外，而后延平府、建宁府、邵武府、汀州府的各种山区产品发展起来，例如纸张、茶叶、笋干、香菇大量输出外省，闽北大米则输出福州等沿海城市。从区域贸易来说，福建与江浙以及广东的贸易日益兴盛，促进了明代中国东南经济的全面繁荣。

嘉靖及隆庆、万历年间，中国对日本贸易和对西班牙、葡萄牙的贸易，使中国商品有了广阔的国际市场，随着葡萄牙人对印度及欧洲贸易的开拓，中国的丝绸、瓷器、白糖、茶叶等商品有了广阔的国际市场。在晚明最后的一百年里，海外各国争相抢购中国商品，只要中国商品出现在国际市场上，都会被商人以高价购走。自从月港及澳门两大口岸形成后，便形成了稳定的中国商品输出潮流。丝绸、瓷器、黑白糖等商品的输出，使福建、广东、浙江、江西以及南直隶的手工业发展起来，南京、苏州、杭州因出口大量的丝绸而繁荣，城市面积扩大；广州因对外贸易从一个中等城市发展成为较大的城市；月港繁荣之外，还促进了厦门的成长，使其从一个小市镇发展为一个有名的港市。城市经济的繁荣，促使市民经济发展，城市居民需要各种消费品，于是促使明代东南沿海城乡各类商品生产发展。除了丝绸、瓷器、白糖等外销商品外，纸张、木材、茶叶、笋干、香菇等商品的市场也得到扩张，福建经济面貌有了巨大的变化。尤其是在销量比较大的制纸业、榨糖业方面，开始了企业化经营。

晚明福建的企业化经营有几个特征。其一，流水线作业。构成资本主义企业特点的流水线作业，最早出现于明代的瓷厂。景德镇的制瓷工人分工明确，每个工段的工人集中做一道工序，因而可做得很精。这种集中生产的模式在其他行业也可以看到，例如造纸，民谣有"措手七十二，道道皆辛苦"之说，也就是说，当时造纸工人要完成造纸，至少有七十二道工序。其二，机械加工。以造纸业来说，纸的原料为嫩竹，要放入石臼捣烂，才能制成纸浆。福建山区通常用水碓捣烂嫩竹，以节省人工。又如榨蔗是使用石制的榨汁机，把甘蔗放入机器中挤压将蔗汁压出来。明代末期的榨蔗机大都要用黄牛或水牛才能拉动，就像碾米用的水碓及水轮纺织机一样，都是利用水力推动机械运行。其三，工人主要来自雇佣。古代的农民也会在农闲时打工，由于这些农民以农业为主，并非专业工人，因此，他们的身份自由。在福建城乡的市镇上，也有主要以打工为生的一批人，但他们会组成帮会，制定规则，以保证地位的稳固。这种让出一部分权利，以保证主要利益和地位的做法，仍然是属于平等的。因此，他们也不能被视为工奴或是农奴。

明清时期最重要的小商品生产者是以种地为主的农民。典型的农民家里会有几亩或十几亩农田，以栽种水稻为主业。农民自耕自食，大多可以保证主食的来源。他们会在农闲时打一份工，赚取工钱贴补家用。而纯粹的工人地位更低，一旦遇到旱灾、水灾，农田收成急速下降，可能有钱都买不到米。因此，古人认为，工人不如农民。明清时期农民遇到最大的问题是种田需要成本，因而需要贷款。有时遇到自然灾害，要度过春荒，贷款还要更多一些。明清农村流行的方法是卖春苗。春天指地卖春苗，秋天会让债主收取高利润的稻谷。晚明的问题是高利贷渗透农村，许多农民都成为债奴。他们很难还清高利贷，因此生活贫困。总之，明清时期的农民经营困难，只有少数肯吃苦并有心计的人，才能通过积累和运作的方式致富。不过，晚明世界市场的形成给中国东南诸省的农民带来机会。由于中国的丝绸、瓷器、黑白糖销路甚好，生产规模持续扩大，进而带动丝绸、制瓷、制糖等出口行业大幅发展，行业规模的扩张使得原料需求相应增加，行业工人的消费能力也随之提升，由此，各行各业均能获利，即使是种地的农民，也可以将收获的稻谷卖出较高的价格。于是，富人增多了，城市扩展了，消费规模扩大了。东南诸省的繁荣，又传导给内地城市和乡村，从而带来全国性的国民财富增长。看明代前期的方志和晚明的方志，就会发现，二者的区别非常之大，晚明的中国人消费大增，生活会更好一些。

那么，是什么引发了中国经济的增长？是因为葡萄牙、西班牙等西方殖民主义者到了东方？然而，我们仔细观察西欧国家的经营，会发现葡萄牙人除了带来了火炮技术改良外，并没有带来较多的西方技术。而且葡萄牙人经营生意，主要是中国与日本的贸易，也就是说，葡萄牙人主要是在中国与日本之间赚钱，而不是给中国带来什么。

再看西班牙对华贸易。西班牙人于1571年占领马尼拉，而后以带来的银元购取中国商品，这给福建经济极大的刺激。福建商船由月港或是厦门运销马尼拉，西班牙人认为，不论闽商带来什么商品，都能畅销于菲律宾。西班牙人将中国商品主要销售于日本及东南亚，并且运一部分到美洲，再运到欧洲。和葡萄牙一样，西班牙运到欧洲的中国商品也不多，主要是白银。而后，欧洲用西班牙人的白银到中国贸易。所以，是中国拉动了世界贸易，而不是相反。笔者认为，实际上晚明中国的发展，其动力不是葡萄牙人或是西班牙人、荷兰人，而是世界市场的初成，给了中国经济发展机会。中国经济的发展，又拉动了世界经济的发展。

所以，从总体上而言，是环球国际贸易市场的初成给各个参与国带来机会。由于明朝在工农业生产方面领先，所以，明朝的各种小商品流向世界各地，并且传播了制造技术，这就促进了欧洲等地的生产革命，从而改变了世界。大航海时代西欧、日本以及中国的发展都是非常明显的，而中国的发展主要表现为城镇化及商品化程度的提高。

第四节　海上英雄郑成功的海洋精神

明代后期福建省的海洋经济有很大的发展，然而，随着西班牙、荷兰殖民者相继进入台湾海峡，福建海商的发展受到抑制。为了打破荷兰殖民者对台湾海峡的封锁，福建商人从武力反抗开始，逐渐建立了一支强大的海上武装，明末郑芝龙率这支武装多次击败荷兰舰队。继郑芝龙之后，又有郑成功的海上武装集团称霸于台湾海峡，最终收复台湾，这是中国海洋力量向东南发展的成就。

清郑成功坐像（中国闽台缘博物馆藏）

一、欧洲新老殖民者在远东的争夺

晚明的海洋政策有两个方面，其一，福建省实行许出不许进的方针。所谓许出，就是允许福建商船到东南亚港口贸易，但禁止外国商船到福建贸易。其二，广东开放澳门口岸，允许外国商人到广东贸易。但是，这一政策有些问题。

葡萄牙人在东方的主要据点是澳门。明末的澳门经济很特殊。澳门原来是明朝对外贸易港口，对所有进贡的国家开放。由于葡萄牙人的势力较大，他们在澳门反客为主，成为澳门港的管理者，东南亚商人来的反而少了。在

第三章 明清福建的海洋文化与精神

明代，澳门的主权还是属于明朝，澳门的案件由广东香山县（今为中山市）管理。葡萄牙人占据澳门之后，拒绝荷兰及英国的商船到澳门贸易。他们是怎样做到这一点的呢？葡萄牙人利用他们在明朝广东省的各种关系，向广东官府告状，说荷兰人和英国人是海盗，事实上，葡萄牙的商船确实曾遭受荷兰及英国船舶的抢劫。这样，每次荷兰船和英国船到广州近海，都会遭到葡萄牙人的抵制，葡萄牙人也就独占了澳门的对外贸易。1580年，西班牙国王菲力普西斯利用葡萄牙国王绝嗣的机会，吞并了葡萄牙。其时，西班牙正与英国及荷兰作战，因此，荷兰与英国乘机联合抢劫葡萄牙商船，使葡萄牙蒙受重大损失。西班牙国王为了得到葡萄牙人的拥护，表明不干涉葡萄牙人在海外的经营，这使葡萄牙人垄断了澳门的商业。不过，葡萄牙在明史上原名佛郎机，待葡萄牙王国被西班牙吞并后，明朝人将佛郎机当作西班牙的名字，葡萄牙复国之后，在明清史册上被称为大西洋国。

荷兰人进入东亚是明末亚洲最重要的变化之一。荷兰位于西欧交通的中心，欧洲从海外进口的各种商品，大都是先运到荷兰的阿姆斯特丹，然后分运各国。荷兰原来是西班牙的殖民地，在政治上受西班牙哈布斯堡家族管辖。西班牙人发现美洲银矿后，荷兰人也获得很大的利润。西班牙人对此十分不满，开始禁止荷兰人进入美洲西班牙人管辖的港口。于是，西班牙人与荷兰人产生矛盾。荷兰爆发独立运动时西班牙人曾派兵到荷兰镇压，率队的官员下令屠杀荷兰人民，于是引起了荷兰反西班牙人的战争。不过，当时的西班牙十分强大，屡屡击败荷兰军队。荷兰人在陆上无法反抗西班牙人，便将反西班牙人的战争发展到海上，荷兰人与英国人结盟，在世界各地的海洋袭击西班牙人的船只，这就大大干扰了西班牙人发展海上殖民地的计划。

西班牙是当时的"日不落帝国"，占据了大半个美洲，在亚洲又占据了菲律宾群岛为根据地。西班牙人的长期目标是在亚洲建立一个可以和美洲相比的大帝国。为了实现这个目标，他们派利玛窦等到北京来搜集情报。早期西班牙间谍传回欧洲的情报是：中国人不擅长打仗，若有一支数千人的武装，便可打遍中国。于是，西班牙国王菲力普西斯二世积攒力量，准备以一支两万人组成的舰队远征东方。舰队组成之后，国内有人建议，不如在征讨中国之前，先消灭英国、荷兰两国的武装力量。于是有了万历十五年（1587）西班牙进讨英国泰晤士河的战争，不料西班牙舰队在战争中遭到较大的损失。西班牙人发现，其实他们真正的大敌是英国人和荷兰人，所以将战略重点转移到北大西洋，停止了进攻明朝的计划。

然而，荷兰人和英国人在此之后，满世界袭击西班牙船只。其中荷兰人在越过好望角之后，随风漂到印度尼西亚，由亚齐海峡进入南海，这是17世纪初的事。荷兰人最初在爪哇岛的万丹与当地人贸易，也有许多华人参加，许多商品从中国南部被转运到万丹。荷兰人远东的殖民事业发展很快，他们最早是在爪哇岛的万丹镇做远东贸易，而后建立了自己的根据地，这就是巴达维亚（今名雅加达）。为了发展对华贸易，他们吸引了大量的华商进入巴达维亚。从此，巴达维亚成为他们经营东方的据点。由于地利之便，荷兰人很快击败葡萄牙人及西班牙人，将东南亚的香料贸易攥在手里。不过，他们很快发现：东南亚的贸易重点已经转到中国的周边，西班牙人在马尼拉、葡萄牙人在澳门都建立了贸易据点，而且排挤荷兰人。葡萄牙人对澳门对外贸易的垄断，对明朝没有什么，对荷兰与英国却是一件大事，因为，他们无法进入中国内地市场，便无法获得优质的中国商品，这使他们对亚洲的贸易受到影响。于是，荷兰船便到台湾海峡寻找机会。经过两次澎湖危机后，明朝有意将荷兰人引向台湾，这是引虎驱狼之计。当时的汉番民众都遭到了倭寇的威胁，福建官府有意让荷兰人居住台湾，是为了驱逐时常到台湾贸易的日本人。事实上，日本人早在丰臣秀吉之时便着力招揽台湾番众，对台湾形成很大的威胁。不过，荷兰人进入台湾后，明朝依然无法控制这股力量。

西班牙人吞并葡萄牙之后，一度称雄欧洲。他们在马尼拉招商贸易，不过，随着马尼拉华人人口的增长，西班牙人感到不安。万历三十一年（1603），西班牙人以华人暴动为借口，杀死两三万在马尼拉的华人。他们之中，有七八成是漳州月港商民，另有两三成是泉州安海人。消息传到闽南，闽南城镇哭声一片，福建官府考虑过派兵远征马尼拉消灭西班牙远征军。然而，福建官府因准备远征日本，曾经大造百余条帆船组成舰队，不过，当年的木帆船寿命只有十年左右，朝鲜战争结束后，这些帆船逐渐毁弃，新造的战舰不多，所以，这一时期刚好是福建水师的低潮时期。福建水师可用船只不多，远征菲律宾是不可能的。第二年又发生了澎湖事件。为了应对打上门来的荷兰人，他们不得不放弃征讨马尼拉西班牙人的设想，仅是口头上谴责了事。其后，因马尼拉需要中国的商品，西班牙人向明政府报告此事，声称是误会，让被杀华人后裔前来继承家产。于是，对马尼拉贸易虽然进入低潮，仍然逐渐恢复。此后，明朝在东南亚的威信就很低了。这一事件，也使闽南人感到：必须有自己的武装来保护自己的利益。

二、台湾问题及闽商与荷兰殖民者的斗争

台湾很早就在明朝的势力范围之内。大约是在嘉靖、隆庆年间，在闽粤边境活动的海盗遭到闽粤水师的打击，便向澎湖列岛等远海岛屿退却，这些海盗不时进入台湾抢劫，对台湾南部的西拉雅人打击很大。当时的福建巡抚刘尧诲采取招抚台湾当地人打击海盗的策略，于万历二年（1574）派出一支由福建水师与广东水师组成的联军进入台湾南部，在台南的新港击败海盗林凤的前锋队伍，台湾的少数民族热烈欢迎明军。这是明代大陆官军进入台湾的重要事件，在台湾历史上有重要意义。这也是明朝福建官府对台湾管辖权的宣示。[①] 其后，林凤一伙海盗离开台湾，向菲律宾进发，后来围攻西班牙人占据的马尼拉，功败垂成。万历三年（1575），林凤率海盗残部回到台湾海峡，最终向广东官府投降，林凤本人远逃西海，不知所终。另一股海盗在林道乾的率领下远赴马来亚半岛的北大年，万历六年（1578），林道乾死于当

---

① 徐晓望：《论明万历二年福建水师的台湾新港之战》，《福建论坛》2019年第11期，第109—115页。

地。① 关于林道乾的籍贯，有人说他是潮州人，也有人说他是泉州人，他的家族可能是生活在潮州的泉州移民，因而会有种种矛盾的说法。可见，在万历初年，台湾历史已经卷入福建史的序列。其后，福建巡抚经常派人到台湾巡视，安抚台湾居民。

林道乾、林凤两股海盗被消灭后，南中国海出现难得的平静，闽粤海洋事业也在这个时期获得极大的发展。不过，万历中后期，又有袁进等海盗占据台湾南部的港口，福建水师在沈有容率领下于万历三十年（1602）春再次进入台湾。万历四十六年（1618），为了遏制海盗袁进的活动，漳州水师在赵秉鉴的率领下进入台南赤磡筑城，这是福建官府在台湾权力的又一次宣示。②不过，随着台湾的开发及汉人势力的发展，各种势力开始关注台湾。

当时的荷兰人已经知道中国与日本之间的贸易最为重要，荷兰商船开始进入日本港，出售他们从雅加达华商处购得的中国商品。但是，他们发现，由月港到东南亚贸易的商船不多，满足不了他们的贸易，便有向中国发展之意。万历三十二年（1604）荷兰军舰突然出现在厦门与澎湖，企图占据澎湖群岛，以此为据点与华人贸易。福建方面坚决拒绝荷兰的企图，而后，派出大量的水师进入澎湖，迫使荷兰人南归。18年后（即天启二年，1622），荷兰人组成了一支由12艘战舰组成的舰队再次抵达澎湖。这一次，荷兰人大规模袭击闽粤沿海多个港口，甚至深入厦门港，与福建水师交战。双方缠斗多时，天启四年（1624），在福建巡抚默许下，荷兰人从澎湖前往台湾，在台湾筑堡驻守。于是，荷兰人占领台湾38年的历史展开了。

荷兰人占据台湾后，为了霸占远东的贸易，他们在海上袭击福建商船，企图完全切断月港与马尼拉之间的贸易，这对闽商的海上贸易产生巨大影响。其后，月港受到压制，泉州的安海港兴起，闽商的对日本贸易重点从月港转

---

① 徐晓望：《早期台湾秘史：论晚明海寇林道乾在台湾的活动》，《人文及社会科学集刊》第33卷第1期。

② 徐晓望：《明清福建台湾史》第三卷，晚明台湾海峡史，兰台出版社2024年，第354页。

移到安海港以及福州琅岐港。当年荷兰人为了切断月港与马尼拉港的贸易，联合郑芝龙等海盗，多次袭击漳州赴菲律宾的航线。郑芝龙投降明朝后，福建水师力量加强，荷兰舰队多次袭击福建沿海，而福建水师与之对抗，双方展开大战，福建水师在郑芝龙率领下多次取胜，迫使荷兰人停战。这样，福建海商便取得台湾海峡一半控制权，可以自行出港贸易。明末福建与菲律宾及日本之间的贸易相当兴盛，与这一点是有关的。因为，没有台湾海峡的海上霸权，就不可能有航行自由。值得注意的是：郑芝龙一边与荷兰人作战，一边与荷兰人谈判，从来没有放弃与荷兰人的贸易机会。因此，双方大战后，福建方面允许商船到台湾贸易，从而维持了双方的平衡。

三、郑成功收复台湾

郑成功的家庭。明代末年，福建人在环中国海的许多城市都有自己的据点。以郑成功之父郑芝龙来说，他是泉州南安县石井镇人。郑芝龙幼年赴澳门谋生，在那里学会了葡萄牙语，并娶了一名姓陈的广西女子。郑芝龙的长女一直在澳门生活，并嫁给一个葡萄牙人。郑芝龙青年时曾到日本谋生，娶田川氏（泉州华侨翁氏的后裔），生下郑成功。郑芝龙回国后，田川氏应是改嫁了，后来还生了两个儿子。实际上，郑芝龙的正妻是广西陈氏，田川氏只是妾，这是郑氏家庭不能向外说的秘密。郑成功的家庭的复杂性，还表现在兄弟姐妹之间。郑成功的姐姐是葡萄牙人的妻子，两个同母异父的弟弟却是日本人，郑成功自己归宗福建郑氏，信仰儒学，具有儒者的骄傲。但在当时的中国，不论是葡萄牙人还是日本人，都是受歧视的。郑成功家庭虽然富贵，却要面对邻居的闲言碎语，郑成功难免有身世不堪外泄的自卑。理解这一点，就可知道郑成功有些举动为什么那么偏激了。

郑成功家庭是具有海洋性格的商人家庭。他们在海外商业网络上具有独特的地位，这不仅表现在郑芝龙的异国亲戚上，也表现在郑芝龙母亲的商业技巧上。郑氏家族不仅与荷兰人打仗，而且和荷兰人做生意。郑芝龙因做官

日本平户海滩的郑成功儿诞石

不好出面,且官场多事,经常不在家,便让其后母主持郑家的买卖,外人称之为"郑妈"。郑芝龙降明后,迁居安海镇,并在安海盖了大宅房。为了方便对外贸易,郑家人开挖水道,修造码头,让海船可以顺潮水直入郑家大宅中。当时荷兰商人为了做生意,经常乘船来到安海,与"郑妈"直接贸易。郑芝龙为了保卫自身的安全,他让葡萄牙籍女婿当自己的护卫队长,率领一队由葡萄牙人与部分黑人组成的卫队。这支卫队后来还有荷兰人参加,当然,这并非自愿,而是因为许多荷兰人成为郑芝龙的俘虏。郑成功在这样的家庭成长起来,多少懂一点葡萄牙语和荷兰语。郑成功成年后,还组织了一支由日本人和黑人组成的卫队。所以说,郑成功是一位具有海洋因素的中国勇士。不过,他虽然出生于一个海洋商人家庭,但是,他从小接受儒家的教育,具有爱国爱民的情怀,在历史拐弯的关键时刻,他是将国家放在第一位的。

明清鼎革之间,国家发生了巨大变化。先是流寇李自成率几十万人攻克了北京,而后,明朝驻守山海关的吴三桂与清军联合进入关内,击败李自成之后占据北京。在这些消息的震撼之下，明朝士大夫在南京拥立福王为皇帝，当时郑芝龙和郑鸿逵兄弟都被封侯。但福王在南京仅坚持了半年多，就被清军击败。受命坚守长江防线的郑鸿逵在逃往福建的路上遇见了唐王朱聿键。于是，郑鸿逵写信给身在福建的郑芝龙，决定拥立唐王上台。唐王进入福州后，于1645年7月称帝，改元隆武，是为隆武帝。隆武帝在位时，对郑成功很好，赐姓朱，封其招讨大将军，管辖御营。因而郑成功有"国姓爷"之称。

隆武帝的政权里分为两派，一派是以黄道周为核心的漳州籍士大夫，另一派是以郑芝龙为核心的泉州籍士大夫及武将。郑成功最早是站在郑芝龙这一边，但随着清军南下，隆武政权内部进一步分化，有一些人坚持抗清，有一些人打算降清。对郑成功来说，不幸的是，郑芝龙属于后一种人。郑成功自幼接受儒学教育，忠君报国的思想成为他奉行一生的志向。在清军进入福建之际，郑芝龙选择降清，而郑成功坚持自己拥明的立场。隆武帝死后，郑成功在海上起义，自号"罪臣国姓招讨大将军"，开始了他的反清斗争。他与历史上起义的各类军队不一样的是：他以厦门、金门二岛为根据地，以海洋为活动地盘，他的军队以水师为主，或是北上长江，或是南下广东，中国的对外贸易大都被他控制，因而能够坚持长久的抗清战争。在十几年的战争中，郑成功的军队发展到数十万人，一度率大军攻击南京，成为清军最头痛的对手。不过，在1659年攻击南京的战争中，郑成功失败，只好率部回归厦门。这时候，清军已经攻进云南，占据全面优势，郑成功占据的金厦二岛岌岌可危。郑成功将视线投向海外，寻找可以建立根据地的地方，很自然看中了台湾。其时台湾在荷兰人的统治之下，闽粤民众因大陆战乱不已，纷纷到台湾发展。他们开辟荒野，种植稻米和甘蔗，并且向海外诸国出口黑白糖、鹿皮等商品。

郑氏家族与台湾颇有因缘。当年郑芝龙在商人李旦手下做事，担任翻译，对荷兰人怎样从福建官府手中借走台南港一事很熟悉。郑芝龙后来成为台湾海盗首领，长期在台湾驻扎。他的军队在台南港内的赤嵌一带，而荷兰人在台南港外侧的安平筑寨，所以，当时的台湾并非归属荷兰所有。不过，郑芝

郑成功与原配董氏画像（南安郑成功纪念馆藏）

龙为了向福建发展，率军队投降明朝，郑芝龙自己也成为明朝的官员。然而，他并没有放弃台湾，郑芝龙在台湾拥有大量的佃户，当年去台湾耕田的人很多，都要向郑芝龙、郑成功交租。例如，为荷兰人办事的何斌私下帮郑成功收田赋，被荷兰人发现后，十分生气，免去他的职务。何斌便偷偷地回到厦门，晋见郑成功，建议郑成功袭占荷兰人占据的台南港。何斌向郑成功献计，反映了台湾当地汉人与荷兰人的矛盾。荷兰人在台湾靠贸易和收租为生，因荷兰驻扎台湾的人员在千人以上，维持这些人的生计很不容易，因而荷兰向汉人收取的租赋越来越重。1652年，台湾发生了郭怀一事件。郭怀一原为郑芝龙部下，郑芝龙回归福建后，他却留下来种田。因不堪荷兰人的压迫，他联络在台湾种地的汉人起义，不幸消息走漏，被杀三四千人。罕见的大屠杀使郑成功出师有名。1661年，郑成功率25 000人的队伍乘船赴台湾，在何斌的引导下，绕开荷兰城堡的封锁，从一条新开的水道进入台南的台江港，从而攻下台江港内侧的赤礁港。荷兰在台江港外侧的热兰遮城堡顿时陷入孤立。经过将近一年的围攻，热兰遮城内的荷兰人投降，郑成功允许他们缴出公司财产后乘船回归爪哇的雅加达城。

这一次胜利，给荷兰人留下深深的阴影。后来，荷兰人联络清朝，多次筹划出兵台湾。然而，他们却不敢直面台湾的明郑军队，只要清朝不答应出兵，他们就不敢独自出兵台湾，与明郑水师对决。最后是清朝统一了台湾。

从世界历史看，郑成功收复台湾是一件大事。从16世纪到17世纪，欧洲国家开始了殖民全世界的征程。早期殖民的葡萄牙和西班牙两个国家，很轻易地在非洲、美洲征服了许多地方，就连拥有悠久历史的印度，也有多个海岸被葡西等国占领。他们来到远东之后，东南亚的许多地方逐渐落入殖民者之手。而后荷兰人与英国人、法国人进入东方，又扩大了西欧殖民者的势力。迄至18世纪，除了泰国周边之外，欧洲人完全殖民了东南亚。一般地说，只要欧洲人占领一个港口，周边的广阔领土就进入了被殖民的历史过程，一直到殖民完全完成。其后，西欧诸国瓜分东南亚，然而，欧洲人在向东亚发展时，却遭到中国与日本的抵抗。只有葡萄牙租借澳门算是一个成功，西班牙人及葡萄牙人在日本遇到排斥，荷兰人对台湾的侵略虽然得逞于一时，最终还是被郑成功收复。在17世纪，这是一个例外。它意味着东方海洋力量和西方海洋力量对撞的一次大规模胜利，具有深远的历史意义。它阻止了西方人的殖民事业进一步向东亚发展，将欧洲殖民势力在东亚的胜利推迟了两百年，直到鸦片战争发生，欧洲殖民者才击败了清朝，将中国变成一个半殖民地国家。

四、郑成功的海洋精神

福建是一个小省，福建人很早就明白，将自己的事业局限于福建本省，成就必定是有限的。若要发展，最好还是到外省去闯荡，外省天地宽，发展有余地。比起国内的各个省份，海外世界又是更大的一片世界。若能在海外闯出一片天地，便能获得更大的成功。不过，明代后期，由于倭寇问题及欧洲殖民者的到来，在海外发展的福建商人急需武装力量的支持。可惜的是，明朝官府因腐败及财政问题，无法在海外保护闽商，于是，造就了郑芝龙及郑成功率领的海上武装成为闽商利益的代表者。

郑芝龙及成郑成功代表的海洋精神，首先表现在海洋开拓精神。例如对台湾岛的开拓，从史实来看，明代中叶已经有不少汉人登上了台湾岛，他们在当地捕鱼或是收购鹿肉、鹿皮和鹿茸，有一部分人开辟草场种地，发展农业经济。因开垦成功，明代后期的台湾已经有一定的粮食产量。这也引来了闽粤海盗的入侵，这就是以林道乾、林凤为代表的海寇。福建官军为逐除海寇，一度深入台南市的新港①，后来还在赤礁一带建筑堡垒，这是明朝统治台湾的证据。② 明末因种种原因，明朝福建官府将台湾的大员港租让给荷兰人，荷兰人一开始还承认中国的统治，后来藐视中国的主权，以台南为据点，向台湾的内地发展。在其统治末期，荷兰人通过传教等方式，已经将他们对台南港的统治发展到台湾的内地，并且在台湾当地居民中间传播基督教及荷兰文。他们从开始吸引大陆移民，转变为欺压移民。荷兰对农民征收的赋税远远高出中国传统赋税。为了反抗荷兰人的压榨，台湾爆发了郭怀一起义，荷兰殖民者又发起残忍的大屠杀，数千移民因此丧生。了解台湾事件的历史背

---

① 徐晓望：《论明万历二年福建水师的台湾新港之战》，《福建论坛》2019年第11期，第109—115页。

② 徐晓望：《早期台湾秘史：论晚明海寇林道乾在台湾的活动》，《人文及社会科学集刊》第33卷第1期。

景，就可以知道郑成功收复台湾的正义性了。

然而，荷兰人是那个时代的海上霸主，他们将老牌殖民主义国家西班牙、葡萄牙打得狼狈不堪，并夺取了香料群岛、马六甲等葡西国家的殖民地。荷兰军舰横行四海，即使在东洋也有强大的力量。郑芝龙曾经长期与荷兰人作战，也只能打个对峙。郑成功起兵后，从一支数百人的队伍逐步发展到拥有十七万雄兵的海上武装。当他攻击南京受挫之后，便开始了攻打台湾的计划。不过，当郑成功将其意思告诉众将后，反对的人居多。他们一是害怕台湾瘟疫流行，死亡率很高；二是害怕荷兰人船坚炮利，并有经营多年的城堡防守，很难攻打。他们的话其实有一定的道理，但郑成功具有无所畏惧的精神。荷兰军队是有一定的优势，那就想办法击败他们。郑成功通过曾给荷兰人当翻译的何斌了解了热兰遮城堡防守的具体情况，从而找到破解的方法。他的舰队绕开热兰遮城堡防守的正面，从鹿耳门曲折的航道进入台江内海，然后直接攻击热兰遮城堡内侧的赤嵌城，迫使赤嵌守军迅速投降。而后，郑成功用其大度与智慧策反了赤嵌守军的头领，让他们自甘为郑军服务。这些荷兰人守城的28门大炮被运到热兰遮城之外，成为郑军攻击热兰遮城的主要火力来源。虽然一时未能打下热兰遮城，但对荷兰人的打击也是很大的。郑成功军队最大的军事胜利还是海上对决。他用一支偏师攻击荷兰守城的舰队，并用火攻战术使荷兰巨舰埃克托号爆炸。[①] 取得这一场大胜后，荷兰舰队从此不敢与郑成功舰队正面对决，这也就决定了他们最终的失败。对明郑军队最大的威胁还是饥饿和粮食供应。一下增加 25 000 人的军队，这对台湾来说是巨大的压力。在新一季粮食收成之前，明郑军队粮食供应困难，士兵的进食量降到低点。这种情况下，有一些人立场动摇，甚至有逃亡福州向清军投降者。郑成功不屈不挠，想办法克服困难，他在军队中实行定额分配制度，并让多数士兵分散到各地耕种，等到秋收之后，终于度过最艰苦的时光。郑成功的坚持，让荷兰士兵畏惧，纷纷投降的荷兰士兵给郑成功带来热兰遮城内部的

---

① 徐晓望：《略论明朝水师击败荷兰军舰的火攻战术——明朝水师对欧洲火器的仿制和创新》，《台湾历史研究》2024 年第 1 期（总第十期）。

情况，明郑因而得以攻占热兰遮的外堡，建立了绝对的优势。在郑军即将总攻热兰遮城的背景下，城内的荷兰人被迫投降，在交出城堡及公司财产后，乘船舶回到爪哇岛的巴达维亚城。这场失败，对荷兰来说是一个历史转折，其后荷兰人步步失败，其海洋霸主的地位被英国人取代。

荷兰人修筑的热兰遮城全貌

　　郑成功是中国的海洋英雄，从他的父亲开始，就将海洋生活放在第一位，郑芝龙与郑成功父子浪迹于福建东南的海洋之上，从无到有，组织了一支强大的海洋力量。这支水师以泉州人、漳州人、潮州人等闽南话战士为主，是福建海洋文化培育出来的，也是一支无敌舰队。他们北上长江、南及广东，在海上没有对手。这支海上力量在与清军的作战中成长壮大起来，最盛时拥有几十万雄兵。郑成功在南京战役失败后，仅剩下残军数万人，后来郑成功用兵台湾，收复台湾。当年的荷兰是所谓的世界霸主，但他们在中国沿海，被郑芝龙击败过，也被郑成功击败多次。郑成功还曾经策划攻击西班牙人殖民的菲律宾，可惜英年早逝。郑成功的儿子郑经，也是一位海上霸主，他率领明郑舰队多次与荷兰舰队交战，各有胜负，然而，他占领台湾之时，荷兰人只敢向清朝索要台湾，不敢直接与郑经开战，贻笑大方。从历史来看，他们是被郑成功打怕了。郑成功具有勇士的无畏精神，敢于挑战强大的清军以及世界海洋霸主荷兰人,取得多场战争胜利。他对明朝的忠诚也让人佩服,在其父亲屈服于清朝之际,他竭力反对,并和几位朋友转赴海上,几年后就发展了数万雄兵。在干戈寥落的南明时期,他拥护明朝的旗帜一直延续到清朝的康熙二十二年(1683)。即使是清朝人在修纂《清史》之时,也对他佩服不已。

第五节 清朝海洋政策的调整

福建是临海的省份,也是受清朝海洋政策影响最大的省份。不少人喜欢说清朝海洋政策是"闭关锁国",其实,那个时代实行"闭关锁国"的是日本,明代末年,日本与在日本西南传播天主教的西班牙和葡萄牙发生矛盾,决定此后拒绝西班牙人和葡萄牙人进入日本,也不许日本人出国。这一政策一直执行到1865年,日本的国门被美国舰队打开。两百多年的"闭关锁国",彻底断绝了天主教与日本的联系。其时,可以到日本贸易的只有中国商人和信仰新教的荷兰人。不过,因日本人不放心,外来的中国人与荷兰人被限制在长崎港的小岛上居住,不得深入日本内地。可以说,日本江户幕府的闭关锁国政策是相当彻底的。与之相比,清朝的海洋政策复杂且多变,很难"一言以蔽之"。

一、清代开海禁与福建的海洋事业

清代初年,为了打击与清廷对抗的明郑势力,清朝一度实行封锁海洋的政策,这就是迁界。实行这一政策的东南沿海五省,在距离海洋的三十里建立堡垒封锁线,将界外民众全部迁入内地,同时不准船舶下海。那些不愿意从界外迁入内地的人都会被清军杀掉。这是丧心病狂的政策,将沿海五省最繁荣区域变成无人地带。但是,这一政策有其天然的缺陷,那就是封锁线上的士兵大都会收钱放老百姓到界外谋生，甚至有商人通过收买官兵的方法将货物运到界外海港，与明郑商人贸易。随着时间的推移，迁界政策危害性逐渐暴露出来，清朝福建官员也发现迁界政策害大于利。因此，康熙年间的福建总督姚启圣多次调整政策，一度放民众突破界墙回家乡垦田。康熙皇帝对这些政策也是心里有数的。因此，清朝统一台湾之后，马上改变政策，从全面封锁改为全面开放。

为了便于管理，清朝在东南四省开放四个对外贸易港口，这就是江苏的云台山（次年改上海），浙江的宁波，福建的厦门，广东的广州及其口岸澳门，原则上，这四个港口都可以发展对外贸易。因地理上的原因，当年赴日本贸易的商船多从上海、宁波和厦门出发；赴东南亚的船只多从厦门出发；只有广东方面仍然坚持许进不许出的政策，广东老百姓不得出海贸易，外来船只仍然可以到澳门贸易。比较四省的政策，可知厦门的地位独特，既可允许本省百姓到日本贸易，也可让商民到东南亚贸易。江苏与浙江输给福建，是因为地理不便，只有对日本贸易可以放在上海与宁波。至于广东，清代初年还保持着自我

清代奉旨边界碑（云霄县博物馆藏）

限制政策，一直到雍正乾隆年间，广东官员才开始放行广东人到东南亚贸易，因此，广东客家人到东南亚谋生，要比福建人迟几百年。福建有许多人早在明代后期就到东南亚了，他们占据了最好的地方，至今东南亚诸国的富商以福建籍为多。不过，广东的潮汕人从来不理会官府的限制政策，他们自己有大船，每年都可以到东南亚贸易，没有人能管住他们，潮汕人主要是在泰国

境内。

除了对外贸易外,沿海各个港口也解除了封禁,从此,渔民可以下海捕鱼,也可以到海上贸易。不过,由于长达数十年的海禁,多数港口的民众已经无法掌握海上长距离航行的技术,许多港口船舶寥寥无几。这给福建船帮提供了机会,他们大举北上南下,在各个港口发展自己的事业。以山东烟台为例,这里有一座宏伟的妈祖庙,是由福建船帮与商帮共建的。他们主要是来自泉州沿海诸港的商民,据碑文记载,清初闽南人北上烟台,在这里发展很顺利,于是建立了天后宫,每年妈祖诞辰及妈祖升天之日,由福建船帮和商帮共同祭祀。笔者还调查过天津、锦州、营口、丹东诸港的妈祖庙,大都是福建商民共建。这种情况同样出现在山东、江苏、浙江诸省沿海的城市。到处都有妈祖庙,都有福建商民活动,而且他们都是当地最大的商帮和船帮,拥有强大的势力。值得注意的是,在以上各省运河经过的城市,也都有天妃宫建设。其间区别是:运河的妈祖庙大都叫天妃宫,这是因为这些庙大都建在明朝,当时妈祖的封号是天妃,因而有天妃宫的建设。清代妈祖的封号上升到天后,所以,建于清代的妈祖庙大都直接叫天后宫。

福建的海洋力量强大的另一面是,福建人掌握了船舶的驾驶技术。福建人一向有到北方港口打鱼贸易的传统。清朝海上交通全面开放后,福建渔民和福建商人组成了船帮和商帮北上,复兴了浙江、江苏、山东、河北、辽宁等各个省份的海洋渔业和商业。他们在各个港口建立妈祖庙,也就是天后宫。以江苏、浙江为例,最早在上海及宁波港跑日本贸易的多为福建人,后来本地商帮兴起,甚至有来自北京的皇商介入对日本贸易中。于是,对日本贸易逐渐落入江浙商人手里。不过,这些江浙商人仍然需要福建船帮为其运输,赴日本的船只多数来自福建。例如,上海的福建帮掌握了上海的海运,他们与福建仍然有千丝万缕的联系。这是因为,清代的江浙是福建木材的市场,每年都有大量的木材被运到江浙,这就导致一种情况:与其在江浙造船,不如在木材的原产地造船有地利之便。清代的福州是中国主要造船中心,闽江上游漂下的木筏成千上万,民众在这里制造各种船只,输往各地。这些船只大都由长乐人及福清人驾驶，赴日本的各种江浙船也是如此。笔者曾在长崎的福建商馆考察过，商馆后面就是中国商民船工的墓，一座座墓看过去，他们中百分之九十以上都是福清人，其次是长乐人和同安人。所谓同安人，就是厦门人了。可见，即使到了清代中后期，海上船运仍然掌握在福建人手里。顺便说一下，日本江户幕府实行"闭关锁国"政策之后，与中国及荷兰的贸易仍然继续。不过，中国每年都向日本输出大量的商品，致使日本每年都外流巨额白银，江户幕府深感这种情况不可继续，便在日本国内发展替代手工业，比方说，以日本生产的芦苇编织宁波草席，此后就不必向中国购买宁波草席了。他如陶瓷业、丝织业、茶业都相继而起，于是，日本输入的中国商品越来越少。对于日本输出的白银，江户幕府也做了严格的限制，限定每年最多出口60万两白银，于是，中国商人转向输入日本的铜，清代中叶，清朝进口的铜非常之多。总的来看，中国商人从日本获得的利润越来越少，而日本手工业逐渐兴起，清朝即将面临一个强大的对手。

二、清朝的南洋政策与闽粤下南洋浪潮

清朝对南洋的政策。清代前期朝廷对南洋的政策沿袭明朝，大致是福建省开放，允许福建人下南洋贸易、经商，而广东省允许外人到澳门及广州进贡、贸易。有所变化的是，清朝初定广州、厦门、宁波、上海四个口岸对外开放，此处的开放是允许东南四省都有一个通商口岸，让外国人前来贸易。不过，由于地理原因，来到上海及宁波贸易的外船很少，在清代前中期，有海外贸易的只有广州与厦门，例如，西班牙人多次派船舶就近到厦门贸易，英国人也曾到厦门贸易。后来，英国人发现厦门港贸易的阻力较大，所以更多地集中于广州。至于清代前中期日本为什么没有商船到中国口岸贸易呢？这是因为日本的江户幕府仍在执行"闭关锁国"政策，不允许日本人到海外谋生。

清朝的开放政策并不是很坚定的。这是因为，清朝开放不久发现，南洋有反清力量在活动。这一方面是因为台湾被清军占领之前,大批不愿接受清朝统治的南明民众扬帆出海,到东南亚国家谋生,例如,据传有三千之众的台湾明军到柬埔寨和越南之间的蛮荒地带开垦,此地最后归入越南,今为西贡。它如菲律宾等地都有来自台湾的福建移民。这些人在海外仍然支持反清运动,也是可以想象的。另一方面,闽粤之间的沿海之地,一向是反清力量的根据地,各种反清运动兴盛,甚至有反清的秘密组织在行动。在这一背景下,闽粤沿海的反清会社自然会将不受清廷管辖的海外诸国当作活动地盘,并力争向内陆发展。这些人的活动引起清朝官府的关注。另一个问题是,清代的南洋屡屡发生屠杀华人事件。不论是在菲律宾还是印度尼西亚,都发生了多次大屠杀,遇难的华人成千上万。清朝对此并非完全熟视无睹,曾经多次考虑过禁止双边贸易的政策,但都受到朝廷内福建籍、广东籍官员反对。他们知道朝廷这类政策出台容易,要想取消是十分困难的,万一再一次出现海禁政策,对闽粤两省是非常不利的。在禁止华人到海外方面,其实从雍正朝开始,便多次发出过禁令,不过,这类政策往往执行不久便被撤销。所以,在允许华人出国方面,清朝大体上是开放的,这给华人在南洋的发展提供了机会。

  清代的南洋逐步沦为西欧国家的殖民地。可以说,除了泰国之外,多数国家都被殖民了。大约是西班牙人殖民菲律宾,荷兰人殖民印度尼西亚,法国人殖民中南半岛的越南、老挝、柬埔寨,葡萄牙人殖民东帝汶,并占有澳门,英国人殖民马来西亚和缅甸。在这一背景下,华人在东南亚的地位不佳,多次遭受西班牙、荷兰殖民者屠杀,但是,华人又是东南亚工商业的主要经营者,东南亚主要城镇的发展都与他们有关。东南亚人生性快乐,不愿从事繁重的劳动,相对而言,华人下南洋主要是为了赚钱,只要能挣钱,不管多重的劳动都能承受。东南亚当地人多从事农业和采集,只有华人从事买卖,既然东南亚各国民众不太熟悉工商业,华人就当仁不让了。我们去东南亚城市,会发现每个较大的城市都有一个唐人街,更为重要的是,这些唐人街都是城市原发的中心,也就是说,东南亚主要城市都是从唐人街发展起来的。

华人自然成为这座城市经济的承担者，不论在金融、商业还是工业方面，华人都有成就。

那么，为什么华人能在东南亚城市发展，而欧洲殖民者本身不能？这是因为，东南亚气候潮湿，自古就是瘴疠之地，外来人死亡率很高。古代的闽粤蛮风瘴雨，北方人进入闽粤，每个人都要过疟疾这一关。除了疟疾，各种传染病也很多。闽粤汉人经过一千多年的磨炼，才慢慢适应了南方多雨的气候。由闽粤到东南亚，地理条件变化不大，闽粤人适应性较强。欧洲人就不同了，西欧处于凉爽的高纬度地区，服装以御寒为主，他们到了东南亚非常不适应，多数人在几年内就会生病而死。因此，尽管欧洲人每年都有派到东南亚的移民，但是能够适应气候的少之又少。东南亚各个殖民城市，大都只有几百个白人，各项工作都靠华人。这是华人能在东南亚发展的重要原因。而且，华人吃苦耐劳，他们可以挑着一副担子到深山老林与当地人贸易，收购商品。所以，东南亚发展工商业也少不了华人。还有一个重要因素是，进入19世纪，各国的殖民政策都在发生变化。在19世纪之前，欧洲各国都出现了人文革命，重视人的观念逐渐取代了传统的野蛮做法。例如，贩卖黑奴

1704年停泊在巴达维亚（今雅加达）外港的中国帆船

曾经是跨越大西洋最重要的生意，后来，英国人发现独立之后的美国依赖非洲的奴隶从事生产，便主张禁止贩卖黑奴，英国舰队在海洋各个枢纽围剿贩卖黑奴的商船，这对黑奴买卖是沉重的打击。这一政策，也从一定程度上阻碍了美国南方农业的发展。对人的重视，使欧洲国家至少在表面上重视人的生命，它们悄悄停止了对东南亚华人的大屠杀，这对华人的发展是有利的。从清代中叶开始，东南亚各国的产业大发展，非常缺乏劳动力，招聘华人成为增加劳动力的最好方法。19世纪工业革命大大改善了交通条件，闽粤两省对东南亚国家的轮船航线出现，各国护照制度尚未建立，闽粤人只要买一张船票几天后就可以到达东南亚国家，因此，闽粤人大举下南洋的潮流出现。在清代前期，每年到南洋的人不过几千人，清代中叶是几万人，但是，到了清代后期，每年都有大几万到十几万人下南洋谋生。这些具有工商经验的劳动力，或是下矿劳动，或是在种植园从事耕作，又或是做小商贩。他们的劳动使东南亚国家的城市繁荣起来，为各大城市的发展奠定基础。当年的欧洲人不仅吸引中国劳工，还将本国需要而无力照管的行业让渡给华人。英国人发现，本国发展工业，需要东南亚的锡矿和橡胶，于是，英国人在马来西亚鼓励橡胶园种植和采矿。然而，他们发现这类种植园和锡矿都不好经营，最好的方法还是交给华人去做。于是，英国人采用一种较为开明的方式殖民，允许华人在英国法律的范围内经商开矿，这就促进了新加坡、马来亚等地工矿业的发展，许多华人因而成为企业家，进入富裕阶层。在英国人示范之下，西班牙人治下的菲律宾、荷兰人治下的印度尼西亚等殖民地的制度也有所变化，大屠杀事件少了，工商业得到尊重，于是，东南亚诸国的华人经济逐渐发展起来。同时，华人经济也带动了东南亚诸国的繁荣。东南亚诸国繁荣之后，需要更多的劳动力，这又引起闽粤一带的下南洋之风。清代中后期的闽南及广东的潮汕等地，每年都有成千上万的人下南洋谋生，每年的南洋汇款成为重要的经济收入，在两省沿海经济中占有重要地位。

在19世纪东南亚各国大发展的背景下，福建人到东南亚发展，他们不惧海洋辽远，敢于到异地谋生，并创造自己的事业。这是闽人海洋开拓精神的体现。从闽人的成就来看，他们是勤劳的工人，是能吃苦的商贩，也是富有种植经验的农民，他们是通过比他人更为勤劳才获得一定的成功，他们的成功是中国人奋斗精神的体现。他们中间的一部分人抓住机会进入工商业，乘势而起获得发展，最后在异国他乡成就了辉煌的事业。他们的成功甚至胜过当地的企业家，这是中国人企业家精神的非凡体现。东南亚国家从农业时代进入工业时代，绝对少不了华人的贡献。东南亚都市大都是围绕着华人的成就发展起来的，这是华人自古以来协和万邦精神的体现，目标是华人与当地人的共同繁荣。

三、围绕武夷茶的博弈

清代初年，饮用武夷茶之风在欧洲兴起，并以英国人为最。饮茶习俗是由英国王室的葡萄牙媳妇传入的，很快，下午茶成为英国人的习惯。每到下午四点左右，忙碌的英国贵族停下工作，泡一杯来自中国福建武夷山的红茶，配一份点心，悠闲地度过一段时间。最早只有贵族这样，而后逐渐成为平民的习惯。于是，英国的茶叶消费越来越多。英国赴中国购茶的商船最早每年是一两艘，然后是十来艘，后来每年几十艘。为了购买茶叶，英国将其在世界各国赚来的白银输送到中国。"在整个18世纪，输西欧茶叶应值1.8亿两白银。"[①] 附带说一句，英国人常用的计量单位"盎司"，其实就是中国金银的重量单位"两"，一两就是一盎司，可见英国受中国影响之深！除了英国之外，荷兰、美国都要消费大量的武夷茶。鸦片战争前，中国每年输出欧洲的茶叶已经达到40 223 866磅，约合30.2万担。[②] 清代广州口岸出口的茶叶约有三分之二是武夷山出产的红茶，仅武夷茶贸易值每年一千多万银元。[③]

---

① 庄国土：《18世纪中国与西欧的茶叶贸易》，《中国社会经济史研究》1992年第3期，第94页。
② 担，清代重量单位，一担约等于133磅，或120.66市斤、1.2066市担。
③ 徐晓望：《清代福建武夷茶生产考证》，《中国农史》1988年第2期。

三个喝茶的贵妇人

武夷茶大约占世界贸易的十分之一,有时还会超过这个比例。如此巨大的贸易量给世界带来巨大的影响,例如,美国独立战争之所以发生,起因是英国人想在美国收税,尤其是茶税,美国人不愿意上缴。波士顿的一些革命者化装成印第安人，夜间登上英国商船，将船舶所载武夷茶倾倒在海里，美国独立战争由此展开。美国独立后，马上派出一艘船取名"中国皇后"号，到广州购取茶叶。中美贸易由此展开。

万里茶道起点武夷山下梅村（王东明摄影）

  英国采购武夷茶，主要在清朝开放的两个口岸：厦门和广州。由于多种因素的影响，英国采购武夷茶渐渐集中于广州。当时广州与武夷山之间有一条经过江西的水路。武夷山茶商由崇安县出发，翻越闽赣之间的分水关，便进入了江西的信江流域。从江西信江边上的河口镇下船，顺流可以进入鄱阳湖，注入鄱阳湖的最大河流是赣江，沿赣江上溯，是南昌、抚州、樟树镇、赣州等重要城镇。由赣江上游翻过赣粤之间的大庾岭，便可到广东的韶关。这里可以进入岭南的珠江水系，茶船顺流而下，几天就到广州了。武夷山另一条茶路是由武夷山到铅山河口镇，再经湖北、河南、山西、内蒙古，到外蒙古的恰克图与俄罗斯人贸易。俄罗斯人的商船也曾到宁波购茶，但被清廷拒绝。清朝认为，对俄罗斯贸易已经有恰克图这个口岸，就没有必要在南方

第三章　明清福建的海洋文化与精神

再开一个口岸。而其背后，应当是山西茶商的力量，武夷茶若从海上出口，对他们的影响太大了。类似的例子还有不少，也许正是这类外贸上的乱象让清朝统治者感到有必要加强对外贸易的管理。

乾隆二十四年（1759），朝廷作出一个决定：将中国与西欧国家（西班牙除外）的贸易集中于广州口岸。对清朝廷来说，他们对英国人的侵略本性已经有所认识，为了加强管理，顺势将对外贸易的主要部分集中于广州，这是合理的。有人说这是清朝"闭关锁国"的政策，其实夸大了。首先，清朝并没有闭关，对外开放的口岸仍然有四个，四个口岸有四个对外的海关，于情于理，这是够用的。至于将主要西欧国家的贸易集中于广州，也是为了便于管理。其次，清朝也没有锁国，清朝是允许闽粤两省的民众去南洋贸易的，也允许江浙商人到日本贸易。不过，由于日本方面的闭关锁国，这些商人到了日本只能居住于长崎的港口边上，不能在日本内地活动。在文化方面，清朝最初也是对天主教开放的，许多从欧洲来中国的传教士，都得到康熙皇帝的重用，在朝廷供职，清中叶以后，罗马教会禁止中国教徒祭祖和拜孔子像，这就侵犯了中国的主权，双方的争吵导致清廷严禁天主教。

对欧洲国家的贸易被集中到广州，这就导致中国对外贸易中心的转移。以前是福建海商掌握了清朝的对外贸易，之后是广东十三行，十三行商人没有定主，山西人、徽州人都可以参加。不过，经历多年贸易后，还是由厦门迁来的闽南茶商占据了优势。吴觉农、范和钧认为："交易中心，初为厦门。至雍正间，广州成为后起之秀。自乾隆二十四年'上谕'限定英人在广州通商后，直至鸦片战争止，广州为华茶输英之唯一口岸……广州运至伦敦之货价中，茶占百分之九十五。""乾隆十四年，此间十三家中，十家为福建人所设，足证厦门、福州之茶市如何向广州转移。"[①] 由于都讲闽南话，十三行商人很团结，他们乘机垄断对欧洲的茶叶出口，这造成武夷茶售价大涨。据梁嘉彬的研究，广东的十三行历来与闽商的关系密切，早在康熙年间，就有来

---

① 吴觉农、范和钧：《中国茶业问题》，上海商务印书馆1937年，第46、47页。

自福建同安的潘启官在广州开设同文行；广州的茶叶贸易兴盛之后，又有福建晋江人黎光华在广州开设资元行；其他各行商中，也多有福建人，例如晋江安海人伍秉鉴的怡和行，诏安人叶上林的义成行，同安人潘瑞庆的义成行，诏安人谢嘉櫓的东裕行，等等。① 民国时期，梁嘉彬教授在澳门妈祖阁中见到一块立于嘉庆末年的《重修妈祖阁碑记》，碑记中有十三行商人为妈祖阁捐献之题名，上款："谢东裕（诏安人）行捐银肆佰壹拾圆，伍诒光（晋江安海人）堂捐银贰佰壹拾圆，卢慎余堂捐银贰佰壹拾圆，潘同孚（同安人）行捐银贰佰壹拾圆，刘东生（徽州人）行捐银壹佰伍拾圆，万源行捐银壹佰壹拾大圆，梁天宝行捐银壹佰零伍圆，顺泰行捐银壹佰大圆。"② 以上为澳门妈祖阁捐钱的十三行商人，其祖籍多为福建。可查明的捐钱商人中，仅有刘东生行的主人是徽商。可见，清代广东行商以漳泉商人为多，漳泉商人中，又以漳州人为多。十三行的茶叶垄断，使广州出口的茶价节节上升，这就迫使英国人付出的银钱越来越多。相对而言，十三行商人赚的钱越来越多。有研究者说："19世纪初，广州每担红茶成本为20.2两白银，东印度公司以27两收购，行商利润为每担6两8钱，即30%为利润。"③ 由于贸易中利润很高，19世纪初的闽南茶商，潘氏和伍氏都有上千万银元的家产，其中伍秉鉴的家产一度达到5000万。当时到广州贸易的美国茶商承认，广州茶商应是世界上最富的那一批人。与其相比，英国的罗斯柴尔德家族，其资本在50万英镑上下。可见，19世纪前40年，世界上的首富在中国。

那么，为什么19世纪的世界首富会逐渐转移到犹太人家族呢？这与犹太人的鸦片生意有关。鸦片进入中国约在明朝万历年间，它产于印度，经中医鉴定，鸦片有镇痛作用，可以治疗胃病等病。万历皇帝因腿上有伤，长期服

---

① 梁嘉彬：《广东十三行考》，广东人民出版社1999年，第256、259、283、300、303、328页。

② 梁嘉彬：《广东十三行考》，广东人民出版社1999年，第394—395页。

③ Samuel Boll, *An Account of the Cultivation and Manufacture of Tea in China*, P. 353—354, Longmans, London, 1848. 转引自张晓宁：《广东十三行衰败原因试探》，《中国社会经济史研究》1996年第2期，第86页。

用鸦片镇痛，他的墓被打开后，人们看到他的遗骨都是黑的，医生认为，这是因其生前大量吸食鸦片的缘故。不过，明朝的鸦片非常贵重，只有少数有钱人才能吸食鸦片。明清之际，在荷兰人统治下的台湾也有鸦片买卖，清代的杂记记载：荷兰人严禁自己的官兵吸食鸦片，但允许中国人吸食鸦片。台湾被收复之后，吸鸦片之风渐渐在闽粤一带传播，早期吸食的人很少，但是，到了鸦片战争之前，吸食鸦片的人越来越多，已经有泛滥之势。其时，从澳门与广州到福建的海面，有一条海上走私路线，每年有一两艘英国的商船到福建沿海贩卖鸦片。到了鸦片战争前，每年到福建海面走私鸦片的商船已经有十来艘。鸦片贸易使中国每年都要输出白银一千多万两，这就形成了巨大的压力。林则徐的家在福州，鸦片战争前几年，福州市面上很难看到白银，这对贸易形成巨大的压力。林则徐在任两广总督之前，就在与朋友的信中讨论鸦片危害之类的事情。

因鸦片带走中国太多的白银，清朝的道光皇帝决心禁鸦片，并且派出林则徐任两广总督到广州禁烟。林则徐采取停止茶叶贸易以及扣留鸦片贩子的方法，迫使英国交出所有鸦片，并在1839年6月3日公开销毁，禁烟历时23天。当时代表英国政府的使者用英国政府的资金收买鸦片贩子手中的鸦片，答应英国政府对此事负责。这样，林则徐销毁鸦片便变成清朝与英国政府的矛盾。在这一背景下，英国政府派出舰队攻打中国，于是，鸦片战争开始了。林则徐禁烟是世界上第一次大规模的禁毒运动，具有重要的历史意义，这也是联合国定6月26日为国际禁毒日的原因。美国人愿意在纽约设立一座林则徐像，也是因为他在人类禁毒史上的崇高地位及象征意义。从策略而言，林则徐也没有采用过激的措施，大烟贩颠地被捕，一度面临死刑，林则徐在其缴纳鸦片后并未将其处死，而是将其释放。林则徐所做的一切都是在一个国家的主权范围内的事情，没有错。相对林则徐而言，英国使者义律使用了狡猾的手段，将中国与鸦片贩子的矛盾转化为与英国的矛盾，他是有意挑起战争，以为英国获得种种好处。

林则徐该不该看到英国的强大便放弃禁烟呢？其实，当年的英国是海上强国，并非陆上强国，倒是中国是著名的陆上强国。道光朝新疆曾经发生过张格尔叛乱，被道光帝平定。全国各地的交通枢纽，共驻扎清军八十万大军，因此，从军事力量而言，英国没有绝对的胜算。战争的历程也表明，英军的优势并非绝对的。林则徐在广州之时，英军就不敢进攻广州。英军攻占厦门，也是趁福建水师北上平盗之际用兵。此后，英国舰队北上天津，南下广州，进攻长江，别看英国在鸦片战争中不可一世，其实没有取得决定性胜利。从鸦片战争进程来看，英国人占领镇江之后，进一步进攻，是有可能攻占南京的，不过，英国人最大的战果也就如此了。当时的英国人还不敢进攻北京，而深入长江不可持久。所以，如果清朝不签《南京条约》，英国最多打下南京，抢些东西，不可能久占。道光皇帝的错误是在战争仅遭到一些挫折之时便要求停战，使英国获得打开五口通商的战果。其实再打下去，英国就不一定吃得消了。英国舰队在万里之外作战，补给十分困难，武夷茶贸易被战争打乱，这都使英国有可能寻求停战。在军事上，清朝军队越打越有经验，若是拾起郑芝龙的火攻策略，英国人很难在长江内港久驻，所以，只要战争延续，英国舰队肯定要退出长江。清朝虽然有八十万军队，但因英军四处游击

1841年英国军舰进犯厦门

作战，双方主力并没有面对面决战。所谓英国四千军队打败了八十万清军根本就是以讹传讹。清朝甚至没有机会纠合数万军队与英军交战，英军是以海上游击战的战术让清军左右支绌，他们并没有真正意义上战胜过清军。此外，即使不能在军事上战胜英军，整治英军也不是没有办法的。英国人占领鼓浪屿之时，将岛上的华人全部赶走，抢劫他们的资产，导致厦门最富的一批人破产。英国人占领鼓浪屿之后，是想永远据为己有的。在《南京条约》中，其实清朝允许英国人租借两座城市港口，其一是香港，其二是鼓浪屿。得到鼓浪屿之后，英国的军官与牧师很高兴地带着他们的妻女来到岛上居住，然而，不久之后，岛上便发生瘟疫，官兵和牧师们的家属不断地死去，就葬在鼓浪屿。中国人看到这些墓会有一种奇怪的感觉，那些死于当地的英国妇女，都是一些可爱的女子，她们被其丈夫带到抢来的岛上居住，却在一场瘟疫中死于当地，这是谁的过错？后来，英国人因鼓浪屿老是流行瘟疫，决定退出厦门，于是将鼓浪屿还给清政府，从而使鼓浪屿成为《南京条约》割让之后又被英国人主动归还的一块土地。

道光皇帝最大的错误是同意付出巨额赔款，这世界上还没有一个那么容易就付出巨款的国家。因此，英国开战获得金银后，引起了其他国家的兴趣，于是，欧洲其他国家纷纷到中国来，试图通过战争打败中国，然后获得大笔利润。这对中国是十分危险的。

了解了这个时代的大背景，我们就可知道，林则徐在广州禁止鸦片是一个勇敢的行动。他面对英国强大的殖民武装不为其色变，面对鸦片商人无耻的贿赂不为其动心，面对整天混日子的部下依然能坚持自己的原则，没有林则徐的坚定，禁烟是实行不了的。"苟利国家生死以，岂因祸福避趋之"，林则徐确实做到了。有人因鸦片战争爆发而责备林则徐，他们没有想到，林则徐所有的做法，都在一个国家主权范围之内。他没有侵略英国，甚至没有进攻英国在远东的殖民地，他的严厉禁烟是国家的主权，鸦片战争的爆发，原因并不在中国方面，而是在英国方面，英国的使者义律和其背后贩卖鸦片的犹太家族，才是引发战争的主因，英国在这场战争中是可耻的。

《南京条约》的签订，清朝答应除了恢复清初开放的四个口岸，又加了一个福州，于是形成五口通商。英国为什么要求福州开放？即使清朝代表提出，福建已经开了一个厦门为口岸，为什么还要增加福州之后，英国还要坚持福州通商。这是因为，英国人在鸦片战争前就派船舶调查过中国的沿海口岸，发现福州有一条闽江，上游直通武夷山腹地。由武夷山周边发出的小船仅需两个星期便可到达福州码头。因此，若是将通过赣江输往广州的武夷茶改道闽江输送到福州出口，肯定可以节省不少钱。这就是英国人一定要清廷开放福州口岸的原因。另外，武夷茶由广州口岸输出，十三行商人可以通过垄断获得大量的利润，福州口岸开放之后，加上广州、上海、宁波、厦门等港口，英国人在所有的开放港口都可以买到茶叶，十三行商人就无法垄断茶叶贸易了。久而久之，中国出口的茶叶价格肯定会下落。

总之，围绕着武夷茶的斗争，是清朝与英国之间的一件大事，为了得到便宜的武夷茶，英国在乾隆及嘉庆时期，曾经再次派出使者到北京觐见皇帝，仍然未能解决问题。其后，在犹太资本的操纵下，英国商人向清朝大举贩卖鸦片，对中国经济产生不利影响。清朝与英国之间问题的积累，最终引发了鸦片战争。道光皇帝在没有打败的背景下，就用赔款解决问题，从而引起西方各国的注意，加大对中国的侵略。这是一个惨痛的历史教训。

第四章　近现代福建的海洋文化与精神

近现代福建的海洋事业有过一段时间的繁荣,然而,在武夷茶贸易遭到挫折以及马尾船厂骨干转到江南造船厂之后,福建渐渐转化为主要依赖侨汇经济的省份。海洋事业仍然是福建经济的主干,它的影响波及社会文化多个方面。

第一节　近现代福建海洋经济结构

晚清福建经济主要依赖扩展的武夷茶贸易,武夷茶衰退后,福建经济陷入低潮。不过,侨汇经济在近代和现代获得了大发展。

一、五口通商之后的福建对外贸易格局

福建对外贸易。福建濒临东海,境内多山少田,发展粮食生产受到了地理条件的限制,而辽阔的海洋却为福建提供了无限的发展前景。因此,自古以来,福建经济的发展就和海外贸易息息相关,海外贸易兴盛,福建经济就繁荣,海外贸易衰落,福建经济便停滞。关于这一点,有人认为在鸦片战争

发生前，福建经济尚处于自然经济状态中，对海外贸易的依赖性不大。其实不然。在鸦片战争前夕，有一个英国商人这样评述福建：

> 因为中国人常说中国在经济上是独立的，不靠对外贸易，因之有些英国人，便以为对外贸易对中国是无关重要的。所有去过中国的人们，都知道这观念是如何错误。闽广两省的人民依靠对外商业，和英国是一样的。福建沿海一带荒瘠不毛，人口稠密，本地的人民，在中国人中是最勤勉，最富于冒险性的，他们完全依靠通商来维持。从台湾、马尼拉、暹罗、柬埔寨输入大米，同时又用自己的船和婆罗洲、爪哇、新嘉坡、暹罗进行很有价值的贸易。有一位中国人告诉我：自福建移到这些地区的人，每年达二十万，这省沿海的船只非常多。[1]

可见，近代福建经济对海外贸易的依赖性是很强的。事实上，海外贸易在福建历史上占有重要的地位。毫不夸张地说，海外贸易是福建经济的生命线。

厦门、福州二港的开放及其影响。第一次鸦片战争结束后，英政府要求清廷开放上海、宁波、福州、厦门、广州五口通商，其中福建省竟占了两个口岸，这正是当时福建在外贸中占有重要地位的反映。福建的两个口岸里，厦门是清代前期中国外贸的中心城市，只是在清廷禁止厦门港直接和英美法三国贸易后，它的地位才被广州取代。对英国人来说，厦门是一个给他们留下深刻印象的城市，英国人在打败清政府之后，自然会要求重新开放这个重要港口。

福州港对英国人来说是有开拓远景的港口，当时在国际市场上，武夷茶是最热门的商品之一。而在鸦片战争之前，由于清政府的控制，武夷茶输出不得不绕道广州。英国人认为这使得他们购买武夷茶多付出许多代价，他们

---

[1] 福建师范大学历史系、福建地方史研究室编：《鸦片战争在闽台史料选编》，福建人民出版社1982年，第124页。

第四章 近现代福建的海洋文化与精神

早就发现,福州是距离武夷茶区最近的港口,只要福州开放,他们便可买到价格低廉的茶叶。所以,尽管清廷官员在鸦片战争后的谈判中多次拒绝开放福州港,但英国侵略者挟战胜之余威坚持不肯让步,迫使清廷答应了他们的要求。

福州港的航标之一马尾罗星塔

厦门、福州二港的开放给福建经济带来很大的影响。在鸦片战争前,对外贸易中最有利的是对欧美的贸易,清廷实施限制政策,致使福建出产的武夷茶无法从福建口岸出口,大量本该流入福建的白银转而流到广东,而欧美走私的鸦片,却能无孔不入地进入福建,结果导致福建的白银大量流失,经济陷入困境。两港开放后,欧美商船直接来到福州、厦门贸易,这给福建经济带来的影响是复杂的。一方面福建传统土特产受到很大冲击,例如,洋布倾销导致厦门、泉州一带的棉纺织业衰退;鸦片毫无阻碍地大量涌入福建,福建白银输出增加。这都是不利于福建经济发展的因素。但是,福建的土特产生产以小生产为基础,而小生产有很顽强的生命力,欧洲资本主义经济势力想要征服中国小生产的汪洋大海,需要时间。而且,福建和其他省份相比,还有其有利条件,鸦片战争后,欧美列强的经济侵略以棉纺织品为主力,然而，除了泉州厦门等地外，福建多数地区的棉纺织业一向不发达，且在鸦片战争前，福建所消费的棉纺织品大都是从上海运来。鸦片战争后，英国棉布部分替代了江浙棉布，这对福建本身影响不是最大。另一方面，福建个别传统土特产却在国际市场上受到欢迎，如福建的茶叶和糖，五口通商后都在持续增长。欧洲资本主义国家虽然很想用机器产品替代中国的这些土特产，但还需要时间。在资本主义国家的机制茶和机制糖生产未成熟之前，英法等国家还得从中国进口这些产品。因此，从鸦片战争结束到19世纪80年代，在欧洲各国的经济侵略面前，中国多数省份的外贸都在朝不利于自己的方向转化，唯有福建省的对外贸易在向有利于自己的方向转化。土特产输出增长很快，贸易盈余也很多。

二、近代武夷茶与福建对外贸易

福州口岸初步开放之时，对福建是一个福音。武夷茶是当时世界上最畅销的商品之一，整体贸易量仅次于棉布，胜过丝绸、黑白糖、瓷器等中国商品，也胜过非洲黑人、欧洲工业品等商品化的人与物。武夷茶贸易转回福建，是晚清福建经济兴盛的重要原因。武夷茶在闽北的生产，从武夷山区向四周蔓延，道光年间已经达到建阳县，咸丰、同治年间进入瓯宁、建安、浦城、邵武、福鼎、福安等县，光绪年间就向全国各地推广。在江西出现了河口红茶，简称河红；在安徽出现了祁门红茶，简称祁红；在武汉周边也出现了许多好茶，云南还出现了滇红。不过，最重要的武夷山红茶还是由福州茶市出口。在晚清数十年里，福州因红茶出口一度成为中国排名第二的港口，外贸出口量仅次于上海，却胜过武汉、宁波、天津这些重要城市。当年欧美各国为进口福州口岸的红茶，纷纷派出各种商船到福州来购茶，每逢茶季，马尾港口停泊着大量的商船，为了保证茶叶的质量，早日到达伦敦，由马尾出发的茶船竞相比赛，它们跨越南海，穿越印度洋，从红海穿过苏伊士运河，抵达地中海，驶过地中海之后，渐渐接近伦敦所在的泰晤士河。另有一批船舶

第四章 近现代福建的海洋文化与精神

渡过太平洋,到达美国的旧金山。此外,还有一批商船会到澳大利亚、新西兰等国,大凡英国的殖民地,都有饮用红茶的习惯,而最好的红茶,通常认为是武夷茶。因此,武夷茶贸易给福建带来巨大的利润。不过,讲到这一点的时候,我们还必须认识到,在这场贸易中,最赚钱的还是英国的茶叶商人。从福州运到英国的茶叶,通常以一至两倍的价格出售,英国商人掌握这个流程,就拿到了更多的利润。

但在 1840 年之前,英国人对茶叶贸易有两个遗憾,其一,他们不懂中国的茶叶制造法。其二,广州行商的垄断,使茶叶价格暴涨,让英国商人付出更多的代价。《南京条约》签订后,英国人动摇了广州行商的垄断。其后,武夷茶虽然仍在广州输出,但是英国人渐渐找到了打破广州茶商垄断的方法。1853 年太平军进入江西,攻克江西许多城市,于是,由武夷山到广州的茶道被太平军切断,以伍氏茶商为后台的美国旗昌洋行率先到福州采购武夷茶,获得大利,其他茶行跟上,于是,茶叶贸易转到福州茶市。在当时的中国对外贸易中,茶叶占据重要地位。据统计,1871 年至 1873 年,中国年平均出口值为 11 000 万元,其中茶叶输出值为 5797 万元,占 52.7%。茶叶输出中福建茶叶占很大比重,其中,1853 年,福州输出茶叶占全国茶叶总输出的 5.7%;1854 年占 17.2%;1855 年占 14.0%;1856 年占 31.4%;1857 年占 34.5%;1859 年占 42.0%;1860 年占 35%;1880 年占 44.5%。[①] 在同一时期,厦门口岸输出的茶叶也有近 4 万磅,所以,在福建茶业鼎盛时期,对外输出量约占全国的一半!总的来说,从 1853 年到 1888 年这 35 年时间,是福州武夷茶贸易的鼎盛时期,武夷茶出口使福建每年都可获得一两千万银元。巨额白银流入福州及厦门,使福建沿海城市繁荣起来。当年清朝在福州的税收每年都有两三百万银元。由武夷茶贸易带来的收入使福州成为全国唯一的白银出超港,这与其他港口入不敷出的状况大相径庭。福州拥有大量白银,加之太平天国战乱致使全国城市普遍萧条,清廷才会将马尾造船厂设在福建

---

① 徐晓望:《论近代福建经济演变的趋势》,《福建论坛》1990 年第 2 期。

福州，这实际上是武夷茶的贡献。

其时，浙江的宁波及江苏的上海也成为绿茶的输出口岸，英国商人能够在多个港口采购中国茶叶，华商的茶叶垄断就很困难了。为了夺走中国的茶叶专利，英国人想了很多办法。一方面，他们派人到武夷山学习制茶技术，并雇佣武夷山茶农到印度制茶，在印度东北的阿萨姆邦产出了优质红茶，而后又在锡兰、印度尼西亚等地推广茶叶种植和红茶制造，渐渐准备好了取代中国茶业的资本。另一方面，英国茶商在福州利用便利的交通条件和通讯条件，打破茶商垄断，一步又一步压低茶价。面对英商无情的杀价，武夷茶商不得不降低茶叶质量，以适应越来越少的收入。这种恶性循环一旦形成，武夷茶的名誉遭到损失，相应的是，印度、锡兰等地茶场的茶叶质量越来越好，到了1888年，英国商人终于下决心不买福建的武夷茶，而以印度及锡兰的茶叶为主要饮用茶，福建茶叶出口一度跌落低谷。福州茶市被取消，以后的福建茶叶都要运到香港茶市出售。失去英国这个世界上最大的红茶市场，福建茶业的利润大减，以后的福建茶农，只能靠乌龙茶对美国出口维持一定数量的出口量。1894年，国内进出口贸易总值为29 374万海关两，而福建省的进出口贸易总值仅有2218万海关两，在全国所占比重为7.5%，比鼎盛时期下降了一半。1901年至1903年，全国年平均进出口总值为78 400万元，同期福建年平均进出口总值约为4000万元，在全国所占比重为5%。更重要的是，福建从长期出超变为长期入超。19世纪90年代，福建省从出超几百万元逐渐下降到入超一千多万元，20世纪的前十年，福建省每年入超一千数百万元，最高的年份达到2000万元，外贸情况日益恶化。

武夷茶贸易让我们看到：福建内地的闽北山区经济也曾卷入海洋贸易，并且以整个世界为大市场。福建的海洋经济和海洋文化并非限于沿海，通过经济和市场的传导，使内地经济海洋化。发源于武夷山的红茶制造，最初是在武夷山的寺院和道观，后来向周边区域发展，因厦门商人的欣赏，被荷兰人、葡萄牙人及英国人看重，从而获得海外市场。武夷茶种植，从清初的武夷山发展到崇安及建阳两县，又从崇安建阳发展到闽北十来个县，并且突破

第四章　近现代福建的海洋文化与精神

外国茶学著作中的武夷山

闽北的范围，清代武夷山红茶在国内的市场不算大，饮用武夷茶的民众以闽粤两省为主，以闽南商人为最。开拓海外市场后，由于英国人的影响，逐步推广到世界各国。武夷茶最盛时，英国、美国、澳大利亚、新西兰、加拿大、俄罗斯都流行饮用武夷茶的习俗。清代后期，由于印度、锡兰等国种茶业的发展，武夷茶出口萧条，武夷山区又发展了乌龙茶出口，当年消费乌龙茶最多的是美国和日本。从清朝到民国，武夷茶出口一直是福建经济的基础。不过，随着社会的进一步发展，各种新产业出现，茶叶经济在整体经济中地位下滑，福建省经济在全国各省中的地位也下降了。民国末年，江苏、浙江、山东、广东的出口贸易都超过了福建，福建已经是东南沿海经济相对落后的省份。这反映了海洋经济在福建的地位，倘若海洋经济发达，福建经济在国内较有地位，海洋经济的地位下降，福建经济在国内的地位也下降了。在武夷茶贸易最盛的1888年之前，福建是国内最发达的省份之一，福州市的出口额超过武汉、广州、青岛、大连、宁波等著名的城市。由福建马尾船政开始的近代工业文化，一直是中国工业经济的主干。然而，随着武夷茶贸易衰落，马尾造船厂主力迁到上海的江南造船厂，福建经济特色衰减。闽南与福州一带的民众大都依赖海外汇款，福建本省经济处于东南各省吊车尾的地位。

中华民国成立后，前八年福建的对外贸易仍然陷于停滞，从1919年开始有所增长，1929年达到近代史上福建对外贸易额的最高峰，该年福建出口为2923万元，输入为4677万元，进出口贸易总额为7600万元。该年福建入超仍然可观，共为1754万元。以后福建的进出口贸易额逐年下降，1939年进出口贸易额为3046万元，比最盛期下降一半。抗战胜利后，福建经济全面破产，贸易总值更低。

以上情况表明，自19世纪90年代之后，福建对外贸易的发展十分曲折，其间虽有发展，总的来说是停滞的。与此同时，全国的对外贸易却有很大的发展，有人统计过，自1868年到1933年，我国出口贸易增加6倍，输入贸易增加13倍，贸易总额增加10倍。与此同时，福建对外贸易却增长不快，1873年福建进出口贸易总值为2016万海关两，折合3141万元，1933年贸易总值为5093万元，仅增长了62%，60年里，年平均增长率为1%，基本停滞，福建经济也一步步地落后了。[①]

三、近代福建的土特产生产

在机器工业引进中国之前，构成福建经济主体的是农业和传统手工业。跟内地省份相比，福建的传统工农业结构有自己的特点，内地农业大都以粮食生产为主，手工业以棉纺织业为主，福建山多地少，气候潮湿，不利于棉花生长，因此，福建历史上的粮棉生产一向不发达。为了解决吃饭和穿衣问题，福建走的道路是发展土特产生产和输出木材，用以换回最基本的生活用品——粮食和布匹。因此，土特产生产历来构成福建经济的主体。土特产输出多，福建经济便繁荣，反之，则衰落。到了近代，这种格局并未变化。近代福建的粮棉生产没有起色，虽然引进了近代工业，但近代工业在经济中所占的比例不大，还未能替代传统土特产生产的地位。海关记录也显示，福建输出的产品百分之九十九都是土特产或木材，现代工业的产品几乎见不到，

---

① 徐晓望：《论近代福建经济演变的趋势》，《福建论坛》1990年第2期。

土特产生产在福建的地位由此可见。

以下分述近代福建的木材业以及土特产各行业的情况。

木材。福建是我国三大林区之一。江浙经济发达区所用木材主要来自福建。清代福建木材生产最高点是乾隆年间，鸦片战争前后有所萎缩。以后随着上海等沿海城市建筑业的发展，福建的原木采伐业发展很快，清末福建经海关转销江浙的木材价值一二百万元，以后逐年增长，1923年达到历史上的最高峰，为2300万元。以后数年在1100万元至2200万元之间浮动。1931年因受美日倾销木材的影响，降至二三百万元，从此进入衰退期，一直到1949年依然不见有什么起色。福建木材的省内市场也很大，在解放前，像福州、南平这样的闽江流域城市，几乎全用木材建成，整个福建木材的自身消费量不会亚于鼎盛时期的木材输出量。

茶业。清代福建武夷茶是国际市场上的畅销货。1886年之后，英国人改饮印度红茶，福建茶叶产量大跌。经过数年调整，福建乌龙茶打开了美国市场，茶叶生产重又稳定，每年输出量在25万担至40万担之间浮动，这个输出量一直保持到1938年。当时福建茶叶输出在国内占有一定的地位。1936年福建茶叶年输出值占全国的35.3%，1937年占33.0%。此后，日本海军封锁中国海口，福建茶叶输出骤减，1939年仅剩13万担，迨至1948年，福建茶叶输出再降至4万担。

纸业。福建纸在宋元明清时期即畅销于国内，五口通商后，福建纸大量输往东北和东南亚，纸业呈上升之势。19世纪70年代后半叶，福建每年经海关输出外省和外国的纸价值一二百万元，以后持续上升，1905年达一千多万元，1926年为1300万元。若加上经陆路运销江西等地的纸张，总输出为1600多万元。福建纸业在国内名列前茅，民国初年杨大金的《现代中国实业志》统计，全国纸产值约为27 477 521元，其中福建为7 575 649元，占全国的27.55%。在各类纸产品中，连史纸福建占49%，毛边纸福建占64%，粗纸福建占 27%，都居于全国前列。① 1926 年以后，福建纸业历经波折，但一直到抗战结束前，大多数年份纸产量尚有近千万元。抗战结束后，洋纸输入剧增，福建纸业产量大幅度下降，年产量约为 20 万担，是 1939 年的四分之一。

糖业。福建省糖业自清代中叶以来，一直居于全国第四位，排名在四川、台湾、广东之后。五口通商后，福建的糖业仍然向前发展，有史料记载，清末泉州、漳州两府每年各生产 50 万担糖，若加上兴化府、福州府以及其他地区的糖产量，估计全省糖产量在 200 万担以上，价值 2000 万元。1936 年时有人说："三十年前福建运往本国各省者约值六七百万两，并有输出国外销售。"② 1905 年以后，印度、锡兰、印尼的机制洋糖大量输入中国，土制糖产量一跌再跌，1928 年福建经海关输往外省的糖仅有 28 万担，价值 42 万元。以后略有回升，1932 年达 10 万担，167 万元。当时人们估计，全省糖产量共有 80 万担，价值 800 万元。1937 年全省糖产量上升到 121 万担。抗战中农民改蔗种粮，抗战后台湾糖畅销大陆，福建糖业一衰再衰，解放前年产量仅有 30 万担，比之清末最盛期，相差六倍以上。③

烟草。福建是我国最早引进烟草的省份，清代福建省烟叶生产曾经冠绝全国。随着全国各地种烟业的发展，福建烟业渐渐失去了独占鳌头的地位，但近代福建烟草业仍很盛。据海关统计，清末福州、厦门、汕头、三都澳等港口输出的烟草价值二三百万元。不过，近代福建烟业主要市场在省内，所以，海关出口值远不能反映省内的烟草产量。据《大中华福建省地理志》载，民国初年永定县烟草产量价值三百万元，据说该县烟业最盛时"全县种烟者十居八九，每岁销诸省外达五百万元"。福建产烟著名的县还有仙游、永安、

---

① 杨大金编：《现代中国实业志》，河南人民出版社 2017 年，第 306—307 页。
② 蔡仲宣等：《中国经济年鉴（1936 年）》第三篇，第 12 章，工业，商务印书馆 1936 年，第 1—33 页。
③ 徐晓望：《近代福建手工业》，厦门大学历史研究所主编：《福建经济发展简史》，厦门大学出版社 1989 年。

沙县、福鼎等，估计民国最盛时福建烟草产值会有 2000 万元。但到了 20 世纪 20 年代后期，福建城市吸卷烟的人越来越多，卷烟进口越来越多，1926 年达 500 万元，以后常在 350 万至 600 万之间浮动。福建烟草业受此打击，进入衰退期。

陶、瓷、瓦、砖类。福建的瓷器曾是国际市场上的畅销品，鸦片战争后仍保持上升势头。德化瓷业最盛时年产值达一百多万元。1895 年始，欧美机制瓷大量输入中国市场，福建传统瓷业一步步地衰退，德化瓷器生产基本停顿。不过，宁德、闽清等地生产的粗瓷仍有很大销路，20 世纪 30 年代，宁德瓷器产值达一百多万元。陶、瓦、砖类的生产和沿海建筑业的发展有很大关系，沿海经济繁荣时，这些产业就发展，抗战以后沿海经济衰落，这些行业也就萧条了。

纸伞业。纸伞是一种精巧的手工产品，在洋布伞未发明之前，它在南洋一带销路很大。1911 年福建出口的纸伞共计 67 万柄，价值 21 万元；以后逐年增长，1925 年达到 187 万多柄，价值 116 万元。20 世纪 30 年代日本发明了洋布伞，福建纸伞的销路日益下降。到解放前夕，福建纸伞不仅退出了国际市场，连省内的城市市场也大半被洋伞占领。

蔬菜果品类。福建的香菇、笋干、龙眼干、荔枝干、桔子等农副产品风味独特，历来受到全国各地人民的喜爱。随着近代上海等沿海城市的发展，这些农副产品在市场上的销路日益扩大，1939 年福建桔子经海关输出值达到 179 万元；香菇外销以 1933 年最高，价值 101 万元。

樟脑。樟脑是福建的传统产品，宋代被列入贡品，但历代产量不多。随着近代化学工业的发展，樟脑的特殊价值被认识，国际市场上樟脑价格飞涨，这引起了福建等省砍树熬脑的热潮，清末福建省每年输出的樟脑价值 200 万元，最高为 1907 年的 260 万元。但到了 20 世纪 30 年代，由于人造樟脑的发明和台湾樟脑的竞争，福建樟脑输出基本断绝。

以上对福建产业的概述，可使我们认识近代福建产业的发展趋势。其中有两个特点值得注意：其一，小生产对大工业有顽强的抵抗力，在 19 世纪下半叶第一次洋货输入大潮的打击下,福建的土特产生产反而有增长。不过,小生产毕竟不是大机器生产的对手,到了 20 世纪前半叶,福建的土特产产业大都衰败。由于土特产生产构成了近代福建经济的主干,土特产生产的衰落便意味着福建经济整体的衰退。其二,近代历史上福建土特产生产有两次高潮,一次是 1853 年至 1886 年以茶叶生产大发展为主的浪潮,另一次是 1918 年至 1929 年以土纸、木材、茶叶生产为主体的浪潮,这说明近代福建土特产生产还是有所发展的,在国内也占相当的地位,只是没有解决好从手工生产向大生产过渡的问题,终究被淘汰,成了时代的落伍者。

四、福建的洋务运动与近现代企业

对于中国 19 世纪洋务运动,国内学者一向持两种观点:一种观点认为,洋务运动妨碍了民营企业的发展;另一种观点认为,许多洋务运动中开创的企业都保留下来了,成为中国近代工业的骨干企业,可见,洋务运动所办企业还是有成效的。但福建洋务运动所办企业命运多舛。马尾船政、福州机器局都在民国时期没落了,它既没有江南制造局带动上海造船业及其他工业崛起的光荣,也没有像汉冶萍公司促进湖广工业兴盛的作用。直至 1949 年,福建基本还是农业、手工业结合的传统社会。

马尾船政和福州机器局是福建创机器工业的开端,从创办时间看,马尾船政是全国最早创办的大型企业,其规模也堪称亚洲第一。这说明福建近代工业的起步是较早的,可是,最终近代工业未能在福建扎根、发展、壮大,福建马尾造船厂的历史命运是合并到上海江南制造局,耗费巨资的福州船坞基本没有人使用。又如,福州机器局所造机器难以形成规模性生产,几次因战乱而拆迁,最后落得连农业机械也无法生产的地步。从总体而言,晚清与民国的福建未能形成机器加工业,重工业在福建一直不够发达,晚清的大规模投资后来都废弃了。其原因何在?这里,拟作一些初步探讨。

第四章　近现代福建的海洋文化与精神

马尾中国船政文化城（王东明摄影）

近代福建尝试建设近代工业的第一次浪潮发生在1858—1889年。1858年英国商人在厦门创办船坞公司，这是福建第一家近代企业，在全国也属较早创办的大企业。1866年，在左宗棠的主持下，福建创办了洋务运动中最大的企业——福州船政局。福州船政局创办的头五年投资共达500万两银子，下辖锤铁厂、拉铁厂、水缸厂、轮机厂、合拢厂等九座工厂，附设有学校、工程处、考工所、广储所等单位，是亚洲第一流的大型船厂。但船政局内部官僚习气严重，生产效率不高。从1866年到1907年，清政府对船厂投资共达1921万两白银，其投资量之大在世界各大船厂中也是排名前列的。可是，船厂始终不能达到自负盈亏的地步。船厂的鼎盛时期在1884年中法马江战争前夕，马江战争中，船厂受到法国侵略者毁灭性的打击和破坏，以该厂制造出的船舰组成的福建海军也在战争中毁于一旦。此后，福建海军的力量始终没有恢复，船厂也因得不到大批贷款而陷入困境。

福建机器局是另一家中型官僚企业，创办于1869年，以制造子弹、火药为主。该厂和其他官僚厂矿一样，有低效率、浪费惊人等各种毛病，始终不能说是一个成功的企业。

19世纪70年代,俄国商人在福建创办机器砖茶厂,共十一家,很快形成了年产五万担的生产能力。但是到了1891年以后,俄国人改喝味道更浓的汉口砖茶,福州砖茶失去销路,砖茶厂纷纷停办,或迁往汉口。

在第一次浪潮中,中国商人也尝试创办了砖茶厂、制糖厂、面粉厂、玻璃厂、火柴厂、纱厂等工厂,可是,这些工厂大多因经营不善而停办。同时期欧美商人也在福建办了一些小型工厂,因为当时外商投资重点在江浙一带,所以,对福建的投资较少,未形成大的生产力。

总的来说,在第一次浪潮中福建的投资是较大的,但这些厂矿——包括大型的福州船政局相继以失败告终,这对福建的打击是相当沉重的。首先,福建建设近代工业的尝试虽然比内地省份早了三十年,但这些时间都被浪费了。其次,福州船政局是近代史上福建从国家那里得到的唯一一次巨额投资,但船政局效益却很差,以后由于种种原因,福建再未得到大量投资。

1895年至1937年,福建出现了第二次投资近代企业的浪潮。这次投资是

清"福建船政同治十年"车床(中国船政文化博物馆藏)

以中国商人为主体的，其中又以华侨商人最为突出。据统计，从清末到民国，华侨对福建的总投资达一亿四千多万元。各种投资主要集中在公路运输、水路运输、铁路运输、电气、罐头、火柴、矿产等方面。1913 年晋江华侨陈清机回乡筹办"闽南摩托车股份有限公司"，是为民间资本开办公路交通的先声。到 1933 年，省内民营汽车公司有 40 多家，共有汽车 300 多辆，营运里程长达 1790 多公里。闽江水运的投资更早些，19 世纪末，闽江出现了以蒸汽为动力的商船，至 1933 年，闽江机动轮船已有 138 艘，总载重量达 2432 吨。对铁路的投资效益较差，清末福建成立了两大铁路公司，其一是投资 600 万两银的福建铁路公司；其二是投资 112 万两银的广厦铁路公司，最后建成的石码至江东的铁路总长仅 28 公里。电气方面的投资也很多，民国时期福建有二十多个县市成立了民族资本的电气公司，总投资达 1000 多万元。轻工业方面，办得较好的厂有福州建华火柴厂、迈罗罐头公司。

在第二次浪潮中创办的企业大多能得到经济效益，所以，是较成功的。可是，由于种种原因，福建的总投资额并不多，赶不上国内其他地区，因此，这一时期福建落伍了。据 1935 年的统计数据，福建四个现代工业较发达的城市厂家资本情况如下：晋江 73 家，总资本 70 多万元；龙溪 25 家，总资本 6 万多元；厦门的统计数字不全，其中 21 家大工厂资本总额为 533.5 万元，其他小厂总数不明，但总资本超过大厂资本总和，估计厦门近代企业的总资本在 1000 万元以上；福州也不见明确数字，该市资本一万元以上的工厂有 75 家，估计近代福州工业总资本有 400 万到 500 万元。这样，全省近代工业总资本约为 1600 万元。这一资本总额在国内占多大比例呢？据 1933 年的调查，当时全国（不计台湾和东北）共有 2435 家机器工厂，资本总额为 40 692 万元，将福建 1935 年的资本总数和 1933 年的全国总资本数相比，福建仅占 3.9%。这时的福建不仅比不上上海、江苏、广东等发达省份，就连山东、山西等中等省份也比不上。其时福建只能和边疆的广西、贵州等省并列，处于下游的位置。

抗日战争时期福建掀起了第三次建设近代工业的浪潮。这次浪潮以官僚资本为主体。抗日战争中，福建海口被封锁，日用品奇缺，这给民族资本的发展带来一线生机。但是，当时福建侨汇断源，民营企业在内迁中大伤元气，所以，兴办工厂这一任务只好由福建地方政府来承担了。1939年福建省成立了"企业特种股份有限公司"，总共投资1300万元（抗战时期的法币已开始通货膨胀，实际价值大大低于战前货币），以南平、永安、建瓯为中心，创办了铁工厂、电工厂、纺织厂、制药厂等29家工厂，产值为2073万元。但这些官僚企业经济效益很差，除了电工、纺织、印刷等厂能赚钱外，其他行业都是入不敷出，管理不善。抗战后期，许多工厂停办。

抗战胜利后，国民党实行打内战的国策，福建民营、国营企业全面破产，经济凋敝不堪。

五、福建近代经济落后的原因

第一，地方贫困、财政收入不足以支持洋务运动。晚清国家财政处于地方各自为政的状态中，国家的钱有限，而各省总督却有自己的"小金库"。然而，中国南北各省，贫富不一，富饶的江苏省与浙江省，每年财政收入近千万银元，贫穷的西北诸省，每年都要靠东南各省"协饷"，否则无法过日子。福建境内多山，可耕地很少，田赋收入每年不过数十万两，不抵江南一壮县，所以，福建历来被视为穷省。所幸的是，自福州开关之后，迅速成为茶市，大名鼎鼎的武夷茶为福建赚取大量外汇，仅茶税一项税收，每年可达90万两。闽海关全年收入约为230万两银子，马尾船政的常年经费，即靠闽海关拨出的每月5万两银，即每年60万两。然而，随着清政府对闽海关的索取日益加码，闽海关提供马尾船政的经费渐无法保证，经常拖欠，即使船政大臣到闽海关坐催，也不能拿足欠费，造成马尾船政财政困难。按理国家造船厂的经费应由国家支付，英国、美国乃至日本，无不如此。日本横须贺造船厂大致和马尾船政一起创办，在创办之初，由于日本国穷民贫，船厂得不到充足的经费，其造船水平远在马尾船政之下。然而，日本人认识到建设海军与办好船厂的重要意义后,全力支持横须贺造船厂,数十年后,该厂已能制造三四千吨的铁甲战舰,这些战舰参加了中日甲午海战,成为日方取胜的基本力量。而马尾船厂却一直得不到清廷全面支持。在甲午战争前,清廷年收入已达 8000 多万两白银,若按西方国家的预算,每年拿出 20% 的经费给海军,马尾船政绝无缺钱之虞。不幸的是,由于地方财政分割等原因,马尾船政的主要经费只能来自福建本省,靠福建一个穷省要支撑亚洲一流的大规模船厂当然是不行的。由于这个缘故,马尾船政在创办 15 年之后,便感到经费极度匮乏,拖住了船厂的发展步伐。该厂的代表作是 1887 年出厂的铁甲战舰平远号,该舰排水量为 2100 吨,炮位 12 尊,在历史上参加过黄海大战与威海卫保卫战,表现不错。该舰造价仅 50.4 万两银子,平均每吨排水量造价为 240 两;而清廷向德国等欧洲船厂购置的定远、镇远、经远等七艘战舰共花去 800 多万两银子,平均每吨购价为 296 两白银,每吨位比福建船厂造价多出 56 两。可见,马尾船厂若得到充足的经费,完全可以造出适用的战舰,可惜的是,福建因财政困难,无力支撑马尾船厂,以致马尾船厂未能充分发挥效益。

晚清至民国,福建财政日益困难,连马尾厂的日常经费都无法保证,所以,马尾厂逐步缩小规模,渐趋衰落,后因抗战的影响,基本陷于停顿。

以福建全省的财力,无法支撑马尾船政,所以,在马尾船政之外,福建更无法办更多的洋务企业,除了福州机器局外,福建就没有可值一提的第三家洋务企业,而江苏等地,洋务企业办得较多,这与其财力雄厚有一定关系。

第二,交通不便,腹地太小。福建号称东南山国,山地面积占 95% 以上,山道崎岖,交通极为不便。自古以来,福建省内交通以水运为主,然而,福建山高流急,内河航行亦很困难。以福建最大河流闽江为例,自南平以上,滩险水浅,机动船无法航行,能够走轮船的水道,仅是南平以下 200 多公里的一段,在闽江上游腹地的闽西、闽北广大地区,都只能靠小木船或木排运货,最典型的例子是,星村是闽江上游的茶叶贸易中心,可这里输出的茶叶却是用竹排、小船运载。这些竹排、小船顺急流直驰而下,在礁流险滩中作"之"字形运行,惊险莫名。触礁、翻排、沉船的事件经常发生。建瓯至南平水路上，有一个著名的黯淡滩，它长达数里，有十八险滩，险处水道狭窄、曲折、流急，即使最熟练的艄公，也难保不出事故。因而，经过这段水程的旅客无不黯然失色，黯淡滩之名由此而来。如果说闽江顺水而下的航行极为危险，而要从闽江下游上溯至上游，则是异常艰难。群山胪列挡住海上气流，河道上空基本上没有风，无法使帆行船，因而若不是机动船，就只能依靠人力了。事实上，闽江木船驶向上游，主要靠纤夫在岸边背纤拉船前进，由于水流湍急，拉纤十分吃力。在南平至邵武的水道上流传着一首民谣："一步高一丈，邵武在天上。"据调查，这段200公里的水程，上溯的木船要行走20天左右，难怪船夫发出浩叹了。

  水道艰险，限制了福建商品市场的发展。福建山区的商品顺流而下，虽然艰险，但若不出事，成本较低。而从下游上溯，每一吨商品，都要耗费成倍的运输费，因此，除了少数利润极高的商品，一般商品从福州转销上游是很不合算的。这一局限性限制了福建商品市场的发展。以广东来说，广东的珠江上游有西江、东江、北江三条大江，西江水系可上溯至广西、贵州，可通轮船的水道可上溯至广西境内，因而，广西成为广州口岸的市场，而贵州也在广州的延伸市场之内。这样，在广州建设工厂，其市场至少有三省，而在福州设厂，产品市场十分有限。福建的闽江、九龙江等河流都是短促的河流，支流皆在福建境内，因此在以内河运输为主的时代，福建口岸的市场也就只能以福建为主。再以江西为例，该省是内陆省份，邻近福建省，本可作为福建腹地，可是，因为该省没有河流从福建入海，所以，该省出口货物大多绕道长江口，然后输往世界各地。

  总之，交通不便，限制了福建口岸腹地市场经济的发展，使它缺乏吸引力，因此，洋务运动的投资也少。中国近代工业企业大多建在重要商埠，这是有原因的。拥有广阔腹地的商埠商业繁盛，投资赢利的机会多，以造船业而言，江南制造总局设于上海，而上海商船往来如织，有许多船需要修理。江南制造局的造船厂从修船起家，逐步发展为造船，至20世纪20年代，江南厂已可造出万吨轮。而马尾船厂因缺乏订货，从造船改为修船，又从修大

第四章 近现代福建的海洋文化与精神

船变为修小船，企业举步维艰。事实上，民国时期，马尾造船厂的主要技术力量都被海军部转到上海。总之，福建洋务企业成长不顺，与福建地处东南丘陵地带、交通不便有很大关系。

第三，战争破坏，匪乱如毛，经济建设屡遭打击。1884 年的马江海战中，福建水师的振威、济安、飞云、扬武、福星、伏波、艺新、福胜、建胜、永保、琛航等十一艘战船被击沉，其中九艘为马尾船政所造，共值 113.9 万两，见下表：

马尾船厂所造军舰价值表　　　　　　　　　　　　单位：万两

船名	价银	船名	价银	船名	价银	船名	价银	船名	价银
福星	10.6	伏波	6.1	扬武	25.4	飞云	16.3	振威	11
济安	16.3	琛航	16.4	艺新	5.1	永保	6.7		

此外，马尾船厂遭法国海军炮击，船厂许多建筑被焚毁，损失惨重。清代末年，清朝丧失了自己造船的信心，大多数军舰自外国购入，马尾船厂因而得不到充足经费，船厂已经走入末途。迄至民国时期，海军自身的经费不足，更无法支持马尾船厂。抗战发生后，福州两次被日本侵略军占领，船厂设备一部分内迁，一部分被敌人破坏。1949 年，马尾船厂已是一片废墟。

清末至民国初，福建匪乱如毛。著名土匪卢兴邦由尤溪起家，聚众至万余人，后被国民党军队收编，占据闽西北十几个县。省境内类似卢兴邦的民间武装不可计数，他们或占据山头，或控制一县一乡之区域，称王称霸，骚扰乡里，几无安息之日。在这种环境里，交通受阻，商品流通不畅，发展经济极为困难，城市市场日益缩小，工业的发展环境不佳。实际上，各种企业也很难发展。就进出口总额来讲，1929 年福建出口 2923 万元，进口 4677 万元，是近代史上福建进出口贸易的最高点，此后 20 年皆未超过这一数字，抗战之后更微不足道。这种状况显然是战争造成的。这种背景下，福建机器工业一直未能大发展，也是可以理解的。①

---

① 徐晓望：《福建洋务运动失败原因初探》，《福建史志》1995 年第 6 期。

马江海战烈士墓

  以上从对外贸易、土特产生产，近代工业等三方面探讨了近代福建经济的演变大势，可以发现，19世纪80年代是福建经济发展的一个关键时期。在此以前，福建的对外贸易、土特产生产和近代工业都在国内占重要地位，但就在80年代中期，福建经济遭受了两次重大挫折。首先，福建出口的拳头产品茶叶受到英国人的抵制，失去外贸市场，销量大跌，这不仅使福建最重要的一项土特产生产衰落，而且还改变了福建在对外贸易中的地位，从此以后，福建渐渐从出超变为入超。其次，福建尝试近代工业的骄傲——福州船政局在中法战争中遭受重大破坏，从此一蹶不振。到了90年代后，帝国主义侵略势力对福建经济的打击接踵而来，瓷业自1895年开始衰退，糖业从1905年起进入萧条期，1930年以后，福建的木材生产、烟草生产都大幅度下降，所以，尽管在 20 世纪 20 年代福建经济还有所发展，但总的发展速度远远落在其他省份后面。因此，这一阶段福建经济已远远落后于其他省份，外贸仅占全国的 3%，1936 年更降至 1.6%，近代工业总投资在全国仅占 3.9%。个别土特产生产虽在国内占一定比重，但从大趋势来说，全国的土特产生产在国民经济中所占的地位都在下降，况且在抗战结束之后，福建的土特产生产也大都崩溃了。总的来说，在 19 世纪 80 年代以前，福建省还是国内的先进省份，以后逐步落后，到了 20 世纪 30 年代，已排名于全国各省的末尾，处于下游位置。那么，近代福建经济落后的原因是什么？从国民经济学的角度看，原因有三点：其一，失去了一千年来在国内对外贸易中的主导地位；其二，未完成小生产向近代产业经济的过渡，传统土特产生产衰败；其三，建设近代工业的步伐落后于国内其他省份。当然，这三点原因的背后是更深刻的社会原因，例如，帝国主义国家的经济侵略、封建主义的羁绊，以及军阀混战、官僚机构腐朽，等等。这些将另文探讨。

第二节　近现代福建与海外的文化交流

近代 80 年是中国思想文化急剧动荡的年代，鸦片战争后，闽人最早意识到向西方学习的必要性，随后将它转化为"洋务运动"，马尾船政是洋务运动最重要的成果。其后，林纾翻译西方小说，严复介绍西方的思想文化，陈季同向欧洲介绍中国文化，在沟通中西方文化交流方面做出了卓越的贡献。

一、睁眼观天地　译书通海国

福州是一个具有 2000 多年历史的对外交通的港口，早在汉代，以东冶出名的福州城便建立了与日本、越南的海上交通线。它一向有海外开放的传统。早在唐代，福州城即有"海夷日窟，风俗时不恒"的说法，这说明当时有不少海外来人住在福州,乃至福州风俗受影响。① 千百年来历尽沧桑,福州一直是沟通中外交流的桥梁。即使在清代前期普遍封闭的背景下,闽人关注海外的程度也高于内陆省份。尤其是在清代嘉庆、道光年间,以郑光策为代表的经世致用之学兴起,它为中国知识界培养了林则徐、李彦章、梁章钜等务实的官员。

荷兰人绘制的福州地图

鸦片战争前后的外交与军事冲突震撼了闽中士大夫,福建是一个"经世致用"学派昌盛的区域,有经世之志的士大夫们,过去把注意力集中于国内问题,但尖锐的外交问题很快吸引了他们,他们纷纷为林则徐献计献策。鸦片战争中方失利后,中国士大夫更感到必须了解这个远隔重洋、千古未闻的对手。因而,"经世致用"之学又添了一个重要内容:研究西洋国家。

在研究西方上,走在最前面的还是福建的林则徐。身负与英国殖民主义

---

① 陈叔侗:《福州中唐文献孑遗》附图,福建省博物馆编:《福建历史文化与博物馆学研究》,福建教育出版社1993年,第202页。

第四章　近现代福建的海洋文化与精神

者折冲樽俎的重任，遵行经世学派的一贯作风，他很注意了解对手。在广州时，他组织人马翻译澳门报刊，选编《澳门月报》，还翻译西方地理学著作，编为《四洲志》一书，扩大了中国人的视野。经过初步研究后，他已感到中西文化有许多不同点，又编成《华事夷言》一书，有意探察西方的社会。他的这些贡献，对后世影响很大，著名思想家魏源继承他的工作，编成《海国图志》一书，为中国人展开了整个世界的画卷。

林则徐对后人影响最大的，还是提出"师敌之长技以制敌"的口号，以后，魏源将它改为"师夷之长技以制夷"，两个口号一脉相承。它们的价值在于：表明中国人第一次承认海外文明有胜过中华文明之处，中国人有必要向西方学习。因而，后人称赞林、魏开启近代西学之先河。从这一点看，后人将林则徐誉为近代睁眼看西方的第一人，并非虚誉。

林则徐是一位眼光博大的战略家，从他晚年的诗文中，我们可以看到：林则徐对中国面临的内忧外患充满忧虑，他察觉北方沙皇的帝国必为中国将来之患，而英国贪婪之心永无止境，因而，挽救大清面临的危机、抗击外敌成为他晚年主导思想。这位爱国主义者的思想有两点沾惠后人：其一，爱国主义；其二，为了保卫国家，中国人必须向海外国家学习。近代闽人思想的变化，也可以从这两点中看出。

五口通商后，海禁松弛，有一些士人联翩游历南洋、美洲等地，他们的游记曾引起许多人的好奇。而宦游闽中的官吏，更是借职务、地利之便，开始编辑了解海外的图志。例如，在福建做官的姚莹就颇有成绩。后来，因为魏源《海国图志》一书出版，姚莹才中止了自己的工作。

另一位对西方抱有浓厚兴趣的学者是福建布政使徐继畬（山西人）。他于鸦片战争前即任职福建延建郡道，后调任汀漳龙道，1842年任福建布政使，1846年升福建巡抚，直到1851年去职，在福建任职达十几年。其时，福建经世学者中已形成探索海外之风，徐继畬在与海外人士接触后，便有了编写《瀛环志略》的想法。该书于1848年出版，前后费时6年。他在序言中说："道光癸卯，余因公驻厦门，晤米利坚人雅裨理，西国多闻之士也，能作闽语,携有地图册子,绘刻极细,苦不识其字,因钩摹十余幅,就雅裨理询译之,粗知各国之名,然匆卒不能详也。"此后,他利用公事之暇,广泛收集材料,终于撰成《瀛环志略》一书。

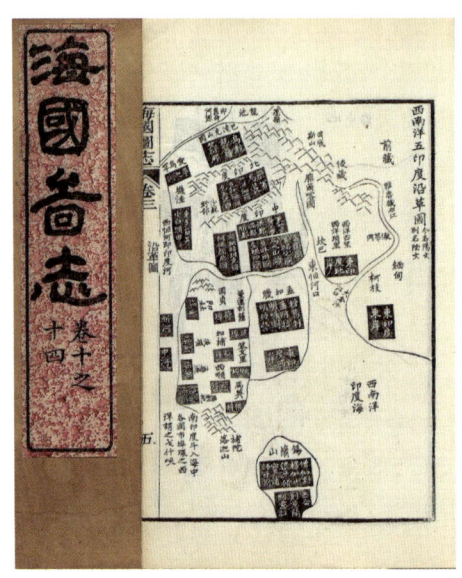
《海国图志》书影

《瀛环志略》书影

《瀛环志略》仅十卷,而魏源《海国图志》多次增刊,达一百卷,然而,在道咸时期,二书齐名,王韬说:"近来谈海外掌故者,当以徐松龛(继畬)中丞之《瀛环志略》、魏默深司马之《海国图志》为嚆矢,后有作者弗可及也。"① "徐松龛之《瀛环志略》,以精约胜,魏默深之《海国图志》以渊博胜。"② 可见,《瀛环志略》是一部简约精要的地理书,对当时扩大知识分子的视野起了重要作用。

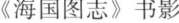

① 王韬:《瀛环志略跋》,《弢园文录外编》卷九,中华书局1959年。
② 王韬:《上丁中丞书》,《弢园尺牍》,上海古籍出版社2020年,第105页。

二、通西学精髓　铸变革新人

严复、林纾、陈季同是近代福州三大翻译家，他们在沟通中西文化方面的贡献，沾惠后人。

严复，福建侯官人，生于1854年，13岁入马尾船政学堂学习英文、自然科学与造船，毕业后，在军舰上实习数年。1877年被派至英国留学，1880年回国。在英国留学期间，他接触了西方资产阶级哲学和社会政治学说，受到强烈的震撼。甲午战争失败后，他连续发表了《论世变之亟》《原强》《辟韩》《救亡决论》等重要政论文章，猛烈抨击时政之弊，提倡新学，宣传变法救国。他有感于国人对西方思想所知甚少，乃下决心翻译《天演论》《社会通诠》《法意》《原富》《群己权界论》《名学》《支那教案论》《群学肄言》等名著，将"物竞天择，适者生存"的理论介绍到中国。他在《天演论》中强调中国必须顺应"天演"的进化规律实行变法维新，使国家由弱变强，否则会

船政留学生在英国格林威治皇家学院门口合影

在激烈的竞争中被帝国主义弱肉强食而亡国灭种，终被淘汰。严复古文极佳，观点新颖，此书一出，引起知识界的轰动，进化论成为人们口头引用最多的理论，书中的名词也流行起来。

更为重要的是，严复通过该书翻译，指出了中国传统文化的根本弊病所在，要求世人改变锢习，全面吸收西方文化。他认为富强的根本方法是：培养民力、民智、民德。所以，应当禁止鸦片与缠足，提倡尚武精神，废除八股取士而以西学教育民众，乃至废除专制政治而实行君主立宪制度。所以说，严复为维新运动构造了理论依据——"物竞天择，适者生存"的进化论，也为维新运动指出它最终目标——建立"君主立宪"的资产阶级制度。因此，严复与康有为并列为维新运动中的两个核心人物。

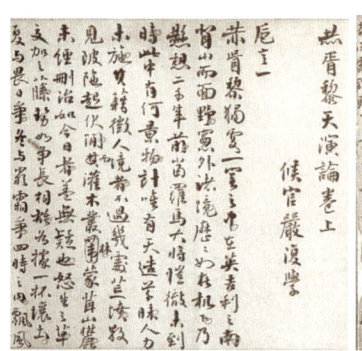

严复和《天演论》手稿

令人赞叹的是：严复对于西方资产阶级的思想并不是盲目地崇拜，他在译述这些著作时也加以分析和批判，对达尔文、赫胥黎、斯宾塞等人的进化学说有赞有弹，从总体上采取"兼容并蓄"的方针，让中国的学者自己进行比较，并期望后人能有建树。

对于中国传统文化，他也不是一味否定，他的《辟韩》一文严厉批判法家的专制主义，同时对原始儒家的民本思想大感兴趣。在晚年，他还写了《老子》与《庄子》的评语，将老庄的政治思想与孟德斯鸠的思想进行对比，大体上肯定了老庄思想中进步的成分。他在对八股文进行挞伐的同时，提出了传播西学最终能使旧学昌明的观点。对于这些,我们不能简单地说他思想中存在着矛盾,而要看到他"兼容并蓄"的宽广胸怀。他在担任北京大学校长后,提出了"兼收并蓄"的办学方针,以后,这一方针成为北大的传统,实际上,在相当长的时期内,它也成为中国学术界奉行的指导思想,以故,被资产阶级视为洪水猛兽的共产主义思想能在北大校园公然传播,从而造成了一场伟大的革命。

 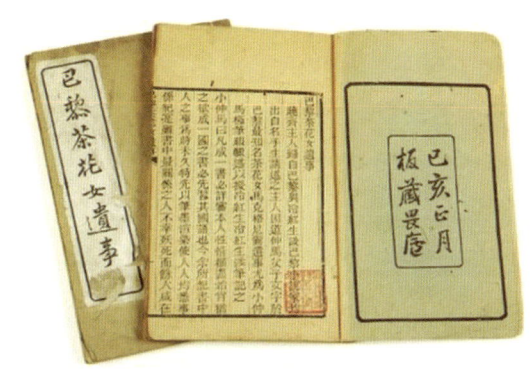

林纾及其译作《巴黎茶花女遗事》

林纾是桐城派古文大师,以翻译小仲马的《茶花女遗事》一书闻名于世,其实,他还是一个热心的维新运动推动者。他曾模仿白居易讽喻诗的风格,作《闽中新乐府》32首,针砭时俗,力图唤醒国人。组诗的第一首是《国仇》:"国仇国仇在何方,英俄德法偕东洋。"面对帝国主义瓜分中国的威胁,他提醒国人:"波兰印度皆前事,为奴为虏须臾至。"他呼吁恢复尚武精神:"须求洋将练陆兵,二十万人堪背城。"在终篇中他的爱国之心跃然纸上,"我念国仇泣成血,敢有妄言天地灭"。对西方的经济侵略他也十分警惕,在《谋生难》一诗中指出西方工业品夺走中国商品市场,中国人应当奋起重振工商,改变歧视工商的传统习惯。为了使中国重振,他无情地批判各阶层的陋俗:《渴睡汉》指责外交官员蒙昧无知;《林先生》讥刺塾馆的教学方法;《灯草翁》批判吏治;《关上虎》点出厘税害民;《郭老兵》揭发兵制的腐朽。林纾重视社会习俗的改造:《生髑髅》哀痛吸食鸦片者;《小脚妇》三篇痛诉女性缠脚之苦，主张放脚；《灶下叹》反对锢婢陋习；《水无情》哀怜被溺女婴；《跳神》《棠梨花》《检历日》《郁罗台》《肥和尚》等篇反对宗教迷信。林纾的这些诗，反映了维新派力图全面改造社会的雄心，在闽中传诵一时，也为维新运动大造舆论。林纾的另一贡献是大量翻译西洋小说，为中国人展现了西方社会的各个侧面，从而使中国人认识到：西方不仅有放火焚烧圆明园的强盗，还有和中国人具有同样感情的平民，他们的社会与制度有许多长处。这对改变中国人对西方的观念起了潜移默化的作用。值得注意的是：林纾主张改革，向西方学习，却没有放弃儒学，乃至民国初年，他被当作落伍的典型人物。其实，他和严复共同的特点是多元的文化观，主张兼容并蓄。

陈季同（1851—1907年），福州人，16岁考入船政学堂，他跟随法国教习学习法语和制造工艺，从此打下了坚实的法文基础。因其在翻译法文方面十分流利，被授予"文案"一职，1877年他和严复等人一同到欧洲留学，在法国学习政治、法律。次年成为清朝第一任英法公使郭嵩焘的翻译，受其器重，在清驻法大使馆工作，仕至参赞一职。他在法国前后16年，著有8部法文著作：《中国人自画像》《中国人的戏剧》《中国故事集》《中国的娱乐》《黄衫客传奇》《巴黎人》《吾国》《英勇的爱》，这些著作在欧洲产生巨大的影响，被译成英、德、意、西、丹麦等多国文字。其中《中国人自画像》《中国的娱乐》二书，其价值不亚于林语堂的《吾国吾民》《生活的艺术》，但比其要早50年！

严复写给陈季同的对联

受西方近代人文社会科学的影响，陈季同在介绍中国文化时，很注重不同文化在文化取向、生活方式、价值观念、思维方式、社会规范的差异，并分析了差异导致文化冲突的原因。陈季同回国后，为了保卫台湾，曾设计台湾民主国的共和制度体系，宣称只要打败日本侵略者便回归中国。

抗割台斗争失败后，陈季同在上海创办《求是报》，介绍西方国家的自然科学、政治制度，宣传维新思想，并翻译了西方法律制度的经典之作——《拿破仑法典》，为西学传播出了大力。

中国近代是一个中西文化碰撞交融的时代。欧美国家是近代科学的发源地，也是文艺复兴的发源地，它不仅在科学技术上远远超过中国传统文化，在文化界也有许多不同于中国传统文化的内容。在中西文化交流方面，福建的贡献是独特的，涌现出一批精通西学之人，如林则徐、严复、陈季同等，他们的贡献为铸就新一代中国人奠定了基础，从而开启了中国近代以来的改革浪潮。

三、开眼观天地　鼓浪儿哲人

自电讯技术革命发生后，电报传播消息的速度远胜于轮船、火车，福建在这方面不再有地理优势。而中国的文化浪潮也多在消息便利的大城市兴起。不过，因为历史与传统的延续，闽人某些领域的贡献还是十分突出的。

辜鸿铭（1857—1928年），福建同安人，又名汤生，字鸿铭，别称汉滨读易者，出生于马来西亚的槟城。1877年获爱丁堡大学文学硕士荣誉学位，其后，又获德国莱比锡大学土木工程学位。他精通英文、德文、拉丁文、希腊文、法文、日文，学过西方哲学、文学、工程学等学科。1885年，辜鸿铭回国，进入张之洞幕府20多年，曾得清廷赐"文科进士"称号。1910年任上海南洋公学校长，辛亥革命后，他被聘为北大教授。主要著作有《张文襄幕府纪闻》、《读易草堂文集》、《中国人的牛津运动》（英文）、《中华民族精神和战争的出路》（英文）、《怨诉的声音》（德文）等，并将《论语》《中庸》《春秋》《孝经》翻译为英文、德文。在中国近代思想家中，辜鸿铭是兼通中西学术的杰出人物之一，他的主要贡献是向西方人介绍东方文化，弘扬中国悠久的文化传统，对沟通中西文化做出了卓越贡献。在以思辨哲学闻名的德国，他被誉为与泰戈尔并列的两大东方文化代表人物。晚年，他与俄国大文学家托尔斯泰通信，托翁接受许多东方文化观念是和他有关的。德国学者曾组织"辜鸿铭俱乐部"和"辜鸿铭研究会"，以示尊崇。在中国近代，他是第一个受到西方学术界广泛认可和赞誉的学者，在世界文化界获得崇高的声誉。不过，他在国内却被视为守旧派、时代落伍者。这种评价的巨大反差是很少见的。

辜鸿铭是近代中国学者中第一个大力批判西方文化的思想家。尽管他受过西方文化的熏陶，同时也接受西方文化的科学技术，不过，他对西方文化的内核持批判态度。其一，批判西方的权利观念，提出"西人之政刑有不足法也"。[①]他认为西方人崇尚权势，将有无权势当作好人、坏人划分的标准，进而用儒学的仁义观去批判权势观，从而否定了西方的人生哲学。这种批判似是而非，但反映了他厌恶西方权利观的倾向。其二，批判西方重利轻义观念。在20世纪初，发展到帝国主义阶段的资本主义列强终于相互厮杀起来，掀起了人类历史上罕见的世界大战，数千万人在战争中死亡。导致这场人类大浩劫的原因，确实和西方文化重利轻义的本质有关。西方文化有沙文主义倾向，他们将本民族的利益看得至高无上，却把其他民族贬为尘土，力图从其他民族手里夺得生存空间，各个帝国为争夺势力范围尔虞我诈，最终必然诉诸武力。因此，辜鸿铭对西方文化重利轻义的批判，其实质是对帝国主义强权政治的批判。其三，辜鸿铭在批判西方观念的同时，也向西方传播东方文化观。第一次世界大战的发生，暴露了西方文化的根本弱点，这就是欧美人无限扩张的欲望和地球资源有限的矛盾。值此之际，辜鸿铭陆续发表了《中华民族精神》《怨诉的声音》等名著，他以中国传统的儒教精神为指导，向西方人宣传"德胜于力""礼让为国"等观点，引起了西方人的注意。所以，第一次世界大战后，西方学者对东方文化的态度大变。在清末，他们将中国人看作"黄祸"；而此时，他们不但承认中国有高度文化，而且承认西方人有向东方文化学习的必要性。一战结束不久，德国人斯宾格勒著《西方的没落》一书，在西方世界产生轰动效应，实际上，该书许多观点袭自辜鸿铭。

---

① 辜鸿铭：《辜鸿铭文集·读易草堂文集》，岳麓书社1985年，第17—18页。

第四章　近现代福建的海洋文化与精神

从 1840 年以来，人们多用西方价值观评判中国人的文化观，只有辜鸿铭用中国传统价值观分析、批判西方文化观。仅就这一点而言，辜鸿铭确有人所不及之处。

维护儒家文化观。清末民初，许多中国人都将传统儒家文化当作负担，这是清末中国屡遭侵略产生的后果之一。人们认为：传统儒学文化已经无法抵挡列强入侵，从而转向西学。在这种背景下，从小接受西方文化教育的辜鸿铭却力主以儒学立国，辜鸿铭不仅服膺儒学，而且，还将正统的朱子学奉为真理，这与清末民初学术界风气是相抵触的。在帝制被推翻的民国时期，他依然故我地宣传"三纲五常"，主张敬天，"以正谊明道为归"。他的态度使他被当时人视为怪物，后世学者也说他有文化恋母情绪和文化自我中心主义倾向。 实际上，我们从他的政治态度以及对西方文化的批判来看，他必然归宗于儒学，而且，必然以儒学正统的朱子学为指导思想。这是他的思想体系决定的。

辜鸿铭

林语堂

兼通中西文化的林语堂。林语堂为福建龙溪县（今漳州）人，生于 1895 年，其父为教会牧师。林语堂早年就读教会的英语学校，1912 年进入上海教

---

① 周武：《论辜鸿铭》，《福建论坛》1989 年第 2 期。

会主办的圣约翰大学，1919年留学哈佛大学文学系，后转到德国的耶拿大学、莱比锡大学，获得哈佛大学的硕士学位及莱比锡大学的博士学位。1923年回国，先后在北京大学、北京女子师范大学、厦门大学任职。他的英文程度优秀，1928年任中央研究院英文总编辑，东吴大学法律系英文教授；1930年成为国际笔会的中国发起人；1931年任中央研究院西文编辑室主任。他能用英文发表短篇小说、话剧等。林语堂编写过《开明英语读本》和《开明英语文法》等英语教科书，编纂《汉英词典》，晚年在香港出版《林语堂汉英大字典》，不愧为那一时代中国人中的英文权威人士。鉴于欧美诸国对中国文化的隔膜，林语堂将中国的一些优秀著作翻译成英文，例如《浮生六记》《黛玉葬花诗》等，因其在传统学术上的坚实基础，他还将《史记》中最难读的《货殖列传》译成英文，展现了中国古代的商业经济学水平。

1935年之后，他在美国用英文写小说，主要作品有《风声鹤唳》《京华烟云》。抗日战争时期，美国人急欲了解盟友的文化性格，林语堂用英文写了《吾国与吾民》《孔子的智慧》《生活的艺术》等介绍中国文化的著作。其中《吾国与吾民》一书又名《中国人》，该书针对美国人对中国人的许多误解，进行了委婉的解释，他的文笔幽默、轻松，不露痕迹地彰扬中华文化，赢得许多英语读者的欣赏，对重塑中国的形象起了很好的作用。

清末民国时期，闽人在文字改革与建设方面建树颇多。其中如林白水发起白话文运动，卢戆章发明汉语拼音，高梦旦编辞典，在汉字检索方面贡献颇多；颜惠庆编纂中英双解辞典，林振翰介绍世界语，都是杰出的贡献。近代闽人在语言学方面的贡献，反映了福建文化在沟通中西文化交流方面的地位和作用。历史上，福建人与海外交往较多。五口开放之时，福建有厦门和福州两个口岸，得风气之先，最早受到异域文化的洗礼。从欧美传来的宗教、医院、学校、报纸最早在福建等沿海省份生根，福建在学习西方教育这一点上，有早期办得最成功的马尾船政学堂，教会学校的兴起也很早，因此，福建省很早就培养了一批兼通中西的人才。那一时代的福建人，官话讲得好的人很少，却有不少能讲英语、法语的人。在洋务运动和维新运动时期，福建又是最早掀起留学潮的地方,大批留学生到欧美、日本留学,其中不少人成为中国最早的工程师和科学家。

四、造船马江岸　洋务激思潮

咸丰、同治年间,清朝又面临了新一轮的内忧外患,其内是规模浩大的太平天国运动,它是中国一次重要的农民起义,战火燃遍整个中国。当清廷与太平天国激战时,英国与法国乘势发动第二次鸦片战争,迫使清廷签订城下之盟。这两次沉重的打击,使朝廷上下感到再也不能沉睡下去了,作为朝廷重臣的曾国藩、左宗棠、李鸿章等人,拾起了"师夷长技以制夷"这一口号,并以"经世学派"特有的实践精神,开始了洋务运动,福建洋务运动的代表人物是左宗棠和沈葆桢。

左宗棠担任闽浙总督三年,戎马倥偬,在福州仅七个月。然而,在这短短的时间内,他做了许多事。例如,建立正谊堂书局,刊行理学典籍,力图重振闽中理学;又如,翻刻《海国图志》,促使人们深入了解西方政情、文化。而最重要的一项决策是:建立马尾船政局,仿造西式轮船、战舰。

马尾船政制造的第一艘轮船:"万年清"号

作为经世派的学者，左宗棠对西方研究已久，他深深知道"东南大利，在水而不在陆"。自欧美轮船航行于中国沿海，东南水运之利尽为其所夺，东南船户，破产者十之六七。从军事形势而言：以轮船运输军队、物资，可以北上三韩，南下百粤，交通便利，况且，英法入侵中国，全凭海军，若无一旅与其相抗，中国万里海疆门户洞开，因而，中国一定要有海军，要有轮船组成的舰队和商队！而在这方面要赶上外国，就得建造现代化船厂，吸收先进技术，争取造出自己的舰队。① 左宗棠的这些主张，写进他那份著名的奏折，在这里，我们可看到左宗棠一颗火热的报国之心，年过半百的他，深切盼望中国能自强自立，不再受海外列强的欺侮。值得注意的是，左宗棠办船厂得到福建缙绅的全力支持，当左宗棠接到调任陕甘总督的任命时，曾任江西巡抚丁忧在籍的沈葆桢率福州缙绅百余人向朝廷呈请，恳留左宗棠暂缓西行，以便落实办船厂一事。②

日意格

沈葆桢

沈葆桢（福州人）是林则徐的外甥，后来又成为林家女婿。在咸丰、同治年间，他被视为林则徐血统及道德文章的继承人。续办船政的重任最终落

---

① 罗正钧：《左宗棠年谱》卷四，岳麓书社 1983 年，第 124—125 页。
② 林庆元、罗肇前：《沈葆桢》，福建教育出版社 1992 年，第 31 页。

第四章　近现代福建的海洋文化与精神

在他的肩上。他任船政大臣的八年内，福建成为东南洋务运动最兴盛的区域，一时四方人物汇集福州。例如，热心于船政的法国人日意格、德克碑，熟悉洋务的署理福建布政使周开锡及叶文澜、黄维煊、徐文渊、贝锦泉，知名的学者谢章铤、郭柏苍、林纾、刘存仁等。在福州这个飘荡着海水咸味的城市，人们十分关注中国人的海上前途，每一次海疆事件都震动福州。例如：1874年日军入侵台湾岛牡丹社事件发生后，沈葆桢受命率福建水师前往台湾，与日军对峙。海外列强的军舰，也经常访问马尾港。在这种环境里孕育了沈葆桢富有海防特点的洋务思想。沈葆桢洋务思想的特点在于：（1）积极引进西方先进技术。马尾船政学堂主要分造船和驾驶两个系统，当时法国的造船术领先于世界，学堂的造船便以法国为师；英国海军的驾驶技术一流，学堂的驾驶便以引进英国技术为主。为了能够独立造船，沈葆桢毅然派出留学生赴欧学习，第一批学员为魏瀚、陈兆翱、陈季同、刘步蟾、林泰曾五人，后来都成为造船与航海界的精英。他还多方搜览科技书籍，以充实船校藏书。（2）警惕日本军国主义的入侵。通过牡丹社事件，沈葆桢充分认识了日本的侵略野心，为了抵消日本日益扩大的海军势力，沈葆桢力主购买铁甲战舰，并将专款让给李鸿章，以使北洋海军早日拥有铁甲舰。在晚清重臣中，数沈葆桢最重视海军。（3）开发台湾，将台湾建为海防要塞。沈葆桢在抚台期间，奏准架设福建至台湾之间的电报线，彻底撤销渡台禁令，在台湾全岛开辟大道，并兴办基隆机器采煤业，这一切措施大大加快了台湾开发。为了抵御外来势力再次入侵，沈葆桢熟筹台湾海防，尤其注重可能从台湾北面来的侵略，他的这些战略思想，在台湾历史上发挥过重要作用。

马尾船政作为一个船厂与海军学校的共同体，先后造成了四十艘军舰，培育了大批海军人才，完成了建立一支近代化海军的目标。但马尾船政最大的成功还是引进了西方先进的工程技术，孕育了中国第一代工程技术人员。虽然它的程度只有中专水平，但它建立了以科技立国的传统。由该校毕业的学生成为中国第一代近代科技工程人员。其中优秀的毕业生又被送到欧美国家深造，他们在中国建立了最早的近代科学技术体系，把中国逐步引向现代化，为中国近代科技的发展奠定了基础。从这一点而言，马尾船政在中国历史上有其地位。

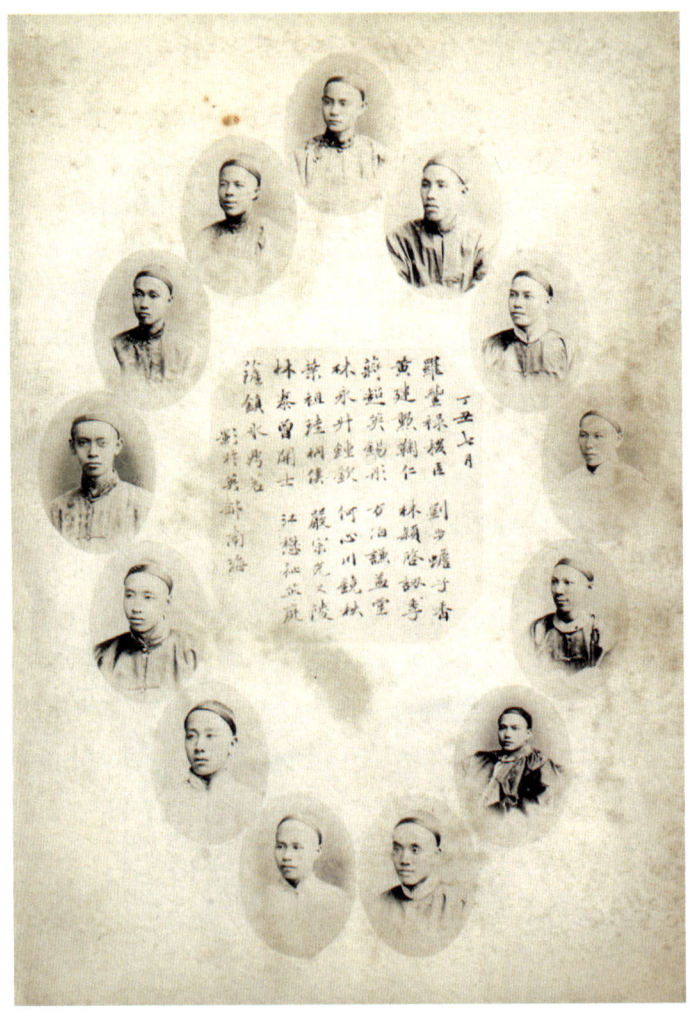

马尾船政留学生

由于船政的指导思想就是向欧洲学习先进技术，所以，船政学生对海外的看法就大大超过国内普通知识分子的水平。还在许多学者以"西方技术领先，中国文化领先"来自我安慰时，亲身游历过欧洲的船政学生便开始赞叹

第四章　近现代福建的海洋文化与精神

欧美良好的政治制度与习俗，他们的思想走在国内知识分子的前头。以故，由他们中间产生出一个伟大的学者，系统地翻译西方名著，则是很自然的，而这个任务，由严复承担起来了。

近代以来福建工程师和科学家。鸦片战争爆发后，在林则徐、邓廷桢等人的主持下，闽人便开始引进西方技术，制造火炮，以后又出现了远东第一流的马尾造船厂。因此，在晚清时期，福建科学、技术在国内是相当先进的。

1. 近代以来福建的工科专家

丁拱辰和《演炮图说》。丁拱辰（1800—1875年），字淑原，号星南，出生于晋江商人家庭，年轻时随父兄赴海外经商，游历过菲律宾、伊朗及奥斯曼帝国。他为西洋科学技术所倾倒，尤其醉心于枪炮、军舰制造，是鸦片战争时期国内罕见的精通西洋科技的人才。当时，他客居广州，为地方官所聘，监制新式大炮。次年，他刊印《演炮图说》一书，以文字附图介绍西方战船、火车、轮船、火炮及各种军械常识。曾得道光皇帝赏赐六品军功顶戴。其后，他继续研究西洋武器，写成《西洋军火图编》6卷，附图150幅。对中国军火工业吸收西方技术发挥了重要作用。

黄取铸炮。黄取是闽南民间著名的铸造师[①]，善铸各式犁铧和制糖锅。鸦片战争之后，他为清廷铸造各式铁炮，巨炮重几千斤，有一定威力。从1840至1850年，共造炮百余尊。

马尾船政建立后，聘请了一大批留学西洋的工程师，他们各有杰出贡献。

詹天佑，徽州婺源（今江西上饶市婺源县）人，马尾学堂的第八期学生，毕业后曾在马尾船政任职。他是近代中国工程师的著名代表，以设计、建造京张铁路闻名天下。他的成功，象征着中国人掌握了西方一流的建造术。

魏瀚，侯官（今福州）人，他是马尾船政学堂送出的最早的留学生之一，进入法国的削浦官学，主要学习铁甲舰、枪支的制造。他在留学生中屡列上等，被誉为可与法国工程师相比，受到中法双方的重视。1879年学成回国，

[①] 黄典诚：《清代闽南杰出的铸造师——黄取》，陈再成编：《漳州历代名人传略》，1986年，自印本。

随即被派往德国监制清朝定制的定远、镇远两艘巨舰。1882年回国后在马尾船政局工程处，负责横海、镜清等舰的设计工作。中国第一艘铁甲舰"平远"号是在他主持下造成的。后受法国主管的排挤，一度离开船政。1902年返任，担任过马尾船政的会办。离开马尾后，他曾在广东"总办黄埔造船所并所属学校及石井兵工厂"，晚年再回船政任职。以魏瀚为代表的一批留欧学生掌握了近代造船术，成为马尾造船厂的中坚。

池贞铨，福清人，在第一批留学生中，池贞铨和其他四位同学专攻"矿务制造理法"，先在工厂实习，后转入巴黎矿务学校。从该校毕业后，他又被送到德国的矿业城学习勘矿、采矿、冶炼等实用矿务技术。1880年学成归国，在马尾船政工作。为了减少对外国煤铁的依赖，池贞铨被派到四郊调查煤铁矿，发现穆源铁矿和煤矿，从而成为中国最早的野外找矿工程师。池贞铨成名后，成为各省罗致的专业人才，辗转各地，调查矿产，在湖北、湖南及西南各省跑的地方尤其多，为这些地方的矿产调查做出了贡献。他还参加山东铅矿、金矿的筹建，并为湖北大冶钢铁联合公司的筹办出了大力。中国"煤都"山西、"铜都"江西、"金都"胶东、"有色金属之都"贵州等的成名，都与他的前期劳动有关。

陈兆翱，福州人，第一批留学法国的马尾学堂学生之一，以轮机制造为专业。在法国留学的三年看到法国新式锅炉经历立式到卧式的变化，据说他参与发明了抽水机，受到法国工程界的好评。他是那一时代第一流的轮机专家，回国后在马尾船政任工程处总工程师，负责轮机设计，发明方面颇有建树。马尾船政制造的多艘军舰，都和他有关。

林日章，福建人，马尾学堂的学生，后与陈兆翱等留学法国。回国后在马尾船政任轮机工程师。曾与池贞铨一起找矿，后在开滦煤矿任工程师。他是中国第一个以西法炼银的主持人。事迹与林日章相似的还有罗臻禄等人。罗臻禄留法回国后，与林日章等人一起，主持轮机制造，晚清为各省主持找矿工作，成绩很大。

巴玉藻，内蒙古人，出生于江苏。清末被选派赴英国留学，1915年转学美国，研究飞机制造术，被美国波音公司聘为第一任飞机制造总工程师。1917年归国，就任马尾造船厂飞机制造科主任，于1918年造出中国第一架飞机。在其任职马尾造船厂期间，共造出11架达到当时国际水准的飞机。1929年在欧洲考察时被日本间谍暗杀，他的死是中国飞机制造业的重大损失。

晚清民国初年的马尾船政汇集了一大批工程人才，他们大都留学西方，为将西方工程学引进中国做出杰出的贡献。甲午战争之后，清朝海军遭受沉重的损失，清朝集中力量办理江南造船厂，马尾船政的工程人员大都被调至江南船厂。该厂在清末民初已经造成万吨轮多艘，工程技术一直领先国内各厂。而江南船厂的工程技术人员多为闽籍，他们的贡献值得称道。

从船政学堂毕业的最早一批学生

2. 近代以来的福建科学家

由于福建受西学影响较早，历来有不少学子留学海外，尤其重视理科，因而造就了一大批科学家，他们在多个领域做出了贡献。

李俨，福州人，生于1892年，长期从事铁路工程师工作，工作之余，进行中国数学史研究，发表论文上百篇。人们认为李俨实是中国科学史研究的开拓者。他的《中算史论丛》多次再版。

高鲁，长乐人，生于1877年。1905年毕业于马尾船政学堂，后留学比利时布鲁塞尔大学，主攻天文学，获工科博士学位。他在海外积极靠近革命组织，辛亥革命后任中央天文台台长，改革清代遗留的钦天监。1922年创办中国天文学会，自任会长、总秘书长，创办专业刊物。1927年创办南京紫金山天文台，并任中央研究院天文研究所所长。在天文观察方面取得不少成绩，是中国天文学的奠基人之一。高鲁晚年倾心于中国传统天文记录及方法研究，著作（论文）有20多部（篇）。

余青松，福建厦门人，生于1897年。早年赴美留学，获博士学位，1928年继高鲁之后任中央研究院天文研究所所长。在"新光谱的轨迹"和"宇宙光谱线的测定方法"等方面做出过贡献。他的"恒星光谱分类法"在国际天文学界被称为"余青松法"，是英国皇家天文学会的成员。抗日战争中，他率南京紫金山天文台的天文人员在昆明东郊建立了新的天文观测台——凤凰山台，延续了中国天文学的研究。

张钰哲，福州人，生于1902年，留美博士。1942年接余青松之位，任中央研究院天文研究所所长，紫金山、凤凰山天文台台长等职。1941年9月21日，他和余青松、陈遵妫等中国天文学家一起赴甘肃临洮县从事日全食观察，这是中国第一次由现代天文学家组织的天文学活动。张钰哲在紫金山天文台任台长数十年，以小行星的发现闻名于国际天文学界。

张文裕，惠安人，生于1910年，高能物理学家。1934年赴英国留学，抗日战争时期，他执教于西南联合大学，开设原子核物理课程，培养了第一批中国核物理人才。曾受聘于美国的普林斯顿大学，在其实验室工作多年，开创了关于奇异原子领域的深入研究，在国际学术界的核物理领域具有较大影响。

萨本栋，福州人，生于1902年，物理学家和电机工程专家。他早年留学美国的斯坦福大学和麻省伍斯特工学院获物理学博士学位，后返回清华大学执教。他从物理学理论的高度研究电机工程相关问题，1939年发表《双矢量电路分析》，得到国际学术界的广泛认可。其后，他出版了专著《交流电机原理》，该书的英文版被英、美各国高等院校用作电工学教本。他在清华撰写的

《大学普通物理学》等书，长期是国内物理学领域的基本教材。从 1937 年到 1945 年，他担任厦门大学校长，重点发展工科专业，对国内大学工科的发展贡献颇大，一时厦门大学有"南方清华"之誉。

侯德榜，福州人，生于 1890 年。1913 年留学美国麻省理工学院化工科，后获哥伦比亚大学硕士及博士学位。侯德榜归国后，与化学实业家范旭东合作，受聘于永利碱厂，在天津进行制碱工业改革，经过六年奋斗，终于造出纯碱。1926 年永利碱厂生产的"红三角"纯碱在美国的万国博览会上获金奖。此后永利碱厂形成规模性生产，并成为世界三大碱厂之一。从 1932 年开始，侯德榜开始用英文撰写《纯碱制造》一书，将纯碱制造术公之于世，引起轰动。1934 年，他又担任南京永利宁厂的总工程师，在厂长范旭东领导下主持硫酸铵制造的研究，1937 年终于生产成功。以上纯碱和硫酸的生产，恰是中国化学工业的两翼，二者的出现具有划时代意义。1932 年侯德榜组织中国化学会，团结中国化学家，开展学术交流，促进化学研究和教育，为中国化学的发展奠定基础。

傅鹰，福州人，生于 1902 年。1922 年赴美留学，后在密执安大学获科学博士学位。归国后先后在重庆大学、厦门大学任教，后曾返回密执安大学，跟随其老师从事胶体物理化学研究，1950 年返国。他在国际一流的科学杂志发表论文多篇，取得丰硕成果。

在化学方面卓有成就的还有浦城籍的吴承洛、泉州籍的庄长恭、福州籍的李乔萍、金门籍的王应睐、永定籍的卢嘉锡等人。

福建地处亚热带，负山面海，生物资源非常丰富，历代有不少记载生物的著作。迄至近代，侯官郭柏苍[①]总结前人的成果，辅之以自己亲身调查所得，撰成《海错百一录》《闽产录异》《竹间十日话》等书，全面记载福建物产，尤以生物学成果最出色。

郭柏苍娴于福建掌故，见屠本畯《闽中海错疏》、王世懋《闽部疏》记载

---

① 郭柏苍（1815—1890 年），侯官人，字兼秋，又字青郎。道光举人，官授内阁中书、主事等，未到职。

海产错误较多，便下决心重编《海错百一录》。他积"数十年所见者，证之老渔；老渔所见者，粗细必记，不厌其鄙；又以老渔所见者，证之诸书"。通过三方取证，并加上自己细心的考证，终于完成了《海错百一录》五卷。该书分鱼、介、盐、草、壳石五类介绍海产，共载海洋生物297种，并附有渔船、制盐、捕鱼术等与渔业有关的史料。该书保存了大量古代生物学资料，对今人研究海洋生物的变迁仍有价值。

《闽产录异》与《海错百一录》同刻于1886年，《海错百一录》专记海产，《闽产录异》一书全面记载福建各地物产，而以动物、植物为主。郭柏苍游踪遍八闽，每到一地便详细调查物产，日积月累，于72高龄方刊刻此书，其价值自不待言。该书共记物产669条，有的种类又可分为几类至十几类亚种，所以，所列生物共有一千多种，是福建历代记载生物最全的一部书。

近代生物学是传教士较早开辟的一个领域，福建生物学人才辈出，成果累累。

邓叔群，福州人，生于1902年，1923年入美国康奈尔大学，获森林学硕士、植物病理学博士学位。历任岭南大学、金陵大学、中央大学教授，1948年的中央研究院院士。他的研究以真菌学最为出名，发现新种120个，新属4个，编写《中国高等真菌》一书，是真菌学方面的权威人士。

郑作新，福州长乐人，生于1906年，1927年留学美国，在密歇根大学获硕士、博士学位。1932年出版了《大学生物学实验教程》，1938年又出版《普通生物学》，都是大学教材。他从事鸟类学研究60多年，专著有《中国鸟类分布名录》等30多部。发现过白鹇的第14种亚种，提出原鸡始于中国西部的观点。他提出"低等类型的亚种被排挤到该种分布范围的边缘地区"之说，在国际学术界得到认同。

福建近代教育发展较早，因而培养了许多科学人才。中华人民共和国建立初期的近800名院士中，有70多人为闽籍。其中原籍福州的院士（含自注籍贯为福州、林森县、闽侯县、侯官县、闽县的诸君子）约40名，他们为中国科学事业的发展做出了杰出的贡献。

第三节 传统妈祖文化面临的挑战

从清代末年开始,思想界有破除迷信的运动,民国十六年(1927),政府颁布了毁"淫祀"之令,因而波及以妈祖信仰为主的天后宫。莆田民众为了保住妈祖信仰,申请将天后宫改为"林孝女祠",从而保护了福建境内许多妈祖庙。① 妈祖是中国南方最有代表性的民间信仰,她的产生及其传播源流,对我们理解妈祖文化的发展是极为必要的。

一、妈祖信仰的起源及宋元明清各朝的封赐

关于妈祖信仰的起源,传统的说法是:五代闽王都巡检林愿生一女,名林默。此女自幼好道,又得观音菩萨超度,成为女神,保佑航海的人们。一般认为,历史上确有以后被称为"林默"的人,有关天妃的神话是她事迹的神化。而林默出生的年代,却是一个有争议的问题,在早期文献中,一直没有明确的记载,现在人们将其定为北宋建隆元年,即公元960年,也是一种推测。在宋元时期的材料中,有几种说法:五代时期、北宋初年、北宋中期等。北宋中期一说明显是错的,因为,许多材料表明:早在北宋初年即有了崇拜妈祖的庙宇;而五代说与北宋说在一定的条件下可以统一起来,因为宋朝在北方崛起时,福建仍处在割据之中,直到18年以后才被北宋统一。闽人称这一段历史为"五季",即"五代季年"之义,它相当于后人所说的北宋初年,所以,妈祖诞生于"五季"与"北宋初"二说实不矛盾。宋代莆田文学家刘克庄曾说:湄洲神女与"建隆真人"同时奋起。建隆为宋太祖第一个年号,所谓"建隆真人",即宋太祖之谓也。以此看来,将妈祖出生年代定在宋

---

① 徐晓望:《妈祖信仰史研究》,海风出版社2007年,第312页。

太祖登基的建隆元年,至少离事实不太远,因此,在目前掌握材料有限的前提下,多数人接受这种说法。再者,有关妈祖信仰起源地。李献璋根据宋代黄公度的诗句"枯木肇灵沧海东",推测妈祖信仰起源于莆田宁海圣墩庙。然而,这种推测与宋代妈祖被封为"湄洲神女"的称号不符,宋人祝穆的《方舆胜览》一书也说"湄洲神女"庙在海岛之上。可见,该说颇成问题。自从莆田学者发现宋代廖鹏飞所作《圣墩祖庙重建顺济庙记》后,这一问题得到解决。此文中,廖鹏飞明确指出:湄洲神女最早在湄洲出名,然后显灵于宁海圣墩。

有关妈祖最早的文献,是南宋绍兴二十年(1150)廖鹏飞写的《圣墩祖庙重建顺济庙记》一文,据此,妈祖原名林默,生前是一女巫,死后,众人为其在湄洲建庙。宋元祐年间,因一枯木漂至莆田的圣墩,圣墩人以为是妈祖分灵,为其建庙,其时,妈祖神名为"通天神女"。北宋宣和年间,路允迪出使高丽,在途中遇到风暴,得到妈祖保佑,回来后,为妈祖请封。总之,林默死后受到百姓的祭祀,因为国立功,受到朝廷的封赐,其后成为海神。其庙被命名为"顺济庙"。

《妈祖圣迹图》局部

南宋妈祖封号的增益。北宋妈祖的封号是宋徽宗下诏给的"湄洲神女"

及"顺济"庙额。而后，妈祖所得的封号越来越多，南宋绍兴二十六年（1156）封灵惠夫人、三十年（1160）增封昭应二字；迄至淳熙十年（1183），已封至"灵惠昭应崇福善利夫人"，光宗绍熙元年（1190），在莆田籍宰相陈俊卿的主持下，晋封妈祖为"灵惠妃"。宋代的封爵制度规定：若给大臣国公的封号，其夫人可同时得赐号"夫人"，例如"魏国夫人""郑国夫人"等。只有皇亲国戚被封为"王"，他的妻子才能得到"妃"的封号。因此，妈祖晋升为"灵惠妃"，意味着她已享受"王"的等级待遇。由于妈祖多次显灵，所以，她也多次受封，迄至宋末，妈祖得到的封号已有十四次之多，在宋代亦不多见。

宋朝给妈祖的封号对推动妈祖的崇拜有重要作用，但我们同时必须注意：宋朝并非只给妈祖封号，而是给各地许多民间信仰神灵以等级不同的种种封号。仅以福建路的范围而言，在宋代多次得到封号的有：定光佛、清水祖师、辟支佛等，妈祖仅是得封号的众神之一。就是以莆田一县来说，除了妈祖之外，还有许多神灵得到封号，个别神灵所得封号之多，亦不亚于妈祖。宋朝的整体气氛是崇道的，各地神灵受封不下数千次，妈祖是最受宠的神灵之一，但不是唯一的受封神灵，甚至不是唯一的海神，这是必须说明的。

元代妈祖信仰的独尊。福建地方志的《祠庙志》记载了各地神灵的封号，凡是在历史上得到封赐的神祇，大多可在其中找到根据。但是，通览这些记载后笔者有一个发现：福建诸神封号的获得，大多是在宋代，元代的封号极为少见。这是由于，元朝的封赐制度有很大变化，给诸神封号是以道教兴盛为其文化背景的，唐宋朝廷崇信道教，在野诸神沾惠不浅，而在元代，道教在盛行一段之后，很快受到来自儒佛二教的排挤，元朝统治者最崇信佛教，儒教之士也受到一定的信任，朝廷执政者中多有儒者。儒教在南宋时已走向全国，并在政治上造成一定影响，而佛教更是左右了朝廷的宗教政策，在这一背景下，朝廷不再给乡间诸神授予封号，是可以理解的。但是，就在这种气氛中，妈祖不仅得到封号，而且还上升一级，成为"护国明应天妃"，这不能不说是妈祖信仰史上的一件大事。

据《天妃显圣录》一书，元世祖至元十八年（1281），亦即宋朝因崖山之败而彻底灭亡的第三年，元世祖忽必烈给天妃封号，其文曰："惟尔有神，保护海道，舟师漕运，恃神为命，威灵赫濯，应验昭彰。自混一以来，未遑封爵，有司奏请，礼亦宜之。今遣正奉大夫宣慰使左副都元师兼福建道市舶提举蒲师文，册尔为'护国明应天妃'。"由此可见，妈祖在元代受封，与蒲氏家族的蒲师文有相当大的关系。

蒲氏家族在宋元对外贸易史上赫赫有名，宋末，朝廷任命蒲寿庚为市舶使，他掌握市舶司大权多年，却在宋末降于元朝，这是历史上有名的事件。我们注意到，尽管蒲寿庚掌握市舶司大权多年，他却从未在九日山留下向通远王祈风的石刻，进入元代后，他的儿子首先为妈祖请封，看来，蒲寿庚的家族是相信湄洲神女而不相信通远王的。由于蒲氏家族垄断泉州大权数十年，加上改朝换代的因素，祭祀通远王的制度在蒲氏家族的手里断绝，而妈祖的封号日增月异，所以，蒲氏家族对妈祖地位的确立有相当的作用。也可从另一个角度去看，它是泉州老百姓对航海保护神选择的反映。

由于泉州是当时最大的海港，泉州人的航海术被认为是最好的，他们的一举一动都会影响中国航海界的情况，妈祖作为最高海神的确立，与她在泉州港的成功是分不开的。

至于元世祖能给湄洲神女予以"天妃"的称号，与泉州港的地位有关。马可·波罗在其游记中说过：泉州市舶收入是大汗重要的财政来源之一，而当时泉州进贡朝廷的财宝，都是通过海路运输，海路运输容易失事，既然来自泉州的财宝对朝廷有这么重要的意义，元世祖爽快地给予妈祖天妃的封号，是可以理解的，不论是否有外来的反对，对大汗的收入会有更重要的意义。

元朝给妈祖加封，而不理其他的民间神灵，这造成天妃地位日益崇高。天妃，即为皇天上帝之妃，她是天的配偶，已不是人间皇家所能比拟的了。妈祖得到这一封号，才真正超轶众神，成为只有关帝等少数几个神灵才能比肩的顶尖之神。当然，元朝廷之所以给妈祖上此尊号，并且以后日益加封，是因为元代海运相当发达，从事海运的人员需要妈祖的保佑，这才造成妈祖

第四章　近现代福建的海洋文化与精神

天妃灵应之记碑（长乐郑和史迹陈列馆藏）

在众神中脱颖而出。迄至元代，其他海神已无法与妈祖竞争了。

明朝对妈祖的封赐颇为曲折。在明代初年，海运、河运颇为发达，官兵对妈祖的崇拜造成妈祖屡屡受封，洪武五年（1372），明太祖所赐封号是："孝顺纯正孚济感应圣妃"，值得注意的是，明初未沿用元代天妃的称呼。然而，随着郑和七下西洋壮举的进行，妈祖在航海保护神方面的作用得到重视。永乐七年（1409），朝廷给妈祖的封号是"护国庇民妙灵昭应弘仁普济天妃"，天妃的称呼再次得到官方的认可。不过，明中叶以后，朝廷大规模的海事活动停止，天妃的地位渐被官府忘却，加上道学的强大影响，妈祖在官府的地位大受削弱。我们看到：在嘉靖《延平府志》中，妈祖的庙宇竟被列为"淫祠"。当然，这是个别的现象。明朝的使者经常远渡大洋赴琉球出使，得到天妃"保佑"的信息也常传到朝廷，因而，天妃在朝廷的地位基本能得到维持。

清代朝廷对妈祖的祭祀达到一个新的高度，作为少数民族统治者，清廷对汉族百姓的民间信仰十分宽容，所以清廷对民间众神的封谥虽不及宋代，但远超过元代和明代。妈祖在康熙二十三年（1684）被封为"护国庇民昭灵显应仁慈天后"。在封建时代，皇帝的配偶是有等级的，"妃"仅是次妻，"后"才是皇帝的正配，因此，天妃被封为天后，表明她已是与上帝同级的神祇了。不过，我们要注意，明清时期被封为上帝级别的民间信仰神明尚有关羽、徐真人等，妈祖并非唯一的。在清廷崇奉的民间信仰诸神里，孔夫子虽只是文宣王，但他以圣人的身份超轶众神之上；关帝以武圣人的地位居于其次；此外还有文昌帝等人。在清朝祭祀大典里，天后地位虽高，却只是地方官祭祀的神灵。不像以上诸神经常性享受朝廷的祭祀，这一点是与以上诸神不同的。不过，在清廷祭祀诸神中，只有天妃最经常得到朝廷的谥号，迨到咸丰七年（1857），天妃的谥号长达64字，全文如下："护国庇民妙灵昭应宏仁普济福佑群生诚感咸孚显神赞顺垂慈笃佑安澜利运潭覃海宇恬波宜惠导流衍庆靖洋锡祉恩周德普卫漕保泰振武绥疆天后之神"，这也是其他诸神所不能比拟的。总之，和明代有些官员将天妃视为"淫祀"相比，清廷对妈祖的供奉显然是非常高的，也是历代最高的。事实上，这也是妈祖在民间信仰中真实地位的反映。

总的来说，经历宋、元、明、清历代的变化，妈祖信仰从福建莆田湄洲的地方性信仰，逐步成长为全国最有影响的民间信仰之一。能与妈祖信仰相比的，仅仅是关帝信仰和观音信仰。妈祖信仰的内在原因在于：妈祖信仰是中国航海界的最高信仰。

二、古代妈祖信仰的性质

妈祖信仰的本质是什么？是佛教？还是道教？抑或是其他宗教？在这里，人们首先关心的是：宋代的妈祖信仰属于什么性质？从宋元时期的材料看，

第四章 近现代福建的海洋文化与精神

妈祖本来是一个多元的地方保护神,她能护婴、救灾、御敌、占卜吉凶。保护航海者,仅是她众多功能中的一个。而与此同时,各地百姓都创造了许多海神,例如南海的伏波将军,浙江的伍子胥等;而朝廷从西汉便开始祭祀四海海神。就福建民间而言,各地民众也创造了许多不同的海神,例如,演屿神在北宋福建航海界的影响便胜于"湄洲神女"。以导致湄洲神女第一次受封的远航高丽一事来说,演屿神的重要性便胜于神女。据徐兢的《宣和奉使高丽图经》,使者在福建乘船之前,首先去演屿庙进香,回来又到该庙还愿。其中却未提到湄洲神女,这至少证明,在当时水手的眼里,演屿神比湄洲神女更为重要。看来,宋朝在这次海事活动结束后,晋封了一批海神,其中最重要的是演屿之神,而湄洲神女仅是众神中的一个。然而,随着时间的推移,神女却淘汰了众多的海神,成为海洋的最高保护神,这无疑是一个奇迹。在人类学家看来,在夫权盛行的中国古代,一个原为普通的乡村姑娘的女神,能取代各个声名赫赫的男性神明,这是一个难解之谜。笔者认为,这与福建古代社会的特性有关:福建妇女下田能劳动,在家能主持家政,而福建的男子多出外谋生,于是,形成了福建妇女在下层社会里有相当影响的局面。人们崇拜母亲的心理释放在神的世界,便形成了一系列的女神崇拜——其中包括妈祖。在海上遇险的人们,会产生一种呼唤母亲保护的本能心理,所以当遇到海险时,他们大多想起的是类似母亲的海神——妈祖。这便造成妈祖显灵最多的局面。这样,妈祖便超越了众多男性神灵,成为航海的第一保护神。由于妈祖信仰的影响,佛教将其纳为佛教培养出来的神明,民国以前,多数妈祖庙都是由和尚主持;道教从元代开始就将妈祖当作自己的神。明朝以后,妈祖庙的天妃宫及天后宫的称呼都来自道教;明清国家信仰以儒教为核心,妈祖被列入国家祀典,但是,儒教一直宣传妈祖保护中国使船的功勋,因而妈祖属于儒教。

妈祖文化在海内外的传播。妈祖信仰在诞生之初,其影响仅限于莆田海滨区域,然而随着时间的推移,妈祖信仰的影响逐步扩大,至今已成为国际性的、典型的华人信仰。就中国民间诸神来看,北有关帝、南有妈祖,二者

《天后圣母圣迹图志》插图

可并称为传统信仰领域的泰斗。那么，为何妈祖信仰能从海滨一隅传向全国、全世界，成为最有影响的中国土生民间信仰神明之一？这是值得研究的。对这一问题，许多学者进行过多方面的探讨，笔者认为最重要的有以下几个原因。

第一，北宋以后中国海事活动的发展。中国国土广袤，在宋以前，中国的文化、政治中心一直在内陆。海事活动在上古中国经济中，一向不占主导地位。所以在唐以前，中国的海上贸易一向是由外籍商人扮演主角的。在唐代的中国沿海城市，汇集许多来自中亚和西亚的胡商，至今中国人提起巨商，都会情不自禁地想起古代的波斯巨贾。这表明他们在古代中国商界有着巨大影响力。而中国人的主体发源于北方内陆，大海对中国人来说一向是陌生的。以周朝所祭大自然诸神来说，上有天帝，下有三山五岳之神，却没有海神！在水神领域，仅是夜郎自大的江河与湖泊之神。这充分说明大海对早期中国人来说是陌生的。所以，他们没有创造海神。迄至唐代，中国人的海事活动尚是零星的，因此，虽说中国某些区域早已产生了海神，但其影响还是局部性的。然而，自从五代北宋开始，大批中国商人也卷入海外贸易，文献资料表明：这一时期的中国商人已远航东南亚诸国，其中有些人已出现在南亚次大陆沿海了。由于中国人卷入了海上贸易，频繁的海事活动使中国人真正认识到大海的伟大，从心底里产生了崇拜海洋的情结，这种感情抒发于信仰领域，便造成了航海保护神的崇拜——妈祖崇拜。妈祖虽然只是诞生于海隅的一个小神，但由于这种崇拜符合中国人对海洋崇拜的心理，所以，它具备了传向全国的条件。

第二，和闽人在中国航海界的地位有关。认真地思考中国人的海洋发展史，我们不难发现：在航海历史上，闽人扮演了重要的角色。在福建沿海，一直有一个以航海为生的族群——疍民。疍民在历史上被视为贱民，实际上，他们对中国海洋文化的贡献是非常重要的。疍民以船为家，常年在海上航行，千百年来，他们积累了丰富的航海经验。他们所乘的"了鸟船"，船型狭长，吃水较深，乘风破浪，无所畏惧。当中国人开始大规模投入远航时，福建人很自然地借鉴了疍民的航海术，因此，他们的航海术很快领先于全国，并一直保持这个优势。从唐宋到明清，闽人一直被誉为最好的水手。我们了解了这一点，就不难明白：为什么福建人的海神信仰——妈祖能传向全国，因为：中国的航海界一向是由闽人控制的，不论宋元明清，不论官府还是民间，在航海领域，到处都可发现闽人的作用。由于闽人在航海领域不可动摇的地位，闽人的航海文化在航海领域也有了绝对的权威。认识这一点，便可知闽人的航海之神被传向全国，实际上是不足为奇的，在古人看来，闽人的妈祖信仰也是航海术的一部分，以故，当各地水手在向闽人学习航海术时，也将妈祖文化吸收于本地文化之中了。其次，福建水手是妈祖文化的最佳传播者。就以东亚和东南亚的广大范畴来说，凡是港口之处，几乎都有妈祖庙。这是因为：不论是日本还是泰国等东南亚国家，他们的船队中，大多有闽南水手，或由闽南人导航。这也是妈祖文化普及全国的重要原因。

第三，和闽人在中国商界的地位有关。由于福建人长期控制了中国的海外贸易，并在海外贸易中赚取大量利润，因此，闽中商人集团历来以资力雄厚闻名于世。他们长袖善舞，深入内陆各地，到处都有他们建设的会馆。闽人建立的会馆向来以妈祖为主神，这就使闽人的妈祖信仰在内地传播。而闽中富商的财力很自然地引起当地人的艳羡，许多人将闽人发财的原因归结为对妈祖的崇拜，因此，他们也接受了妈祖信仰，自发地建立妈祖庙宇。由于这一点，中国内陆地区增添了不少妈祖庙。

第四，与海神成为最高水神有关。在庄子的寓言中，有一则河伯与大海的故事。说的是：黄河洪水暴涨之后，黄河之神——河伯洋洋自得，以为天下唯己为尊。迨至他来到了入海口，见到烟波浩渺、无边无际的大海，方才自惭形秽，和大海相比，自己不过是沧海一粟而已。这个故事在某种程度上反映了中国人的大海观——大海是天下诸河流、湖泊的领袖。因而，在众神世界，海神也很自然地成为最高水神，也就是说，海神妈祖是一切水域的最高统治者。按照中国水上人家的观点，凡在有水之处，都应建立水神的庙宇。这便造成妈祖信仰深入中国内陆地区。即使在很偏僻的山区，只要有能通航的河流，大多会有妈祖庙，它们多为水上人家建立。这是妈祖的地位造成的。

第五，与官府的崇祀有关。历代统治者给妈祖的无数封号，一步一步地抬高了妈祖的地位，也扩大了妈祖的影响。关于封赐的详细过程，以及学者对封赐的探讨，我们留在下面详谈。此处首先指出一点：官府的封号不仅抬高了妈祖的地位，也使妈祖成为朝廷供奉的正神，因而列入国家正祀。许多地方的人并不知道妈祖是什么神灵，但会供奉妈祖，这是因为：妈祖是天妃，是天后，按照国家礼制，各地都必须祭祀，因而，这些地方也建立了妈祖的庙宇。

妈祖信仰诞生于五代末年或宋代初年，起初只是地方信仰，直到北宋末年得到朝廷的封赐，妈祖才逐步发展为有影响的神灵。因而，妈祖文化的对外传播，应是在南北宋之交开始的。在个别书中，我们也看到反常的记载：例如，嘉靖《香山县志》载，当地最早的天妃庙建于唐代。看来这是不可信的后人追记。南宋时期，妈祖信仰已在各地海滨传播。例如，浙江的杭州已有多座妈祖庙，而早期的记载表明：南宋初年，妈祖已在广东官军平定"大溪寇"的战斗中显灵。当时，在广东做官的莆田人刘克庄说："广人事妃，无异于莆。"这些材料足以说明：在南宋海事活动最为活跃的福建、广东、浙江三省，都有了妈祖崇拜。还有些后人追述的材料揭示：南宋北方的渤海湾岛

第四章 近现代福建的海洋文化与精神

屿已有了妈祖庙,虽说这并非不可能,但缺乏直接的材料,尚无法作出明确的判断。妈祖文化向内陆的传播亦始于宋代,现有史料证明:闽西客家区域最早的妈祖庙即始于宋代。迄至元代,闽江中游的南平,运河沿岸的个别城市都有了妈祖庙。迨至明清时期,妈祖文化的传播就相当广泛了,西至四川、陕西,北至东北,到处都有妈祖庙。妈祖文化向海外的传播主要也是在这一时期,日本、越南、泰国,凡是有华人涉足的港口,几乎都有天妃宫。迄至近现代,随着华人足迹遍布天下,妈祖的香火也传到世界各大城市,美国的纽约,法国的巴黎,都有了妈祖的庙宇。

不过,妈祖信仰的基本文化圈是中国海的周边区域,而且以福建与台湾二省最盛。福建现有妈祖庙八九百座,而台湾的妈祖庙现已达到一千多座,是台湾全岛最多的神灵庙宇;福建的莆田一县,到处都是妈祖庙,总计不下百余座。闽台之外,岭南的妈祖信仰最盛,这是因为广东人的生产与生活相当程度上依赖海洋,是中国重要的海洋文化区域,所以对海神的信仰也胜于它处。

妈祖信仰是人类母亲之爱在海上的延续。在古人那里,航海是一个风险很大的行业,长年的孤独及不断冒出的危险,使人们需要一种让其不惧风险、并抗衡孤独的心理安慰,于是,妈祖信仰诞生了,水手与商人心中的妈祖,就是一位法力无边的老祖母,一旦航海者遇到危险,就会施展法术,拯救遇难的人们。因此,妈祖是鼓励人们航海的保护神。(1)妈祖信仰体现的海洋精神是敢于冒险的开拓精神,福建

清彩绘木雕妈祖坐像(中国闽台缘博物馆藏)

境内群山胪列,可耕地不多。而蓝色的海洋及广阔的海外市场却有无穷的发展机会,因此,自古以来,福建商人以海外探险为主要谋生手段,通过对外贸易来发展自己。(2)妈祖还是福建商人的保护者,妈祖旗帜下的福建商人一向注意自由贸易,反对大资本垄断。福建商人长期在东南亚做生意,他们的方法是勤劳经商,付出更多是其财富积累的主要原因。这与靠垄断贸易发财的一些国家不同。对自由贸易的维护是妈祖信仰的体现。中国商人讲究"和气生财",与各个港口的主人保持良好关系,这样才能和气生财。因此,中国商人从来不会自以为是,而是想给当地人留下好印象,以便促成生意。基于这个出发点,中国商人所到之处,不是带来纠纷,而是维护和平,所以说,创造和平是妈祖精神的一个特点。(3)从宋朝开始,妈祖就是中国海上力量的保护神。抵抗外来势力的海上战斗,都是在妈祖旗帜下进行的,他们可能失败,但决不屈服。威武不屈的斗争精神是妈祖信仰的重要内容。(4)妈祖信仰的支柱是佛教、道教、儒教构成的多元信仰,具有多神教的气质,这种气质也使妈祖信仰向世界开放,乐于吸纳海外文化的优点,从而形成海纳百川的精神。由于妈祖精神在古代具中国海洋文化旗帜的地位,它的展开,即为中国海洋文化精神。本书将在第六章全面论述中国的海洋文化精神。

第四节　东南亚华人及其价值观的影响

东南亚国家是世界上各种宗教发展的热土,在历史上有印度教、佛教、伊斯兰教、天主教、基督教等宗教的传播,由于华人、华侨的作用,儒学在东南亚社会也占有一定的地位。儒学给东南亚传统社会带来了勤奋、积累、和平、忍耐等价值观,这些观念与东南亚国家固有的文化观念及外来文化相结合,形成了东南亚人富有特点的生活方式。

第四章 近现代福建的海洋文化与精神

一、东南亚经济圈与华人的关系

晚清后期，福建本土经济凋敝，大量沿海民众到东南亚谋生，因而形成了东南亚华侨群体。清光绪十二年（1886），两广总督张之洞派人到海外调查，谓菲律宾有华侨5万人，荷属印度（印度尼西亚）有华侨7万余人，而马来亚的日里，有华侨6万余人，吉隆坡等地又有采矿工十几万人，新加坡有华侨15万人。① 进入民国以后，在北洋军阀的统治之下，福建战乱不已，漳泉沿海一带，土匪多如牛毛，百姓无以谋生。因此，远赴海外的华侨更多。1912年，从厦门出国的华侨为126 008人，1915年为66 907人，1917年为77 781人。② 每年都有六七万人出国谋生，超过了历史上的任何一个时代。迄至1947年，福建华侨已有827 411人，其时，福建本土的人口仅为1200万人。在海外侨界，福建人占华侨总数的31.64%。③ 福建是中国两大主要华侨省份之一。20世纪初的东南亚华侨大约有400万人，华侨向本国的汇款额每年大约有5700万美元。④

在东南亚史研究方面，传统的做法是将华人当作外来因素。这种观点根基于国别史的研究，他们将中国分入东亚国家，而将东南亚诸国当作另一个文化传统的区域，其实，这种观点有许多局限性。中国的南方与东南亚存在着广泛的联系，华人自古以来广泛参与东南亚的经济活动与文化交流，他们本身就是东南亚历史的一个不可分割的部分，甚至可以说，没有对他们的研究，所谓东南亚史便是残缺不全的，只有正视华人在东南亚的作用，才有完

---

① 刘继宣、束世澂：《中华民族拓殖南洋史》，商务印书馆（上海）1934年，第132—133页。
② 陈达：《中国移民——专门涉及劳工状况》，载《华工出国史料》第四辑，中华书局1981年，第8页。
③ 杨力、叶小敦：《东南亚的福建人》，福建人民出版社1993年，第76页。
④ ［日］滨下武志：《中国近代经济史研究——清末海关财政与通商口岸市场圈》，高淑娟、孙彬译，江苏人民出版社2006年，第152页。

19世纪用于支付华工薪酬的马来亚瓷质代用币（泉州华侨历史博物馆藏）

整的东南亚史。因此，对东南亚华人史的研究日益兴盛不是没有原因的。

为什么华人会广泛地参与东南亚历史的进程？这是因为，中国的南部诸省与东南亚国家存在着广泛的历史联系，从某种意义上来说，中国南部也是东南亚历史的一个部分，就如它同时也是中国历史的一部分一样。在这里要声明：所谓文化圈与经济圈的划分，不是建立一个画地为牢、自我封闭的模式，也就是说，我们提出一个模式并不意味着对其他模式的排斥。所谓模式，即意味着一个新的视角，从不同的视角去看同一个事物，往往会得出不同的印象，但事物还是一个事物，只是由于过去的视野过于有限，我们没有发现其更多的品质而已。对于中国南部，我们一向将其作为中国经济圈的一部分，这是对的，也可以说它是主流的一面。不过，中国南部同时还是东南亚历史的一部分，它的这一特质，却是长期受到漠视的。新的历史研究，提倡多角度的观察视野，但从新角度的观察并不意味着对传统视角的否定，而是拓展传统视野。以福建省为例，它在历史上与日本、琉球、东南亚诸国都有广泛

第四章　近现代福建的海洋文化与精神

的联系，我们从不同的角度可以说它属于中国经济圈，或是环南海经济圈、东北亚经济圈的一部分，这些观点是可以并存的，而不是绝然分离的。笔者正是在这个意义上，论说中国南部诸省是环南海经济圈的一部分。

环南海经济圈——或是环南海文化圈的提法，是对传统东南亚史研究缺陷的一个补充。传统东南亚史研究，未能将对中国南部的研究纳入自己的范围。但在事实上，中国南部广东、福建、海南、广西诸省，以及港澳台地区，都与东南亚诸国之间有着广泛的历史联系。传统的东南亚史研究局限于国别史研究的框架，将中国南部与东南亚的关系看作是国家之间的关系，将二者之间的贸易往来与文化交流看作是国与国之间的关系，而环南海经济圈的看法是将中国南部与东南亚国家一起，当作一个共同的经济文化圈。不仅要看到二者之间的往来，更要看到这种联系的历史渊源与文化背景。毫无疑问，环南海经济圈的研究要超越传统的国别史研究。

浩渺无垠的南海周边有众多的国家与地区，从东部的菲律宾说起，南部有印度尼西亚、文莱、泰国、马来西亚、新加坡，西部是越南、柬埔寨，北部是中国的广东、福建、广西诸省和港澳台地区，而位于中部的是中国的海南省。从以上概括中可以看出：从东南亚诸国来说，在东南亚区域内部发展最快的国家都在南海周边，亦即东南亚"五小虎"；而从中国来说，濒临南海的省份都是中国最发达的区域和发展最快的区域。这一事实说明：对环南海区域圈的研究是具有未来意义的。

美国著名的考古学家张光直先生在20世纪70年代提出了广义的东南亚观念。他认为：从物种的地理分布来看，远古时代的东南亚应将中国长江以南的区域都包括进去，这里有大致相同的生态环境，都是原生的水稻、芋等作物的栽种区；这里的民众如凌纯声所言，有着共同的习俗，例如划龙舟、吃糯米、住高脚屋等。以上这些特征，人们将其概括为水稻文化。关于这种水稻文化的发源地，史学界尚未取得一致结论。有人认为中印半岛是水稻文化的发源地，也有人认为：长江以南的大陆才是水稻文化的发源地。从考古实物来看，钱塘江流域余姚县（今为余姚市）的河姆渡是目前所知水稻文化最早的发源地,这里出土了七千年以前的水稻、高脚屋等遗迹;而在福建闽江流域的昙石山,也出土了五千年前的水稻与高脚屋遗迹,但要对水稻文化究竟发源于何地作出判断,现在似乎还为时太早,我们只是要说,至少在两三千年以前,这类水稻文化便传播到中国南部、东南亚以及日本、琉球等地。从水稻文化的分布来看,古代的东南亚之间有着某种程度上的经济交往与文化往来,否则我们无法想象他们之间共同的水稻文化的创造。

华人发源于黄河流域,从生态环境来看,黄河流域是一个粟麦文化区。黄河流域的中国人早在八千年前即培育了粟这一农作物,而后又从西亚东迁民族那里接受了小麦。但是,黄河流域不适宜种植水稻,因此,黄河流域文化圈与长江流域文化圈是不同的。由于历史的变迁,黄河流域的华人不断南下,他们越过长江,进入东南沿海。据史书的记载,秦汉之际,华人已经进入今日的福建、广东、广西诸地,经过一千多年的演变,他们逐渐与当地民族相互融合,在唐宋时期大致形成了今日的福建人、广东人与广西人。其中,有几个民系最值得注意,那就是发源于福建的闽南人与发源于广东的广府人、客家人与琼州人等。闽南人最早形成于晋代的福建泉州,迄至于唐代,闽南已经成为中国南方较发达的区域。而后闽南人逐步向南播迁,福建的漳州府、广东的潮州府都是他们主要移民地,而台湾则是在明清时期成为闽南人的居住地。闽南人还逐步向广东沿海及海南岛播迁,不论是在惠州府、廉州府还是海南岛,都有闽南人的足迹。广州府是广东的首府,当地人也是来自中原,他们经商的步伐,也使他们登陆海南岛诸地;再有一个民系即客家人,相传客家人也是发源于中原,他们在赣南、闽西与当地土著相互融合,自明代以后,他们逐步向广东境内播迁,而后进入广东沿海与海南岛的个别区域,也成为海南岛汉人的主要来源之一。

唐宋以后,中国的经济中心逐渐南移,福建、广东、广西陆续成为中国经济文化较发达的区域[①],这些地区生产的商品——陶器、瓷器、铁器、纺织

---

① 郑学檬:《中国古代经济重心南移和唐宋江南经济研究》,岳麓书社2003年。

第四章 近现代福建的海洋文化与精神

品，逐渐成为东南亚人生活中不可缺少的日用品。例如，他们用来自广东佛山的铁锅煮饭，用广东石湾的瓷盘盛饭，用福建南安生产的陶制水缸贮水、贮米，用福建的雨伞遮雨，他们的上层统治者，以穿中国的丝绸为荣；而生产于东南亚的香料与铁力木等材料，也成为中国人大量消费的物质。双方各取所需，使双边贸易不断发展起来，从唐宋到明清，中国南部与东南亚的贸易在不断发展中，来自各个口岸的大帆船航行于东南亚海域，他们的行动编织了一张遍布环南海经济圈的商业网络。不过，这些大帆船大都是由华人制造并驾驶的，这一事实说明华人在东南亚诸国交往中的关键作用。

为什么在环南海区域之间的交往中，华人会起了决定性作用？这是因为，中国南部区域在宋元明清时期，是东亚最发达区域，这里的经济文化水平要比其他区域更高一些。

中国是与古埃及、古巴比伦、古印度并称的文明古国，除了近一百多年的落后，在两千年以来的世界文明史上，中国一直是世界上经济文化最发达的区域之一。尤其是唐宋元时期，唐代中国的强盛闻名世界，宋代中国的经济文化远远超过同时期的世界各国，而元代忽必烈时期的中国，更震撼了马可·波罗等一代西方人。唐宋元中国的繁荣是世界公认的。事实上，直到明代中期，当葡萄牙人来到东方后，比较中国与西欧的物产，他们还是认为中国要比西欧更为繁荣。[①] 当时中国的商品大量出口，换回滚滚而来的美洲白银，欧洲人为了防止白银流失过多，不得不限制对中国商品的进口。中国的落后是在英国工业革命发生后，工业革命使欧洲的面貌彻底变化，迅速提高的欧洲生产力，很快使世界上所有的民族瞠乎其后，中国也是在这一时期逐步沦为受西方侵略的半殖民地国家。在工业革命之前，应当说，中国拥有的技术已经达到了手工业时代的巅峰，在亚洲是无与伦比的。即使是当时的欧洲国家，也非常敬畏中国强大的生产力。事实上，在英国工业革命发生前，中国与英国等国家的贸易一直是以出超为主。英国人为了弥补越来越大的入

---

① [葡] 雅依梅·科尔特桑：《葡萄牙的发现》第六卷，邓兰珍等译，中国对外翻译出版公司1996年，第1192页。

超，才发明了鸦片烟输入中国，使中国白银外流，从而逆转了中外贸易的趋势。

由于自唐宋迄至清代初期的中国技术一直领先于世界，中国人所造的大帆船也以航行的可靠性扬名于世界。自唐朝以来，中国商船便航行于南海与印度洋，不论是中国商人还是阿拉伯、波斯商人，都愿意选择可靠性最强的中国大帆船。这一技术上的优势使中国商人逐渐成为东南亚商业贸易的主角。还有要考虑的因素是：当时的中国是东南亚香料等物产的主要消费市场，并是东南亚所需手工业商品的主要提供者，由中国商人来经营中国与东南亚之间的贸易是很自然的。他们以中国的市场为后盾，进一步发展他们的业务——经营东南亚诸国之间的贸易，也就顺理成章。在与东南亚诸国的贸易中，华人逐渐来到东南亚各个港口，逐渐成为东南亚各港的定居人口，他们编织一张遍布东南亚世界的商业网络，逐步掌握了环南海区域的批发、零售等商业环节。而这一优势又使他们的商业网络日益成功，成为东南亚经济运转的中枢。

二、东南亚、东北亚民众文化性格的比较

从地貌来说，东南亚是一个覆盖着茂密雨林的丘陵地带，不论是东南亚半岛国家还是印度尼西亚、菲律宾等群岛，到处都是连绵不断的丘陵，这里是植物的乐园，由于降水丰富，植物生长速度快，高大的乔木与藤萝纠缠在一起，形成遮天蔽日的雨林，这些雨林吸进二氧化碳，吐出新鲜氧气，所以，科学家称东南亚雨林是地球的肺。但对早期人类来说，藤萝密布的雨林是最难开垦的土地，种下的庄稼往往被野草吞没，天幸森林中还有各种可食用的植物与动物，古代东南亚人摘采香蕉、椰子与各种果实，捕捉小型野兽与昆虫，度过了一个又一个春夏秋冬。相对中国北方来说，东南亚谋生较为容易，但农业不易发展，因此，虽说东南亚是人类走出非洲之后一度发展较快的地方，但东南亚的农业却迟迟不见大发展，其原因在于：东南亚的食物来源较

第四章 近现代福建的海洋文化与精神

广,当地人没有发展农业的迫切需求,而农业是古代各大文明的基础,没有农业,就谈不上文明的起源。这是早期东南亚区域落后于各大文明古国的原因。不过,东南亚优越的地理条件,也培养了东南亚人民乐天知足的文化性格,由于食物来源丰富,他们从来不为食物发愁,每当太阳落山,他们就在海边燃起篝火,围着篝火跳舞唱歌,累了倒下就睡觉,天亮后开始新一天的生活。他们的生活方式其实是人类梦寐以求的理想境界,可惜这世界上能够理解这一境界的人太少。

和东南亚人相比,古代黄河流域的中国人生活得太累。他们生活在物种贫乏的黄河流域,可以食用的植物不多。由于气候寒冷,东北亚的植物生长缓慢,而且有一个万物冬眠的冬季,每当冬季来临,万物凋零,人类寻找食物非常困难。人类要在这种环境里生存,就要寻找稳定的食物来源,这是东北亚农业较早发展的原因。由于黄河流域的黄土不如恒河流域、尼罗河流域肥沃,粟的产量也比不上小麦、水稻等农作物,黄河流域的民众养成了勤奋的生活习惯。从《诗经》《周礼》等书的记载来看,上古时期的中国农民每天天刚蒙蒙亮就起床,吃完早餐后便下地劳动,中午,他们的妻子送来午饭,一直到太阳下山,这些勤劳的农民才扛起锄头回家。他们的妻女同样勤劳,白天忙完家务,晚上聚在一起纺织,夜深了才分别回家。中国人的勤奋是世界有名的,中国上古史告诉我们,中国农民主要是在恶劣的环境中养成了勤奋的习惯,这种习惯一旦形成,便世世代代地传下去,成为中国人的一种文化传统。秦汉以后,由黄河流域迁出的移民散布到中国各地,也将这种习俗带到中国各地,事实证明,勤奋是中国人最宝贵的文化财富,中国人不论到世界任何一个地方,都能凭自己的双手生存下去,在同等条件下往往比别人生活得更好。勤奋的反面,是中国人生活得太累,总想攒集更多的财富,这使中国人永远在追求过程中,往往忽略了生活的本身。

中国人还有一个重要特点是重视财富的积累,这种文化性格同样形成于远古时期的黄河流域。如果说东南亚的地理特征为永远是夏天,那么,黄河流域的特征就是四季分明,既有酷热的夏天,也有凉爽的秋季,对古人来说,最可怕的还是严酷的冬天。每当秋冬之际，寒流南下，气温陡降，大雪纷飞。这时能飞的动物早已南下，剩下的动物一部分进入冬眠，另一部分饥肠辘辘，与人类争夺仅剩的食物。人类要在这种环境里生存，就得在秋天时候积累食物。古代种植业发展起来后，黄河流域的民众围绕着农业形成了新的生活方式，他们在春天播种，夏天中耕，秋天收获，粮食收割后，他们将粮食晒干，存进家内的仓房。这样，即使到了冬天，他们也不愁没有饭吃。这种生活方式扩而广之，就形成了"积累"的文化观，丰年时为可能来到的歉年积累粮食，挣钱的时候要为挣不到钱的时候着想。中国人总是为将来的生活而犯愁，为了结婚，他们年青时就积钱；结婚后，为了养育子女，他们宁可节衣缩食也要积钱；为了老年时过得好些，他们早在中年时就开始积钱。积累的文化观使中国人致富，也使中国人的文化传统得到积累，从而形成一个文化财富丰厚无比的国家。

相对而言，东南亚人对生活的态度较为潇洒。他们生活的地理环境使他们永远不缺乏食物，不论是什么季节，茂密的森林都会为他们奉上各种食物，只要他们想要，上山可以摘采果实，下海可以拾取贝类，河里的鱼类捕捉不尽。东南亚人面临的生活问题则是直面死亡，森林是人类的财富，也是人类的大敌，丛林中的孟加拉虎与各种毒蛇，都将死亡带给人类。在瘴气弥漫的森林里，还有各种无名的瘟疫，一旦瘟疫暴发，人类与动物成片地死去，他们的尸体很快在潮湿的森林里腐烂，又被食腐动物吞食，顷刻之间成为一堆白骨。在这种环境里，古代东南亚人很难长寿，突然袭来的灾难，使许多人夭折。面对不可预料的死亡，财富的积累其实没有什么意义，所以，东南亚古人有及时行乐的观念，对财富看得较淡。他们手中有了钱，便尽快地将其消费，享受生活是他们的价值取向。随着医疗条件的变迁，大多数的瘟疫都被人类控制，不再肆意掠夺人的生命，但是，自古以来形成的文化观念已经成为深厚的文化积淀，迄今为止，东南亚民众还是最知道生活的一批人，他们乐天知命，对财富不是看得太重，有钱的时候就消费，没钱的时候先举债，钱到了手中，则尽快将其花掉，享受钱带来的最大快乐。

总之，中国人与东南亚民众的价值观有较大的差异，实际上各有优点，各有不足。但在社会发展的特定阶段，人们对各种价值观的需求是不一样的。当世界进入资本主义时代的时候，发展经济成为第一主题，正是在这一阶段，东南亚华人的儒家价值观曾起了重要作用。

三、儒家价值观与华人对东南亚经济的贡献

和佛教、伊斯兰教相比，儒家价值观最为接近资本主义价值观。佛教、伊斯兰教、儒教是三种东方宗教，这三种宗教里，伊斯兰教最富有战斗力，当资本主义东来时，总是在伊斯兰教分布地区受到最强烈的阻击；而佛教则有以柔克刚的韧力，泰国在 500 年殖民主义狂潮中竟得以保持独立，充分反映了佛教的内在力量。儒教的特点在于内省更重于外部的抵抗，面对局势的骤变，儒教使人反省积贫积弱的原因，因此，当发源于欧美的世界市场席卷东方的时候，华人没有拒绝世界市场的扩张，而是以勤劳的工作态度来适应世界市场带来的机会，他们从福建、广东两省来到东南亚各国，寻找每一个工作的机会，在东南亚市场迅速扩张的背景下，他们承担起将东南亚传统市场与世界市场联系起来的任务，也就是说，他们大举进军东南亚的零售市场。早在荷兰人进入印度尼西亚之初，华人便以巴达维亚（今雅加达）为据点，挑起担子下乡贸易，他们将来自中国的小商品出售给印尼的普通民众，购取欧洲及中国市场需要的各种土特产，这种贸易网络的不断扩张，建立了遍及印度尼西亚的全国性市场，对印度尼西亚形成全国性的市场起过重要作用。回顾历史上印尼全国市场的形成，这是一个极为艰难的并让华人付出巨大代价的历史过程。让我们将时间推前 400 年，当太阳初露晨曦的时候，一个华人小贩推开简陋的柴门，将他沉重的货担挑在肩上，然后沿着大路向市区之外走去。离开市区不久，脚下的大路变成了狭小的山路，再往前，小路变成羊肠小道，这时，太阳已经升起，火辣的阳光使他满身流汗，担子日渐沉重，山路上的小石刺得脚底生痛，幸好，已经来到了一条小溪边，于是，他放下

担子在树下休息，从担里拿出一个碗舀一碗溪水喝，拿出手巾擦去汗水，再在溪里洗净，蒙在头上，路还遥远，不能多休息，他吸一口气，重新挑起沉重的货担，踏上艰难的山路。傍晚，他挑着重担重回这条山路，但因早上的货物都已经售尽，且带回了能在城市里销售的货物，他很高兴，一路哼着小调，并盘算：这一趟贸易挣了 50 个铜板的辛苦费，明天再走一趟，就能挣 100 个铜板，一个月坚持下来，就能挣 3000 个铜板，换得 5 块光洋，一年做下来，就能得 60 块光洋，就算一年做不满，也能存下四五十块光洋，这样做上几年，也许就有了本钱，可以开一个小店，不再要挑担下乡了。在贸易途中，他们会认识本地经营小买卖的女子，如果顺利的话，他们有可能娶得一位当地女子，其后两人将资本合在一起经营，开一家小店。在华人丈夫的影响下，妻子也参加共同积累财富的奋斗。为了早日发财，他们每天 6 点开门，晚上 9 点打烊，这样，每天就可挣两块光洋，积上一年，就会有 700 元左右的资本，再积几年，就能开一家大店。以上所说的是普通华人的理想，实际上，除非一切顺利，他们很难实现这一理想。他们在挑担的途中，有可能遇上劫匪，一年只要遇上一次，可能就血本无归。沉重的劳动使他们易于生病，由于舍不得用钱治病，小病还得劳动，大病只能苦熬，不少人因而丧生。尤其是瘟疫袭来的时候，城乡民众一片又一片地倒下，他们很可能埋骨异乡。事实上，十个挑担贸易的人，其中也许只有一个能混到小店主，而十个小店主，很可能只有一个混到大店主，要从大店主上升到资本家，也许需要几代人的奋斗。对欧洲法律一知半解的华人，常常在打官司中输掉大半财产，或是在莫名其妙降临的遗产税中被夺走大部分家产。然而，不管华人的经营情况怎样，一代又一代华人、当地人的共同努力使一座又一座市镇崛起在东南亚各国，开创了城市化的进程。

总之东南亚国家市场的形成，与华人的勤奋与积累有关。以印度尼西亚为例，在华人的带动之下，印尼建立了遍及全国城乡的商业网络，将整个国家联合在一起，而华人经济也成为印尼经济共同体的一部分。必须注意的是，印尼华人在经济上的贡献只是为印尼工商业的发展起一个示范作用，它本身

荷兰1杜卡通马剑银币（漳州市博物馆藏）

是印尼民族工商业的一部分，它的发展，带动了印尼民族工商业的发展，最终形成国家独立的基础。也就是说，华人在印尼的工商业活动，是推动印尼近代化和现代化的主要力量。殖民印尼的荷兰人经常自诩他们将近代化带给了印尼，而这句话只能肯定一部分，因为，荷兰人确实给印尼带来了欧洲的金融制度，许多港口的建设也离不开荷兰资本，但因殖民制度的影响，荷兰资本在印尼一开始就是垄断资本，荷兰人的东印度公司垄断印尼的东方贸易达二百多年，这一垄断使欧洲资本无法在印尼顺利发展。而英国人较早取消英国东印度公司的垄断，所以欧洲资本在新加坡等地的发展比在印尼的发展更为顺畅。毫无疑问，荷兰东印度公司在印尼的垄断，是印尼长期落后的原因。而由于实行开放的自由港政策，活跃的华人经济给新加坡等地带来繁荣。在英国的影响下，荷兰等国最终也取消了对殖民地的垄断，允许各种资本自由发展，这是19世纪东南亚国家经济突飞猛进的根本原因。由于垄断使荷兰等宗主国资本在东南亚市场上丧失活力，华人经济在19世纪后期至20世纪初取得较大发展，所以，华人的勤奋与节俭，才是东南亚国家近代化的主要动因。必须说明的是：华人在东南亚的经济活动，并没有使其与中国经济连为一体，而是促成了东南亚国家本土经济的发展，最终为东南亚国家的独立打下了经济基础。

四、华人正义观与东南亚国家独立运动

第二次世界大战之后，东南亚国家的独立是世界史上的一件大事，它与非洲、拉丁美洲的独立运动相互呼应，成为一个重大的历史趋势。然而，关于东南亚国家独立的主导因素，史学界是有争议的。日本人说是他们发动的大东亚战争给东南亚国家带来独立，西方人认为是西方世界的宽容及人权运动的发展，给东南亚带来独立；中国史学家很少对这些问题发表看法，但笔者认为，是东南亚的抗日运动为东南亚独立打下了坚实的基础，而华人在东南亚抗日运动及独立运动中起了重要的作用。

欧美国家殖民东方有五百年的历史，他们早期的殖民活动往往与奴隶制度结合在一起，曾经给东南亚国家带来无数的痛苦。但是，随着欧洲国家政治上的不断发展进步，在人权上有很大的改善，他们的殖民政策也在不断调整中。例如，英国曾是贩卖黑奴最多的国家之一，但到了17世纪后期，英国成为严禁贩卖黑奴的国家。由于当时的英国掌握海上霸权，一切胆敢贩卖黑奴的船只都遭到英国的镇压，这是黑奴贩卖运动逐渐绝迹的原因。在经济上，强大的英国人则是自由贸易的主张者，虽说他们的势力一时未能进入东南亚大多数国家，但英国人在新加坡港的示范作用，给当地带来了欣欣向荣的影响。以后在很长的时期内，凡是采取自由贸易政策的地方，经济就有较大发展，否则，经济长期停滞不前。在西班牙统治下的菲律宾，便出现了这种情况。应当说，欧洲人政策的调整，给东南亚带来经济的繁荣，尤其是华人经济在这一时期得到发展壮大，所以，这一时期华人及东南亚本土民众与英国人之间的矛盾略有缓和，这是欧洲殖民者能够长期统治东南亚国家的原因。不过，在经济发展缓慢而政治上十分黑暗的菲律宾，本土民众与殖民者之间的矛盾十分突出，反抗殖民主义运动十分激烈，19世纪后期，福建晋江籍华人黎刹为菲律宾的独立运动献出了生命，菲律宾最终在美国与西班牙人的战争中获得了独立。

美国人取代西班牙人之后，应当说，欧洲人殖民东方最黑暗的一页已经成为过去，欧美殖民者在东方，也开始注重当地人的权利，以获得更大的利益。其后，东亚的形势有很大的变化。20世纪前半期的世界，爆发了两次世界大战，其主角是欧美国家。在正式战争爆发之前，欧洲国家也形成了严重的对立，这使他们对殖民地的统治放松，而且力争讨好当地民众。时势发展至此，欧洲国家与其殖民地的矛盾大大缓和，实际上只欠东南亚国家一个独立。美国人更是明确声明，让菲律宾独立是他们的政治目的，剩下的只是培养他们满意的政治家统治菲律宾。在日本人抵达东南亚之前，东南亚国家的情况大致如此。

陈嘉庚《南侨回忆录》手稿（厦门陈嘉庚纪念馆藏）

日本人打着建立"大东亚共荣圈"的口号发动了对东南亚的战争，表面上，这是一场对欧美国家的战争，实际上，东南亚的本土经济都成为它的掠夺目标，日本人并不讳言，东南亚的战略物资——石油与橡胶是他们发动战争的根本原因。从政治目标来讲，日本人侵略东南亚不是为了解放东南亚人民，而是为了建立日本对东南亚的殖民统治，所以，他们表面上扶植东南亚民族势力，实际上不顾一切地掠夺东南亚人民，尤其是不遗余力地摧残当地华人经济，新加坡华人被日本屠杀数万人，同样的命运也落在其他东南亚国家华人身上。日本人的残暴掠夺,使东南亚人民很快转变了对日本帝国主义的看法,一开始有些民族主义者将其视为通向民族独立的桥梁,随着日本入侵的加深,他们很快转变立场,与英美联军一起反抗日本的侵略。在这场斗争中,崇尚正义的华人成为抗日运动的主要参与者与支持者,他们组成游击队打击日寇,最终形成了一支强大的力量。日本投降后,这支强大的力量开始了谋求东南亚民族独立的运动,经过多年的奋斗,最终建立了印尼、马来西亚、新加坡、缅甸、菲律宾等独立国家,加上原有的泰国,形成了现代东南亚国家的雏形。其后,越南、柬埔寨、老挝三国,也在长期的反法、反美斗争中取得了独立地位。从东南亚国家独立的过程看,华人的作用是显著的,牺牲是巨大的,他们广泛卷入反殖民主义者的斗争,反映了华人一贯崇尚正义的文化传统。在东南亚各国,都有华人设立的关帝神像,对华人来说,关帝就是侠义之道的象征,"路见不平,拔刀相助",华人对东南亚独立运动的广泛参与,是因为他们认为殖民活动是不正义的,日本人对东南亚的侵略是不正义的,所以,他们可以为东南亚的解放事业抛头颅、洒热血,最终在这场独立运动中获得自己的解放。

东南亚是各种宗教传播的热土,多种宗教相互容忍、相互渗透,成为东南亚人的文化传统与文化财富,其中,每一种宗教都为东南亚带来了独特的价值观,并为东南亚的发展作出贡献。儒学价值观只是东南亚多种价值观的一部分,此处对儒学价值观的赞美,不妨碍我们对其他宗教的认同与评价。就世界的发展趋势而言,多种宗教的并存是一种发展趋势,如果每一种宗教都将其核心的、优秀的价值观贡献于人类,人类世界一定更为丰富多彩。

第五章　当代福建海洋文化与精神

1949年中华人民共和国成立，福建省的发展进入一个新的阶段。在这个阶段，福建省先抑后扬，从受战争影响因而工商业不算发达的区域，逐步成长为大陆人均国民产值位居第二位的省份，向海洋发展是福建省巨变的重要原因。

第一节　体现向海图强的发展规划

中华人民共和国成立后，大陆多数地区进入了和平发展时期。然而，比之内地诸省，福建沿海长期处于战争环境里，这使福建省难以得到大规模的投资，而且必须将海防工作放在第一位，这对福建经济文化建设的影响是巨大的。

一、福建海防的建设与战略防守

共和国建立之初，以蒋介石为首的国民党势力已经退到西南内地和闽浙沿海。不过，由于海军与空军方面的优势，以台湾为根据地的国民党军在闽浙沿海与解放军交战，双方互有胜负。著名的战役有1950年的金门战役和1953年的东山岛战役，1958年8月还爆发了震动全世界的金门炮战。双方的海空军在台湾海峡作战多年，一直到1965年11月，还在惠安县崇武以东爆发了崇武海战。现实地说，从1949年到1979年，福建省不得不将海防当作最重要的工作。

1951年，福建省委海防工作委员会成立，1952年11月，福建省委召开海防工作会议，主持福建党政军工作的叶飞提出福建军民的基本任务，确定把海防工作作为沿海的中心任务、全省的重要工作之一。[①]

福建省委海防工作委员会成立以后，福建沿海一些地区也相应成立机构，比如晋江地委成立沿海地区工作部。"晋江专区面对金台，海岸线达700公里，有6个县33个区的沿海地区和71个大小岛屿，面临的海防形势十分严峻。因此，地委把海防斗争摆上重要的工作日程。1950年4月，地委在《地委第八次扩大会议报告提纲》中首次提出要加强海防斗争的策略。"[②] 1959年，闽侯地委及行政专员公署成立，"地委专设海防部，属党委直属的与组织部、宣传部、统战部并列部门"。1962年，为应对台湾国民党日益严重的威胁，闽侯地委奉省委指示，召开了几次地委常委会，布置海防任务，准备打仗。这种形势极大影响了福建沿海民众的生活，渔民只能驾驶小型铁壳船在沿海澳角撒网捕鱼，或在滩涂"讨小海"。政府着力发展沿海区域的农业生产。

当时的困难是巨大的。三年困难时期，龙海县（今为龙海市）连遭三次特大风洪灾害，即1959年"8.23"、1960年"6.9"、1961年"9.13"。为了抗灾，1959年，（龙海县）山后大队兴修了一条九龙江堤岸，有力地抗击了海潮入侵。1962年初，山后大队又在险要地段筑四条丁字坝，砌了150多公尺

---

① 钟兆云：《叶飞与新中国的福建海防》，微信公众号"福建省党史方志"，2016年11月2日。
② 《新中国成立初期泉州的海防前线斗争》，微信公众号"泉州史志"，2022年6月23日。

长的石陂，因此，1962 年秋天顺利抗拒了白露和寒露两次大海潮，保证了粮食的丰收。此外，东山、平潭等岛的造林防沙绿化成效显著。1964 年 3 月 6 日《福建日报》刊登省委第一书记叶飞、省长魏金水与谷文昌等亲切会见的巨幅照片。1964 年春，福建省召开农业群英会，"叶飞对造林防沙的东山精神、榜山风格（龙江风格）、再创高产纪录的山后大队非常赞赏"。叶飞"总是把抓粮食生产工作当成打仗"，当年漳州是福建省的重要粮食产地。主观上，福建农渔并重，但受客观条件的制约，福建渔业生产并不突出，漳州龙海是一个缩影。

随着形势的稳定，海上运输条件有所恢复。以海上客运为例，新中国成立初期，由于福建海上安全无法保障，海上客运备受限制，仅维持有限的省内近海短途客运业务。1958 年后，随着中国人民解放军逐渐掌握福建沿海的制海、制空权，福建海运安全有了较为可靠的保障，海上客运量逐年增长，1963 年旅客运输量、周转量分别增至 62.3 万人次和 1188.2 万公里。1972 年后，随着两岸形势逐渐趋缓，福建尤其厦门的近海客运有了一定发展，全省海上船舶客位数由 1971 年的 1620 客位增至 1978 年的 1925 客位；厦门港内海旅客吞吐量由 1971 年的 36.05 万人次，增至 1978 年的 65.25 万人次。[1] 1979 年以后，两岸关系缓和，福州港和厦门港的海上航运才恢复。总的来看，台湾海峡战争的影响，导致福建有 30 年海运被封锁，福建很难向海洋发展，这种情况在历史上是罕见的。

二、大念"山海经"的时代

1981 年秋，福建省委、省政府根据本省的优势，由省委书记项南借用我国古代的一部著作《山海经》之名，赋予时代新内容，作出全省念"山海经"的决定。其内涵是大力发展山区和沿海经济。

---

[1]《75 年！福建水路客运载梦远航》，"福建省交通运输厅"官方网站，2024 年 10 月 7 日。

在中共党史上，项南被誉为"改革先锋"。1980年12月，中央任命项南为中共福建省委常务书记，不久又任命其为省委第一书记。1981年1月，初到福建的项南，在福建省党代会上发表了《谈思想解放》的即席讲话，他讲了七个问题，其中一个问题谈"把祖国东南沿海前哨这个基地建设好"。他满含深情地说："闽之水何泱泱，闽之山何苍苍，若要福建起飞快，就看思想解放不解放。"一周后，项南又召集部分领导开了个"吹风"会，讲了六个问题，其中包括："前线"能不能搞建设？念好"山海经"是不是福建的根本出路？对外开放从哪里起步？[①] 这一时期，台湾经济起飞，"十大建设"给大陆极大的震动，所以，项南到福建工作的第一件事就是谈思想解放，而破茧成蝶的起手式就是大念"山海经"。

福建省陆地面积12万平方公里，在土地政策、林权制度尚未落实之时，面朝黄土背朝天的农民是无所作为的。根据1981年的统计，福建全省还不到2000万亩的耕地所创造的农业产值占了农业总产值的60%，而7000万亩的森林，林业产值只占农业总产值的6%，全省13.6万平方公里的渔场，水产值只占农业总产值的4.3%。所以，大念"山海经"是时势使然，是形势使然。福建大念"山海经"，首要是破除体制机制的枷锁，让山和海从传统的观念、思想中解放出来。项南早在1981年1月21日《谈解放思想》讲话中，就提出了把福建建设成为我国的重要林业、畜牧业、渔业、经济作物、外贸、轻工、科技和统一祖国的基地。此后，项南带领省委、省政府领导和有关部门同志深入全省各地开展调查研究，了解省情，探讨和论证念好"山海经"、建设"八个基地"的设想；1981年秋，中共福建省委、省政府决定扬长避短，正式作出大念"山海经"、建设八个基地的战略决策，强调要放眼8倍于耕地的山区和10倍于耕地的海域的综合开发，掀起向"山海"进军、向山和海要财富的热潮。1984年9月29日，福建省六届人大常委会第九次会议原则通过《福建省八个基地建设纲要》；1985年5月6日，福建省第六届人民代表大会

[①] 梁茂淦：《项南与大念"山海经"》，"福地炎黄"微信公众号，2018年12月2日。

第三次会议正式通过《福建省八个基地建设纲要》。"纲要"明确了八大基地建设基本内涵,在"渔业基地"一节,纲要提出:渔业基地建设,应贯彻"以养殖为主,养殖、捕捞、加工并举,因地制宜,各有侧重"的方针。大力发展浅海滩涂养殖业,发展外海和远洋渔业,切实搞好水产品保鲜、加工。到20世纪末,渔业基地建设的奋斗目标是:水产品产值比1980年翻两番以上,做到增产、增值和增收,水产品产量比1980年增加两倍以上。提高产品保鲜、加工、包装综合利用水平,增加鲜活水产品出口和国内市场供应量。1990年以前,调整和建立与资源相适应的多水域、多品种、多作业的生产结构;逐步搞好福厦两个国营海洋渔业基地配套建设,加快福鼎沙埕、闽江口、平潭东澳、惠安崇武、龙海石码等重点群众渔港的后勤基础设施建设,筹建一支装备先进的外海、远洋渔业船队,建立苗种饵料生产供应体系。扩大海淡水养殖面积,建成一批鱼虾贝养殖的稳产高产商品基地;重点港湾、江河要进行人工放流增殖,渔业生产要由狩猎式逐步向农牧式转化;建立鱼糜制品、鱼制品加工包装中心,海藻加工基地;相应发展船机修造、渔具制造等工业。当前要:(1)完善渔业生产责任制,扶持渔区群众开发经营自留滩、责任滩和浅海养殖,充分利用现有淡水水面,因地制宜,挖塘养鱼,积极发展淡水养殖业;(2)开放水产品市场,国营渔业、水产供销部门要积极参与市场调节,使价格趋于合理;(3)加强水产科学教育、资源调查和信息咨询,积极引进、试验、推广新品种、新技术,培养水产技术力量;(4)认真贯彻渔业法规,加强渔政管理,保护水产资源;(5)积极组织外海捕捞;(6)发展专业和群众性的水产品保鲜加工和综合利用工业;(7)掌握国外水产信息,建立专业的海鲜品基地,搞好渔业基地建设主要项目的前期工作;(8)广辟渔业资金来源,国家、集体和群众集资一齐上,积极利用侨资、外资,兴办中外合营渔业。[①]

这就是20世纪80年代福建念的"海经"。或者可以这么说,这是新中国

[①]《福建省八个基地建设纲要》,《福建省改革开放三十年重要文献选编》(上),福建人民出版社2008年,第154页。

成立以后福建第一次比较系统地提出的"海洋观念"。因此，它具有重大的历史意义。从发展生产的角度，从体制改革的角度，从对外开放的角度，曾几何时，福建对海洋是陌生的、保守的、被动的，把海洋当作"海防"的一个天然屏障，建设之、加强之、巩固之。但随着中国改革开放的发轫、扩大、深入，海洋便成为中国通往世界的必由之路。经济特区、沿海开放城市无不与海洋同频共振。围绕着蓝色的海洋"耕海牧渔"，福建第一次放眼海洋经济，复苏并激发了福建沿海百姓千百年来潜藏的海洋性格，向海而生。

20世纪80年代的念"海经"，蕴含了海洋精神的图强、拼搏、开放气质；更为重要的是，这是一次思想的重大突破、重大转变。从山到海，从黄土地到蓝海洋，福建重新审视自己，福建人历史上所潜藏的海洋基因重新被激发，福建重新拥抱海洋。

"海"门一经打开，便掀开了福建波澜壮阔的历史篇章。从80年代末到90年代，福建各地可谓是八仙过海，在区域经济发展的规划设想中，有了更多的海洋成分。1986年厦门市编制《1985年—2000年厦门经济社会发展战略》，提出厦门要"扩大对外开放，抓紧实施自由港的某些政策"；1993年福州市编制《福州市20年经济社会发展战略设想》，提出沿江向海，建设"闽江口金三角经济圈"的战略举措。与此同时，湄洲湾、环三都港、江阴港、泉州湾、厦门湾建设都提上日程，大量付诸实施，成为现实。

八闽竞渡，蛟龙出海，最引人注目的是1994年《关于建设"海上福州"的意见》，首次提出"以发展海洋经济为中心"。1994年5月26日，中共福州市委、市政府在平潭召开建设"海上福州"研讨会，会上，福州市主要领导系统阐述了对发展海洋经济的深刻认识。6月12日，福州市委、市政府出台《关于建设"海上福州"的意见》，在我国沿海城市中最早吹响"向海进军"的号角。"福州的优势在于江海，福州的出路在于江海，福州的希望在于江海，福州的发展在于江海。"当年，福州市高层对经略海洋高屋建瓴，发出令人振奋的声音。该意见认为，海洋开发与第三产业开发、高新技术产业开发一起，是"发展经济的大动作"，也是"建立福州发展新优势的重要内容"。

该意见对建设"海上福州"提出了明确的目标、措施和办法,要求全面振兴福州海洋经济,为该市更快更好发展提供广阔空间,奠定坚实基础。福州海洋面积1.1万平方公里,与陆地面积相当,《关于建设"海上福州"的意见》提出,"以科技为先导,以发展海洋经济为中心,以海岸带、海域开发为主攻方向,实行海岛、港湾、大陆架、滩涂、近海、外海、远洋统筹兼顾,全方位立体综合开发"。事实上,这是沿江向海的福州市首次较系统提出开发海洋资源,促进海洋经济发展的纲领性文件,既承接十年前大念"山海经"时代福州"耕海牧渔"的初步成果,更具前瞻性地提出海洋在福州区域发展空间上所能发挥的关键性作用。奋楫海上,福州发展思路打开,福州人身上所潜藏的海洋气质、海洋特性,伴随着"闽江口金三角经济圈"与"海上福州"的战略部署、建设发展而释放出来。

三、建设海洋经济强省

2002年,福建省出台了《福建省人民政府关于加强海洋经济工作的若干意见》(以下简称《意见》),提出了"建设海洋经济强省"的目标与要求,努力把福建省建设成为海洋经济发达、海洋产业布局合理、海洋科技先进、海洋生态环境优良、海洋管理规范的海洋经济强省。《意见》提出福建海洋经济工作的目标任务是:海洋经济开发实现从传统开发向现代开发转变,从粗放型开发向集约型、生态型开发转变,形成海洋产业组合优势,实现海洋产业结构的优化升级,全面提高海洋经济发展的整体效益,逐步形成发达的蓝色产业带,海洋经济取得明显成效,实现海洋生态效益、经济效益和社会效益统一协调发展。到2005年,全省海洋产业增加值达910亿元,占全省GDP的15%,到2010年全省海洋产业增加值达1900亿元,占全省GDP的20%。在建设海洋经济强省的过程中,《意见》就优化海洋渔业结构,进一步提高海洋渔业综合效益;大力发展海洋二、三产业,提高海洋综合开发水平;增加海洋产业投入,建立多元化的海洋投入机制;积极扩大对外开放,拓展海洋产业外向空间；积极推进科教兴海，提高产业整体素质；坚持可持续发展战略，不断提高海洋资源的综合利用水平；健全海洋管理机制，提高海洋综合管理水平等方面，提出明确要求。优化产业结构、综合开发利用、扩大对外开放、健全管理机制是其关键词。应该说，这份《意见》是福建发展海洋经济承前启后、继往开来的纲领性文件。进入 21 世纪，福建迎来海洋经济大发展的时代。2006 年 8 月 18 日，中共福建省委、福建省人民政府出台《中共福建省委、福建省人民政府关于加快建设海洋经济强省的若干意见》（以下简称《若干意见》）。《若干意见》共十二部分，分别是：一、以科学发展观统领海洋经济强省建设；二、加快港口及腹地通道建设，不断拓展发展空间；三、壮大临港重化工业，促进产业集聚；四、加快以港兴市步伐，促进海峡西岸城市群建设；五、转变海洋渔业增长方式，提升市场竞争力；六、大力发展海洋服务业，培育壮大海洋新兴产业；七、强化海洋科技教育，增强海洋科技创新能力；八、完善海洋防灾减灾体系，提高海洋开发的安全保障水平；九、坚持开发与保护并重，推进海洋经济可持续发展；十、发挥"五缘"优势，深化闽台海洋经济合作；十一、创新机制体制，增强海洋经济发展的活力；十二、加强对海洋经济强省建设的领导。经过 20 年念"海经"，福建更加体认到"海洋是福建的突出优势"。《若干意见》指出，改革开放以来特别是"十五"期间，福建海洋经济不断发展壮大，在国民经济中的重要地位日益凸显。

受思想观念以及生产力的限制，以前是守着海洋"讨小海"。如今，经过 20 年的"耕海牧渔"，福建在《若干意见》中明确提出："大力发展海洋经济，推进海洋资源大省向海洋经济强省的转变，是我省立足科学发展，顺应世界经济发展趋势，抓好用好发展机遇，加快建设海峡西岸经济区的一项战略举措。"可以这么认为，《若干意见》将发展海洋经济提高到福建整个发展大局的高度去谋划，具备"四个有利于"：有利于"在更大范围和更宽领域参与国际经济合作和竞争，实现发展新跨越"；有利于"推进观念创新、科技创新和机制创新，把区位优势、生态优势、港口优势和体制机制优势转变为加快发展的后发优势";有利于"强化我省作为内地便捷出海口的重要地点","为全国发展大局服务";有利于"为推进两岸关系发展和祖国统一大业做出更大贡献"。

具体到规划与举措,《若干意见》有均匀明晰的论述。在港口建设方面,提出争取到2010年建成厦门、福州两个亿吨大港,全省港口货物吞吐量达到3亿吨以上,其中集装箱吞吐量达到1200万标箱,形成规模化、专业化、信息化的港口群。在临港工业方面,提出加快建设临港重化工业体系,促进船舶修造业跨越式发展,不断延伸石化产业链,提高汽车工业竞争力,加快发展临港冶金产业,推进林产加工业发展,积极发展临港能源业。在以港兴市,加快城市群建设方面,提出以港城互动加快临港城市发展,以城际互动提高协同发展水平,以城区互动促进连片发展。在海洋渔业增长方式方面,提出大力发展海水生态养殖,积极扶持远洋渔业发展,加快发展水产品加工和流通业,强化渔业质量安全管理。在发展海洋服务业方面,提出高起点发展现代港口物流业,提升海滨旅游业,培育发展海洋新兴产业,等等。

厦门集装箱码头(王东明摄影)

为做好海洋这篇大文章，《若干意见》用较多篇幅谈到"创新体制机制"。包括加强港湾资源整合，深化海洋管理体制改革，建立国际经济技术交流合作机制，推进港口口岸大通关和完善投融资机制。在港湾资源整合方面，《若干意见》指出，理顺跨行政区域港口建设管理体制，深化厦门港一体化管理体制改革，配套推进通关管理体制改革；建立湄洲湾等跨行政区港口开发建设的协调机制，加强对港口公共航道、港口集疏运通道、码头及配套设施建设、管理及临港经济区发展等重大事项的统筹协调，建立港政、运政一体化管理体制，提高港口一体化管理水平，促进港湾岸线合理有效利用和临港经济密集区成片开发。

　　《若干意见》要求"沿海各级党委、政府要进一步加强对海洋经济发展的领导，把海洋经济发展纳入地区经济社会发展总体规划组织实施"；"各市、县（区）要进一步增强沿海意识，主动对接融入，承接沿海地区的辐射和带动"。因此，毫无疑问，《若干意见》是福建第一部较全面、系统经略海洋的规划书。

　　2006年年初，福建省十届人大四次会议批准《福建省国民经济和社会发展第十一个五年规划纲要》，在第四章"推进产业结构优化升级"中以一节的篇幅，专论"建设海洋经济强省"，提到"十一五"期间海洋经济增加值、生产总值所占比重，8月出台的《若干意见》与之相同。福建"十一五"规划提出，福建要"加快海洋产业发展，形成海岸、海岛、近海、远洋多层次的海洋开发格局，把我省建设成特色明显的海水养殖基地、海洋制造业基地、滨海旅游基地以及海洋科技创新和教育基地"。

　　"十一五"规划和《若干意见》实施五年，福建海洋经济发展目标基本达到。在此基础上，2011年福建制定"十二五"规划纲要，设专章即第五章"拓展海洋开发新空间"提及"推进全国海洋经济发展试点省份建设"。它的背景是，福建于2010年6月向国务院上报《关于恳请将福建列入国家海洋经济发展试点的请示》。2011年，国务院通过《海峡西岸经济区发展规划》，将福建列为全国海洋经济发展试点省份，赋予福建建设"海峡蓝色经济试验区"

的重大使命。这是国务院批准的中国第四个海洋经济发展试点省份的海洋发展规划,前三个为广东、山东、浙江。设专章谈海洋经济,这是以往的五年计划或五年规划所没有的,至少说明,海洋经济已经跃升至福建经济发展极其重要的位置。

福建海洋经济的"十二五"规划与"十一五"规划内容,既具有连续性,又有所发展、延伸、细化。特别是在海洋的管理方面,体现了政府对开发利用海洋的辩证观,体现了海洋开发在放、管、服方面的发展脉络,这也是经济发展的自然规律,从自由王国向必然王国的不断探索与实践。

四、近年关于海洋政策的新规划

2012年11月国务院批准的《福建海峡蓝色经济试验区发展规划》、2021年5月福建省人民政府发布的《加快建设"海上福建"推进海洋经济高质量发展三年行动方案(2021—2023年)》,以及2021年11月福建省人民政府颁布的《福建省"十四五"海洋强省建设专项规划》,都是极为重要的。

1. 福建海洋经济发展的国家战略:《福建海峡蓝色经济试验区发展规划》

从陆权向海权的发展,我国走过一条漫长的历史路径。对外开放拉开了中国走向海洋的帷幕。福建海洋经济的发展同样紧随着中国对外开放的历史步伐。可以认为,《福建海峡蓝色经济试验区发展规划》乃福建发展海洋经济积三十年之功,化蛹成蝶的成果。

福建是中国沿海经济大省,具有发展海洋经济区位、资源、环境等综合优势。根据该发展规划,福建省拟将13.6万平方公里海域,以及福州、厦门、漳州、泉州、莆田、宁德等沿海六设区市及平潭综合实验区的陆地面积5.4万平方公里作为福建沿海海峡蓝色经济试验区。时任福建省发展和改革委员会主任郑栅洁认为,《福建海峡蓝色经济试验区发展规划》(以下简称《规划》)获批,是国务院谋划中国海洋发展战略布局、进一步推动福建又好又快发展的重大举措。时任福建省委书记孙春兰表示:"从陆域经济向海洋经济延伸,是发挥福建沿海优势,拓展产业群、城市群、港口群发展空间的战略选择。"

《规划》提出,福建沿海将着力构建"一带、双核、六湾、多岛"的海洋开发新格局,即:打造若干以高端临海产业基地和海洋经济密集区为主体、布局合理、具有区域特色和竞争力的海峡蓝色产业带,把福州都市圈、厦漳泉都市圈建设成为提升海洋经济竞争力的两大核心区,推进以环三都澳、闽江口、湄洲湾、泉州湾、厦门湾、东山湾六大重要海湾为依托的海洋经济密集区建设,加强平潭岛、东山岛、湄洲岛、琅岐岛、南日岛等特色海岛保护开发。①

福建东山县澳角村海域(王东明摄影)

《规划》明确了海峡蓝色经济试验区六大战略定位:深化两岸海洋经济合作的核心区、全国海洋科技研发与成果转化重要基地、具有国际竞争力的现代海洋产业集聚区、全国海湾海岛综合开发示范区、推进海洋生态文明建设先行区和创新海洋综合管理试验区。《规划》同时确定了今后两个阶段的发展

---

① 《福建成第四个海洋试点省份》,《海峡都市报》2012年12月26日。

目标：到 2015 年，海洋生产总值达到 7300 亿元，年均增长 14% 以上；到 2020 年全面建成海洋经济强省。[①]

2. 政策图解：《加快建设"海上福建"推进海洋经济高质量发展三年行动方案（2021—2023 年）》（以下简称《行动方案》）

建设海洋强国是以习近平同志为核心的党中央作出的重大决策部署。党的十九届五中全会明确指出，要坚持陆海统筹，发展海洋经济，建设海洋强国。2021 年 3 月，习近平总书记在福建考察指导，对福建提出了"四个更大"等重要要求，为福建发展指明了方向，提供了根本遵循。

福建海洋资源得天独厚，海域面积 13.6 万平方公里，大陆海岸线 3752 公里，居全国第二位，可建万吨级以上深水岸线 210.9 公里，居全国首位，全省有海岛 2214 个，居全国第二位，具有发展海洋经济的独特优势。

《行动方案》指出，福建省委、省政府以习近平新时代中国特色社会主义思想为指导，一以贯之传承弘扬习近平总书记在福建工作时关于海洋经济发展的重要理念和创新实践，全面贯彻习近平总书记来闽考察重要讲话精神，立足福建实际和区位优势，在新的起点上加快建设"海上福建"，推进海洋经济高质量发展。从"海上福州"到"海上福建"，是一个巨大的发展与跨越。

《行动方案》并不局限三年行动，它实际上是提出了三个阶段性目标，比 2012 年《福建海峡蓝色经济试验区发展规划》所制定的到 2020 年建成海洋经济强省的目标更长远、更宏大。

《行动方案》的主要目标是：第一阶段，到 2023 年，海洋经济质量和效益明显提升，现代海洋产业体系基本建立，海洋资源优势逐步转化为经济优势、高质量发展优势，打造海洋渔业、绿色石化、临海冶金、海洋信息、航运物流、滨海旅游等六个千亿产业。全省海洋生产总值达到 1.5 万亿元左右，占全省生产总值比重达到 28.5% 左右。全省港口吞吐量突破 6.5 亿吨，集装箱吞吐量超过 1920 万标箱。第二阶段，到"十四五"末，在"海上福建"建

[①] 《国务院批准〈福建海峡蓝色经济试验区发展规划〉》，中央政府门户网站，2012 年 11 月 4 日。

设和海洋经济高质量发展上取得更大进步，基本建成海洋强省。海洋经济综合实力居全国前列，全省海洋生产总值达到1.8万亿元左右，占全省生产总值比重30%左右。沿海港口吞吐量突破7亿吨，集装箱吞吐量达到2150万标箱。第三阶段，到2035年，在"海上福建"建设和海洋经济高质量发展上跃上更大台阶，海洋经济综合实力、海洋基础设施、海洋科技创新、海洋生态环境稳居全国前列，海洋开放合作水平迈上新高度，建成具有国际竞争力的现代海洋产业基地和我国科技兴海重要示范区，为我省落实"四个更大"新要求、全方位推进高质量发展超越提供重要支撑。

3.《福建省"十四五"海洋强省建设专项规划》

2021年11月15日，福建省政府办公厅印发《福建省"十四五"海洋强省建设专项规划》（以下简称《专项规划》）通知。这是福建省继2006年出台《中共福建省委、福建省人民政府关于加快建设海洋经济强省的若干意见》时隔十五年后，推出的又一份全面、系统经略海洋的规划书。

这份海洋经济五年发展规划，在福建省"十四五"规划的基础上"另起炉灶"，就海洋经济的发展、海洋强省战略进行一次"教科书"式的谋篇布局，可谓用心良苦。2021年11月1日，中共福建省委常委会审议并原则通过《专项规划》，根据媒体报道，会议强调，"十四五"期间要以习近平新时代中国特色社会主义思想为指导，全面贯彻习近平总书记关于海洋强国建设重要论述和来闽考察重要讲话精神，进一步落实全省推进海洋经济高质量发展会议部署要求，突出福建省区位优势、海洋资源、生态文明、对外开放等优势，锚定2025年建成海洋强省目标。①

在高质量构建现代海洋产业体系部分，《专项规划》明确提出要着力建设2个主导产业集群（临海石化、海洋旅游）、打造4个优势产业集群（现代渔业、航运物流、海洋信息、地下水封洞库储油）、培育5个新兴产业集群（海洋生物医药、工程装备、可再生能源、新材料、环保）。

---

① 《福建省委常委会审议通过〈福建省"十四五"海洋强省建设专项规划〉》，"海上福建"微信公众号，2021年11月2日。

福建古雷石化基地（王东明摄影）

在高水平拓展海洋开放合作空间部分，《专项规划》明确提出，推进闽台海洋产业、生态环境、航运物流领域深度交流合作；加强与"海丝"沿线国家和地区的互联互通、海洋经贸合作；对接长三角和粤港澳大湾区建设，提升内陆省份"陆地港"服务水平，打造国内大循环的重要节点。

4.《福建省海洋经济促进条例》：首份促进海洋经济发展专门性法规

在海洋经济发展实践过程中，海洋管理涉及经济、产业、科技、生态、执法等多方面，海洋相关各产业各环节归口不同的部门负责，存在部门职能交叉、协调不足、沟通效率较低等问题。因此，亟待通过地方立法形成管理合力，建立健全福建省海洋管理体制，为福建省海洋经济发展提供有力的法治保障。

2023年11月23日，福建省第十四届人民代表大会常务委员会第七次会议通过了《福建省海洋经济促进条例》。该条例自2024年1月1日起实施。这是福建省第一份以法律形式制定、公布的涉"海洋经济"的文件，将福建省所有与海洋经济及其管理与服务相关的活动，都纳入其中。

条例明确规定：省人民政府应当组织编制海洋经济领域发展专项规划。沿海设区市人民政府和平潭综合实验区管委会应当根据国家和省海洋经济领域发展专项规划，结合本地生态环境和资源承载力等实际情况，编制本级海洋经济领域发展专项规划。条例的每一章都对各级政府提出具体要求。

5. 全省推进海洋经济高质量发展会议推进"海上福建"扬帆远航

2024年7月11日，正值第20个中国航海日，福建省召开全省推进海洋经济高质量发展会议。会议上强调，要以习近平总书记提出的"海上福州"战略30周年为新起点，锚定"海上福建"建设目标，扎实推进海洋经济高质量发展。

一要坚持科技兴海，进一步壮大海洋创新动能。加快海洋关键核心技术协同攻关，健全多层次海洋科技创新平台体系，深化政产学研合作，催生一批海洋新产业、新模式、新动能。优化提升海洋科创环境，深入实施海洋龙头企业培优扶强行动，精心办好一流涉海学科，支持海洋领军团队建设，推动各类海洋人才在福建施展才华。加强"数字海洋"建设，提升海洋数字化治理水平，整合汇聚数据资源，力争实现海洋产业与资源分布一张图。

二要坚持产业强海，进一步构建现代海洋产业体系。牢固树立和践行大食物观，大力发展现代海洋渔业，更高水平建设"海上粮仓"。大力推动传统海洋产业转型升级，推进海洋装备产业集聚发展，加快海洋战略性新兴产业规模化发展。培育壮大现代海洋服务业，推动海洋三次产业融合发展。加强涉海基础设施建设，夯实海洋经济发展基础。强化"以港通海"，加快建设世界一流现代化港口群，推动港口运行高效能，打造港口服务升级版，扩大港口辐射经济圈。

三要坚持生态护海，进一步呵护海洋良好生态。像爱护眼睛一样爱护海洋，实施"碧海"工程，扎实抓好中央生态环境保护督察反馈问题整改工作，切实维护海洋生态安全，切实加强陆海污染协同治理，切实强化海洋生态文明体制机制创新，打造"水清、滩净、岸绿、湾美、岛丽"的美丽海洋，为子孙后代留下碧海蓝天。

四要坚持开放活海,进一步深化海洋交流合作。深化海洋区域协作,主动对接粤港澳大湾区等,做深做实新时代山海协作。深化闽台海洋融合发展,促进闽台海洋文化交流,更好地服务祖国统一大业。深化海洋开放合作,深度融入共建"一带一路",充分发挥侨的作用,积极吸引利用外资,推动更多福建海洋产品、海洋服务"走出去"。①

第二节 海洋经济在福建的发展

福建海洋经济发展,从耕海牧渔、开发利用到推动海洋经济高质量发展、建设蓝色经济区直至海洋经济强省规划,一路走来,筚路蓝缕,踔厉奋发;一以贯之、可圈可点。

一、念海经,鱼满舱:海洋经济初试啼音

新中国成立以来,特别是改革开放以来,福建省委、省政府立足省情,把开发海洋、发展渔业作为缓解全省人多地少矛盾,拓展生存和发展空间,保持经济持续快速增长的重大战略举措来抓,相继作出大念山海经、开发海上田园、建设海洋经济强省,建设海上福建等一系列战略部署,"立海之根、融海之势、聚海之力、铸海之魂"。

20世纪80年代初中共福建省委作出大念"山海经"、建设八大基地的战略决定(其中之一是"海洋基地"),解放了思想、开阔了思路,又极大释放了劳动生产力,较好地开发利用了福建海洋资源。福建在大念"山经"的同时,"海经"也念得如火如荼,除了大搞捕捞,更大力发展海水养殖。

---

① 《全省推进海洋经济高质量发展会议召开》,《福建日报》2024年7月12日。

连江县开发利用大片荒滩，1981年渔业总产量达117万吨，为全省之冠，涌现出东升大队这个远近闻名的"千万富翁"大队。晋江祥芝公社则开发紫菜等海产品的加工、包装、运输等业务，较早实现了渔工商一体化。1985年，宁德研究大黄鱼人工繁殖技术获得成功，被国际同行誉为"了不起的突破"，后逐步建立起全国最大的大黄鱼养殖基地。①

宁德海上牧场（王东明摄影）

"靠海吃海念海经"，福建初试啼音，鱼货满舱。统计数据显示，1985年，福建海水养殖面积62.4万亩，比1980年增长89.8%；1995年，全省海水养殖面积增长至125万亩，产量达62.2万吨，居全国第三位；1988年，全省紫菜养殖面积扩展至7800亩，产量1.1万吨，占全国紫菜产量的80%；1995

---

① 《改革开放40年，福建故事6之〈大念"山海经"〉》，《海峡通讯》2018年9月4日。

年，福建海带养殖面积达 5.82 万亩，产量 17.6 万吨，居全国第三位。①

福建念海经，亦得益于对外开放。实行对外开放，采取特殊政策和灵活措施，是福建省对外经济的战略方针，20 世纪 80 年代初期，厦门经济特区、福州开放城市和闽南厦漳泉经济开发区建设，同样为发展海洋产业提供了对外开放的机遇和窗口。1986 年 10 月 10 日《人民日报》刊登一篇题为《福建巧念"山海经"》的报道文章。文中讲了这么一个故事：晋江县祥芝镇祥渔村，这个村有 7000 人，350 多条船（都是大马力的机帆船），他们实行责任制，以船为承包单位，渔民自由结合，自负盈亏。按村里规定，每个劳动力一年交给村里 60 元，派购 1000 斤鱼，其他都归自己，并鼓励渔民利用外资，与外商合作，养殖紫菜，出口创汇，使穷渔村富了起来。祥渔村与台商合作，开办了 25 个加工厂和相关企业，包含了捕鱼、加工、保鲜、运输和销售的所有环节。

文中还讲了当年养鳗业发展的故事。1983 年 9 月，福建确定以莆田"涵江养鳗场"为基点，大兴养鳗业，按照建设"八大基地"的规划，投入到鳗业开发的资金是 4000 万美元，这是当年福建向世界银行贷款 2 亿美元的五分之一，在当时几乎是一个天文数字。由于这笔资金的注入，福建省的养鳗业得到了快速的发展，莆田、福清、长乐等县成为主要生产区。1985 年，福建全省鳗鱼出口创汇 6 亿多美元，占该省全部出口农产品 82%。

文章回顾从 1981 年到 1985 年五年时间，福建大念山海经的成果——"过去，福建水产养殖基本是紫菜、海带菜等藻类，蛏、蛤等贝类当家，现在不但发展了藻、贝两类，而且对虾、淡水鳗鱼等养殖上规模，已成批建成对虾、太平洋牡蛎、淡水鳗鱼、红蟳等出口基地。""太平洋牡蛎种苗引进后，很快建成人工育苗基地，试验成功垂下式吊养，其发展速度和现有养殖面积人均数为全国领先。紫菜、牡蛎产量均占全国总产量的 80% 以上，花蛤、淡水鳗鱼、蛏、泥蚶产量都名列全国前茅。全省滩涂养殖面积现已达到 87 万

---

① 据纪录片《与新中国一起走过》第 11 集《大念"山海经"》。

亩，滩涂利用率为全国最高。向浅海发展养殖，向外海发展捕捞，也取得了新成果。"

二、海洋经济蓬勃发展

1. 连续九年位居全国第三

从"靠山吃山，靠海吃海"到"耕海牧渔"；从"海上福州"到"海上福建"；从"蓝色产业"到"临港工业"，从打造海洋经济"半壁江山"到加快建设海洋经济强省，建立具有福建特色的海洋产业体系、保护海洋生态环境，福建海洋经济这条路越走越宽。

2023年，福建海洋生产总值1.2万亿元，连续九年位居全国第三。当前，福建已初步形成绿色石化、海洋旅游两个五千亿级海洋产业集群，以及海洋渔业、航运物流、海洋信息三个千亿级海洋产业集群。

"十三五"期间，全省海洋生产总值年均增长8.2%，由2015年的7076亿元提高到2020年的1.05万亿元，居全国第三位，占全省地区生产总值的23.9%，海洋经济成为拉动国民经济增长的重要引擎。海洋三次产业结构由2015年的7.3∶37.1∶55.6调整为2020年的6.5∶31.7∶61.8。2021年福建省海洋生产总值超1.1万亿元；水产品年出口连续多年居全国第一，2023年出口达73亿美元。海洋经济发展成效明显。与蓝色粮仓的建设同步，海洋装备制造、海洋生物医药、海洋信息、邮轮游艇等新兴产业加快发展，海洋经济日益成为福建发展的比较优势所在、未来增长点所在。

2. 各领风骚的海上项目

（1）海上风电机组（项目）。2023年11月10日，全新一代18兆瓦海上直驱风电机组在福清下线，它是目前已下线的全球单机容量最大、叶轮直径最大的海上直驱风电机组。该风电机组由3万余个部件组成，机组轮毂中心高度160米，相当于53层居民楼的高度，风轮扫风面积53000余平方米，相当于7.5个标准足球场。机组在年平均风速为每秒10米的环境下，单台机组

第五章　当代福建海洋文化与精神

平潭海上风电场（王东明摄影）

每转一圈即可发电38度，每年可输出7200万度电，可满足4万户普通家庭一年的生活用电。

近年福建发展海上风电项目收获颇丰。"十四五"期间，福建以宁德、漳州储能产业基地、兴化湾—平海湾海上风电产业园为两翼，打造新能源产业发展格局，海上风电项目纷纷上马。2017年7月，福建三峡海上风电国际产业园全面开工建设，目前产业园已形成风机以及主要零配件的全产业链生产格局。2023年12月，我国首个国家级海上风电研究与试验检测基地在福清江阴产业园开工建设，2024年下半年建成后，可以开展目前世界上最大容量的风电机组和最长尺寸的风机叶片检测试验。

2024年4月，福建省发展改革委公布3个海上项目名单，分别为连江外海海上风电场、漳浦六鳌海上风电场二期项目、闽南海上风电基地B-2区项目，总装机规模2700兆瓦。就在这几个项目名单公布不久，5月，全国首台批量示范应用的16兆海上风电机组在漳浦六鳌海上风电场二期项目安装完成。六鳌二期 2023 年 2 月开工建设，项目位于漳浦六鳌半岛东南侧外海海域，项目规划容量 400 兆瓦，共有 28 台 13 兆瓦及以上的风机，其中有 6 台 16 兆瓦的风机。①

（2）公铁两用跨海大桥。即平潭海峡公铁大桥，大桥全长 16.3 公里，其中跨海段长 11.15 公里，大桥上层为双向六车道高速公路，设计时速为 100 公里，下层为双线铁路，设计时速为 200 公里。大桥于 2013 年 11 月开建，2020 年 10 月 1 日建成投用。它是目前世界上最长的公铁两用跨海大桥。

平潭海峡公铁大桥（王东明摄影）

（3）漂浮式风渔融合项目。2024 年 6 月 28 日，全球首座风渔融合浮式平台在莆田南日岛海上风电场正式投产。该平台是深远海漂浮式风电与渔业养殖一体化设计概念在世界范围内的首次创新实践，投产后，平台风电机组一天可满载发电 9.6 万度，平台中间围出的六边形水池，可挂双层养殖网箱，可以养殖 5 万尾深海鱼类。

（4）深海 2500 米采矿船。2018 年 3 月 29 日，由马尾造船公司承建的世界首艘深海 2500 米采矿船在福州市连江县粗芦岛出坞下水，该船总长 227

---

① 《福建沿海加速布局风电项目 大力开发绿色能源》，东南网 2024 年 5 月 31 日。

米,型宽40米,型深18.2米,吃水13.2米,配置有性能强大的深海矿物开采、提升、脱水和装卸系统,推进系统和动力定位系统、高智能的自动化控制系统,以及全球首制的各类采矿系统,主要用于深海多金属硫化物的开采,可以装载矿货39 000吨,集采矿作业、航行、居住生活服务功能于一体,可持续在海上定位作业长达5年。①

3. 到远洋去

1985年3月10日,由13艘远洋渔船组成的我国第一支远洋渔业船队从福州马尾港起航,赴西非海域从事渔业生产;而今,福建已经在"一带一路"沿线建立了9个远洋渔业基地,境外渔业养殖面积超10万亩……国家自然资源部海洋战略规划与经济司2022年3月发布的《2021年中国海洋经济统计公报》显示,2021年全国海洋生产总值首次突破9万亿元,达90 385亿元,比上年增长8.3%,对国民经济增长的贡献率为8.0%,占沿海地区生产总值的比重为15.0%。其中,海洋第一产业生产值4562亿元,第二产业生产值30 188亿元,第三产业生产值55 635亿元,分别占海洋生产总值的5.0%、33.4%和61.6%。

连江海上养殖场(王东明摄影)

---

① 《"中国近代史活化石"福建马尾造船公司再造"神器",全球首制!载重万吨!》,微信公众号"福建共青团",2018年3月30日。

统计公报对海洋经济所涉及的海洋渔业、海洋油气业、海洋矿业、海洋盐业、海洋化工业、海洋生物医药业、海洋电力业、海水利用业、海洋船舶工业、海洋工程建筑业、海洋交通运输业、滨海旅游业等十二个产业作了图示,其中,海洋渔业全年实现增加值5297亿元,比上年增长4.5%,占比15.6%;海洋交通运输业全年实现增加值7466亿元,比上年增长10.3%,占比21.9%;滨海旅游业全年实现增加值15 297亿元,比上年增长12.8%,占比44.9%。海洋渔业,包括海水养殖、海洋捕捞、远洋捕捞、海洋渔业服务业和海洋水产品加工等;海洋交通运输业,包括远洋旅客运输、沿海旅客运输、远洋货物运输、沿海货物运输、水上运输辅助活动、管道运输业、装卸搬运及其他运输服务等;滨海旅游业,包括以海岸带、海岛及海洋各种自然景观、人文景观为依托的旅游经营、服务活动,主要有海洋观光游览、休闲娱乐、度假住宿、体育运动等。

就福建而言,海洋渔业、海洋交通运输业和滨海旅游业也是海洋经济的三大产业,分踞海洋经济一、二、三产之要津。从产业结构看,一产在海洋经济中所占比重较低。海洋交通运输与滨海旅游在福建海洋经济中属于"挑大梁"的产业。福建省万吨级以上深水泊位达到184个,三都澳、罗源湾、江阴、东渡等港区疏港铁路支线建设有效提升港口集疏运能力。良好的自然条件与基础设施建设,为福建发展海洋交通运输业提供重要前提条件。福建与"海丝"沿线国家港航合作全面加强,迄今为止以"丝路海运"命名航线达72条。2020年,全省沿海港口货物吞吐量达6.2亿吨,其中福州港货物吞吐量2.49亿吨,厦门港货物吞吐量2.07亿吨。从港口货物吞吐量看运力、运量,折射出福建海洋交通运输的基本情况。

中国海洋经济分成北部、中部和南部三个部分,福建处于南部,濒临东海,南接南海,在夏、秋两季受北上黑潮暖流支流的控制,冬春两季又受南下沿岸流的影响,加之有闽江、九龙江、晋江等河流的大量淡水注入,水质肥沃,海洋生物资源丰富,为海水养殖业发展提供了良好的条件。福建海水养殖业经过几十年的发展,已成为福建海洋经济发展的主要产业之一。近年来，随着福建省加快现代渔业建设、促进渔业发展方式的转变，福建省海水养殖业快速发展，并呈现总量扩大、结构优化、质量提高等特点。2016年以来，福建省海水养殖总面积呈现平稳增长的发展态势，到2020年，全省海水养殖面积为163.14千公顷。与此同时，福建实施渔业"走出去"战略，远洋渔业规模稳步增长，建成宏东毛里塔尼亚等一批境外渔业基地，推进福清元洪国际海洋食品园建设，加快南极磷虾资源开发，全球渔业资源整合能力显著提升。福建海水养殖产量、海水养殖种业规模居全国首位，水产品出口额蝉联全国第一。[①]

4. 福州的方便旗船

福州是中国的航运聚集地，近几年来，所有与航运业相关的融资业、保险业、造船业以及船舶买卖、修理、供应、船员等产业的推介会、联谊会都在福州举行过，足见福州航运业在中国航运市场的地位和影响力。但是，有一个现象至少目前还未引起官方的高度重视，某种程度上由这个群体所产生的海洋交通运输的运力、运量被低估了，这也导致产值统计上的缺失。这个群体就是福州的方便旗船。

方便旗，顾名思义，其关键就是方便。国际上，方便旗主要挂巴拿马、利比里亚、马绍尔群岛等，因为，方便旗船可以享受登记国的免税政策、自由制定运价、自由处理船舶和运用外汇，所以，全球有70%以上的船舶登记在方便旗下。在福州，除了少量的国资背景的航运企业从事远洋运输外，而占主导地位的从事远洋运输的航运业则是挂方便旗的民营船东。

近年来，福州船东所经营的船舶吨位越来越大、航线越来越广、从业人员越来越多、船舶管理水平越来越高，福州船东在中国航运业的地位已不容忽视，且自始至终都是青睐船舶悬挂方便旗。更具鲜明特点的是，福州船东每个公司都兼具船舶管理、商务运营，不管船舶几艘、运力多少，都配备机务、海务、运务、财务、行政等，可谓麻雀虽小五脏俱全。可以说，福州船

[①] 敏言：《经略海洋见真章》，《福建日报》2024年7月15日。

东是在国际航运规则下，由每一个特殊独立个体组成的群体。

长期以来，悬挂方便旗的中国背景的船东和船舶几乎游离于中国的体制外，不仅不能得益于国家的扶持政策，甚至没有行业组织，完全是处于自我发展、单打独斗的状态。福州籍挂方便旗的船东和船舶也概莫能外。所以，尽管福州船东的远洋船舶运力庞大，却不能形成行业规模，无法形成合力。由于不论公司大小却机海务俱全，单船经营成本同比较大，缺乏市场竞争力，特别是在境外遇到危机时，如果没有国家力量的支持，将会陷入十分困难的危险境地。一位长期从事远洋运输的航海家——他曾经是由福州往返香港客轮"香港号"的首任船长——对笔者说，福州籍方便旗船东所经营船舶预计有上千万载重吨，近年来，经过严酷国际航运市场的锤炼，培育了许多优秀的航海专业人才。他建议福建省、福州市出台鼓励吸引福州籍方便旗船东和专业海运人才回归的优惠政策，让这些企业和专业人才成为助推福建航运业发展、助推海洋大省建设的有生力量。

5. 海洋旅游业发展方兴未艾

福建有着丰富的海洋旅游资源，"水清、滩净、岸绿、湾美、岛丽"，在3700多公里漫长的海岸线上，众多港湾、澳角和海水簇拥的大小岛屿上，无不蕴藏着旅游的无限生机，而近年打造的宁德霞浦、福州长乐、莆田湄洲岛、泉州石狮、厦门岛、漳州东山六个海洋旅游重要节点，形成了海洋旅游联动发展格局。截至2021年7月，福建已沿海岸线打造了7个5A级景区、3个世界文化遗产、1个国家级旅游度假区、1个自贸区，海洋旅游和文化创意投资额突破100亿元，海洋旅游发展成效显著。2023年，福建省推出5条滨海旅游线路，霞浦东海1号、连江黄岐半岛、平潭、石狮黄金海岸等，均备受关注。

在海洋旅游发展方面，霞浦借助沿海265万亩浅海滩涂资源，独辟蹊径开展丰富多彩的"滩涂摄影"活动，吸引了全国各地摄影发烧友、游客到霞浦，寻找发现滩涂之美、海洋之美，近十年来，每年都吸引70多万人次游客前来，也带动了民宿、餐饮、海钓及海岛游的发展，促进了当地旅游收入增长。

平潭龙王头海滩吸引大批游客（王东明摄影）

海洋旅游业态丰富多彩，海洋旅游＋体育、海洋旅游＋康养、海洋旅游＋文化、海洋旅游＋渔业、海洋旅游＋节事、海洋旅游＋教育等在沿海各地以不同层次、规模在开展。如海洋诗歌节、开渔节、美食节、沙雕节等，连江定海湾、东山马銮湾的海上运动项目都吸引了不少爱好者。

目前，福建沿海以"打造国际滨海旅游目的地"作为重点任务，积极发展邮轮产业、建设休闲度假旅游岛、培育海洋旅游精品、加快发展休闲渔业。福建有别于其他省份的海峡与海丝旅游已崭露头角，未来可期。

6. 以侨为"桥"，侨企带来海风热浪

海洋经济是开放型经济，随着中国的对外开放，福建也逐渐向世界敞开了大门。改革开放之初，海外侨资、港资纷纷流向闽籍华人华侨的福建祖籍地。据不完全统计，从1979年到1990年，福建累计批准侨港台等"三资企业"达3751家，合同外资33.35亿美元。值得注意的是，在这些投资中，体现华人华侨投资的仅占三资企业总投资的15％左右，累计合同投资额3亿美元。20世纪80年代，福建籍海外华侨华人约达800万，主要居住在东南亚地区，由于客观原因，如市场、双边关系、政策环境、儒家思想的义利观等，制约了他们对祖籍地的直接投资。香港作为当年最接近内地和国际市场的亚洲"四小龙"之一的国际化大都市，在资金、市场、人才等各方面，都优于东南亚与中国澳门、台湾各地，因此，香港成为改革开放之初乃至80年代资金进入福建最多的地区。

事实上，由于港资、侨资的特点，更由于国门初开，三资企业多呈现出"三来一补"的投资生产特点。所谓三来一补，即：来料加工、来件装配、来样加工和补偿贸易。1978年，国务院颁布《开展对外加工装配业务试行办法》，允许采取先办厂、后承接外商加工装配业务的"来料加工"方式，试行"三来一补"。这也是民营企业最初的经营模式，侨资港资与民企对接，造就了福建沿海民营经济的发轫发展。

改革开放头十年，三资企业比较多设立在厦门经济特区、福州、泉州等沿海开放城市及沿海重点侨乡如晋江、莆田、福清等地。据统计，20世纪80年代，厦门市累计批准利用外资占全省外商投资总额的63%，其中，港澳台投资占83%左右，华侨华人投资占12%左右，为全省华侨华人投资总量的78%。而华侨华人的投资，主要来自新加坡、马来西亚、印尼、菲律宾和美国、加拿大、日本等12个国家，厦门首家侨资企业即来自印尼的印华地砖厂，投资者为祖籍福清的陈应登。泉州市从1980年至1990年10月，共吸引海外华侨华人投资累计合同数57个，合同外资额为全省华侨华人投资总额的12%，主要集中在沿海县市。莆田市从1984年到1990年，华侨华人投资占全省的6%，主要投向于城厢区、涵江区等。福清市从1983年至1990年3月，华侨华人投资占比4.63%，以林氏集团为主，投资融侨投资区。

早期侨资企业投资规模以中小型为主，全省平均合同外资118万美元；而投资企业则以生产型企业为主，但主要是加工工业、劳动密集型产业。以港台侨为主的外商对福建的投资主要是电子、轻工、纺织、服装鞋帽、食品、化工建材。根据省外经贸委提供的数字，轻工投资占比高达五成二，建筑房

第五章 当代福建海洋文化与精神

地产占比仅一成一。

早期侨资企业主要以合资和合作经营为主，独资企业甚少。泉州市从1980年至1990年10月，共有独资企业117家，却没有一家是华侨华人举办的。1992年新加坡华商黄鸿年一揽子收购泉州41家国有企业，其麾下中策集团出资2.4亿元人民币，占股60%，泉州占股40%，成立泉州中侨集团。

20世纪80—90年代，福建"开窗放入大江来"，沐浴着海洋的滚滚气息，从"船小好掉头"到"船大好冲浪"，侨资、港资、台资在福建各领风骚，形成一道道亮丽的风景线。

2007年，福建省侨办与省社科院联合组成课题组，就海外侨商在福建的投资现状、问题及对策开展实地调研，提出当年侨资的基本特点，包括侨资产业构成与行业特点，侨资企业区域分布特点，侨资企业对福建经济发展的促进作用等。在产业构成与行业特点方面，课题组认为，侨资的科技产业增势明显，在2005—2008年实际利用外资金额中，信息传输、计算机服务和软件业实际利用外资额年均增幅达到50%以上；与此同时，侨资形成以制造业为主的产业集群，服务业在侨资增量中日益凸显；而同期侨资对房地产业投资升温，这也为后来的"闽系"地产埋下伏笔。在侨资企业区域分布方面，仍然主要分布在厦门、泉州、福州等沿海地区。

海外华侨华人，具有福建人吃苦耐劳、敢拼会赢的特点，他们多早年闯荡南洋，商海搏浪，海洋赋予他们开放、拼搏的精神与秉性。他们回福建投资不仅对其他外资起到引导、示范和带动作用，提升了福建省企业的管理水平，促进了福建乃至我国外贸和对外投资的发展，而且让许许多多的福建民企、国企经营者从侨商身上观照了自己的未来，这种海洋性、海洋精神的回流、碰撞，更加扩大了福建人的视野与胸襟，正如调研组所言，侨商成为福建企业开展对外投资、走出去的重要桥梁，是推动福建省对外经济合作的重要力量，并将发挥日益重要的作用。

福建侨商敢为人先，爱拼会赢，他们创造了许多全国第一：第一个由侨胞创建的国家级开发区——融侨开发区，第一批侨字号港——福清下垄码头，第一家中外合资银行——厦门国际银行，第一家外商独资企业——厦门印华地砖厂，第一家外商独资银行——新加坡大华银行。

福建有 1580 万华侨华人，居住在世界 177 个国家和地区。据不完全统计，改革开放以来，福建累计利用侨资 1000 多亿美元，占实际利用外资 80% 左右，引进侨资项目企业 36 000 多家。此外，闽籍华侨还为家乡累计捐赠 300 多亿元，为福建发展做出巨大贡献。①

7. 海洋赋能，"海商"出海

福建侨资企业与民营企业相伴而生。20 世纪 80—90 年代，以林绍良、林文镜为代表的福清籍印尼华侨华人，回到家乡创办融侨经济技术开发区、元洪投资区，陆续引进众多侨、台、港资企业，这种以侨引侨、以侨引台，利用侨资侨力促进当地经济社会发展的做法，被称为"福清模式"。同样在福清，曹德旺于 1976 年就承包了他的家乡高山异形玻璃厂，1987 年成立福耀玻璃有限公司。以曹德旺为代表的福清民营企业家群体的产生，自然是与中国经济发展、改革开放同频共振。早年出洋，后来返乡投资的成功的侨商，也带给福清人强烈的震撼和榜样的力量。他们互相砥砺，比学争先，这也许是"福清模式"的另一种解读。

晋江是福建民营经济的策源、发轫之地。晋江民营经济的发展早年同样得益于侨资、港资。或者准确地说，是侨资、港资为他们"打样"。1979 年，晋江出现了家庭作坊，当地农民利用闲散资金、闲散劳动力、闲散民房等"三闲"，集资发展联营企业，此后，大小作坊、小微企业在晋江遍地开花。据统计，到 1985 年，晋江企业已发展到 5500 多家，从业人员 16 万多人，企业年总收入达到 7.32 亿元。其中，晋江联户办企业近 4000 家，联户集资群众 34 600 多户，尤引人瞩目。联户办企业，抱团发展，被称为"晋江模式"，奠定了后来广为推广的"晋江经验"的基础，四十多年来晋江企业家群体生生不息，成为时代的楷模。

---

① 《八闽发展 侨力争先 侨资侨智助推福建发展》，载国务院侨办网站，2022 年 6 月 20 日。

第五章　当代福建海洋文化与精神

福建民营经济的发展得益于改革开放，闽商中兴，因海而生。如今，福建民营经济已占全省GDP的70%，贡献70%的税收，贡献70%的科技成果，提供80%的就业岗位，民营企业数占90%以上，成为就业的最大主体。2024年9月19日，福建省工商联发布福建省民营企业100强、制造业民营企业100强、服务业民营企业100强、创新型民营企业100强和民营企业社会责任100佳五个榜单。榜单显示，百强中有29家实施"走出去"战略，境外营业收入总额5682.2亿元人民币，比上年增长42.5%；境外分支机构所涉国家和地区数量达139个。百强企业中，3.33%的"走出去"企业主要动因是拓展国际市场，93.1%的企业选择直接对外投资，投资项目超240项，主要集中在亚洲和欧洲。宁德时代、安踏集团、福耀玻璃是民企的杰出代表。

从"船小好掉头"到"船大好冲浪"，闽商一路走来，海洋赋予其澎湃的力量，闽商全球化的时代已经到来。闽商历来有"海商"之称，从宋元明清到现当代，海洋赐予福建人得天独厚的资源，更赋予福建人开放包容拼搏冒险的海洋秉性。改革开放40多年来，福建商人将海洋资源、海洋秉性发扬光大，使闽商群体真正称得上"世界的闽商"。无论是在传统行业还是在新兴产业，闽商都展示了强大的创新能力和市场竞争力，为全国乃至全球的经济发展贡献了重要力量。

福建民营企业依托海洋资源，首先在传统的海水养殖、海洋捕捞、海上运输、海洋旅游等领域大展拳脚，并在海洋装备、海洋石化、海洋生物医药等新兴领域初试身手。借助"一带一路"发展方向，众多民营企业"走出去"，一是参与海外农林渔矿等资源开发与生产加工，加快海外战略布局。福建宏东渔业公司毛里塔尼亚项目，是我国企业在海外建设的规模最大的远洋渔业基地；厦门象盛镍业公司在印度尼西亚投资了该国最大的不锈钢冶炼厂，总投资近20亿美元；而泉州百宏公司则在越南投资了该国最大的化纤生产企业。① 《闽商蓝皮书》披露，到2022年，福建累计境外上市企业达到106家；

---

① 徐德金：《闽商十年发展报告》，载《闽商蓝皮书：闽商发展报告》，社会科学文献出版社2022年，第45页。

在香港投资企业超过千家，融资额超过千亿港元。泉州民营企业成为福建企业在境外上市主力，如恒安国际、安踏集团、达利食品、361°、特步国际、富贵鸟、中国利郎、亲亲食品等。

作为福建民企投身海洋产业的杰出代表，宏东渔业在毛里塔尼亚的项目值得一说。据新华社报道，从2010年开始，福建宏东渔业股份有限公司与毛里塔尼亚签署了长期渔业合作协议，建设综合性渔业基地，目前该基地涵盖捕捞、仓储、加工、修造船、海水淡化等全产业链，总投资3亿美元，占地9万平方米。

8. 专家建言福建如何迈向海洋经济强省之路

"十二五"是福建海洋经济高速增长的五年，与之相比，"十三五"期间，福建省海洋生产总值年均增速比"十二五"下降5.1个百分点。2020年，福建海洋生产总值增速下降8.1%，总量与广东、山东等海洋大省相比还有不小的差距，存在海洋产业层次不高，近海开发过度和深远海利用不足等情况。

2021年7月15日，福建省政协邀请专家、学者、业者，为福建海洋经济发展把脉。《福建日报》报道说，政协委员及有关方面的院士专家、企业代表、基层干部围绕探索海洋产业新"蓝海"、实现循环可持续、扩大蓝色"朋友圈"等方面展开协商交流，为福建向海图强，走向"深蓝"集思广益、凝智聚力。既深耕传统产业的转型升级，又紧盯新兴前沿产业的培育发展，是福建海洋经济可持续发展的必然选择。

第三节　当代海洋观念发展变化

人类对海洋的认识是不断深化的，经历了从无知到有知，从浅知到深知的过程，海洋观是人们对海洋的总体认识，代表着主流思想，具有主导性影响力。人类对海洋的认识是不断丰富的,因此,海洋观构建也是逐步演进的。①

一、从海防前线到开放前沿

两岸对峙,福建沿海更成为海防前线、对敌斗争桥头堡。1979 年元旦《告台湾同胞书》发表以后,沿海局势稍有缓和,但一些沿海区域仍是海防要地、禁区,1980 年前后,由厦门大学白城海滨往胡里山炮台、曾厝垵等海边,游客不得通行。大海近在咫尺,却仿若天边。随着改革开放,福建大念"山海经",海离福建越来越近了。"海经"一念,意境全开。福建开始认真审视海洋,进一步认识海洋。一、滩涂、浅海养殖,耕海牧渔;二、行船走海,沿海运输、近海捕鱼。身处海边的优势渐渐发挥、释放出来。海已经不那么遥不可及,人们熟悉大海,亲近海洋。福州、厦门也分别开通了往来上海、香港的客运航线。

海上花园城市——厦门(王东明摄影)

---

① 张蕴岭:《海洋观和海洋秩序的演变》,《海洋经济》2021 年第 5 期。

回望几十年福建发展海洋经济，建设海洋强省所走过的历程，不仅是成绩，更重要的是制定一系列的规划、提出的若干意见，无不反映福建对海洋的认识不断深入、全面、科学，观念不断更新。无论从西方的海洋观还是从我国海洋认识的实际出发，福建的"续接与综合"，产生了具有福建地域特色的海洋观。简而言之，大约有以下几个方面。

1. 资源利用。1985 年《福建省八个基地建设纲要》关于"渔业基地"即开宗明义阐释：福建水域广阔，渔场相当于陆地的总面积，还有大量可供养殖的浅海、滩涂等，水产资源丰富，潜力很大。念"海经"，是从福建海洋资源丰富的独特条件、优势角度考虑的。发展滩涂、浅海养殖、近海江河运输、近海捕捞，都属于对海洋资源的利用。陆地可供生产的资源匮乏受限，向海洋进军，向海洋要粮食，便成为 20 世纪 80 年代发展海洋经济最原始的"冲动"。海洋潜藏着丰富的资源，在海洋资源利用方面，事实上还有很长的路要走。"蓝色田园"既播撒希望，也能满载成果。

2. 海洋开发。海洋资源利用与海洋开发是相辅相成的，海洋开发以海洋资源为依托，在海洋资源的利用中不断进行海洋开发。比如大黄鱼养殖、鲍鱼养殖，海上风力发电，海洋旅游开发等。

3. 陆海统筹。陆海相依，统筹发展，是海洋经济发展的必然路径。回顾数十年海洋经济发展历程，从规划到意见、纲要，"海洋空间"始终占据重要篇章。《福建省"十四五"海洋强省建设专项规划》明确"持续优化海洋强省战略空间布局"，其中包含：构建高质量陆海统筹经济带、做强两大示范引领区、推进六大湾区高质量发展、提高重点海岛开发与保护水平。陆海统筹各种要素越发明晰。

4. 产业发展。海洋经济的发展最终成为福建一个重要产业，它与绿色经济、数字经济、文旅经济协同共进。在统计上，尽管有交叉、重叠，但海洋经济在福建经济的总占比逐年增加，起着举足轻重的作用。

5. 对外开放。对外开放是福建经济发展的"底色"，福建的海洋观是开放的。两岸交流，海丝互联，为福建的海洋观注入鲜活的、独特的内涵。

6. 保护管理。海洋从利用、开发到保护、管理，需要一个由浅到深的过程，强化海域和海岛管理、保护海洋资源、保护海洋生态环境、加大海洋执法监察力度出现在各种文件中，并付诸实施。人类对海洋的过度利用、开发、索取，将反噬人类。保护与管理，并从法律上进行约束，是海洋观的新跃升。

1998 年出台的《中共福建省委关于进一步加快发展海洋经济的决定》，即提出海洋环境保护，成为五大举措之一。近年来，福建先后颁布了《福建省海岸带保护与利用管理条例》《福建省"十四五"海洋生态环境保护规划》《福建省红树林保护修复工程工作方案》等。目前，福建已有 15 个海洋生态保护修复项目入围中央财政支持项目。2021 年起，厦门市通过开展红树林修复、海岸带保护修复、滩涂营造和滩面清理等，对鳌冠海域岸线进行了修复整治——它是福建省第一条生态恢复岸线。①

二、海洋视角的世界观

从海洋观看世界观、人生观、价值观，看格局、气度、精神，海洋赋予福建无穷的创造力、生产力，甚至想象力。

海洋是人类生存发展的第二空间；人类文明的出路在于海洋。基于这样的认识，知名学者杨国桢认为，当代，中国在海洋的主权利益、安全利益、发展利益，比如东海大陆架的走向和法律问题、东海油气资源共同开发问题、台湾问题、钓鱼岛与南海诸岛问题、传统渔场的历史性权利问题、海上运输安全问题，与沿海地带的发展利益高度重合。开发利用海洋，发展海洋经济，维护海洋权益，不仅是区域问题，也是全局问题。②

福建海洋观念的发展变化，是国家海洋观的缩影；在国家大格局中，福建的海洋观——从海洋经济的发展，包括传统海洋经济和新兴海洋经济（尽

---

① 《人海和谐的闽人范式》，《福建日报》2024 年 6 月 3 日。
② 杨国桢：《海洋概念与中国海洋发展》，载《福建海洋文化研究》，海峡文艺出版社 2009 年，第 5 页。

管还难以完全界定）到海洋文化的提升——用大量的实践成果，以及规划设想，对当代海洋活动作了比较全面的诠释。与其他沿海地区相比，福建海洋观的发展有共同点、普遍性，但也有自身的特色、特殊性。举凡围绕海洋所作的文章：大念"山海经"、建设海峡西岸经济大通道、海峡西岸经济区、自贸区、海丝核心区、两岸融合发展试验区等，无不打上福建的烙印。它们有的是围绕国家发展战略，有的是先行先试。难能可贵的是，福建的海洋观是从海防乃至海禁的思维、状态中形成与发展的。

20年前，福建省首届闽商大会提出了善观时变、顺势有为、敢冒风险、爱拼会赢、合群团结、豪侠仗义、恋祖爱乡、回馈桑梓的闽商精神。敢冒风险、爱拼会赢，甚至善观时变、顺势有为都是海洋属性的投射。闽商是一个特殊的人群，明清时期，闽商有"海商"之称，当代闽商勇立潮头，发扬光大了海商精神。

2011年11月，福建省第九次党代会报告中首次明确提出了"爱国爱乡，海纳百川，乐善好施，敢拼会赢"的福建精神。敢拼会赢始终是福建人的精神标签，海纳百川反映福建文化中所凸显的海洋文化特性，当然，海纳百川也是传统闽文化（闽学）的属性。不过，就其区域文化而言，海纳百川体现了开放包容、兼收并蓄的博大胸襟。"海洋环境和陆地环境相比，更多变化，更具有不确定性，充满了神秘感和不可预测性，浩瀚的海洋在空间上的延伸性更加广阔，因此在人与海打交道的过程中，形成了冒险的、进取的、勇敢的、开拓的鲜明性格，海洋文化也就相应地具有包容、灵活、自由、大气的特色。"[①]

三、陆上看海与海上看陆

海洋观念的发展经历一个从陆上看到从海上看的重要转变。从陆上看，

[①] 郑朝静：《浅议福建海洋文化的历史兴衰与再起航》，载《走向海洋》，海峡文艺出版社2017年，第20页。

第五章　当代福建海洋文化与精神

海是天尽头。《说文解字》说:"海,天池也;以纳百川者。"但随着人们认识的提高和生活世界的扩大,人们除了赋予海洋空间概念外,又使它承载了更多的功能;"海洋在中国文化观念中完成了空间方位、经济贸易、疆域界限诸要素的认识"[①]。

海洋观念从功用性到文化性,是一次质的飞跃。它从空间意义上的海洋资源利用、开发、产业发展、对外开放、保护管理,到时间意义上的指向性、象征性,人们赋予海洋更多的生命价值与体验。即便是从空间意义上徐徐展开的海洋观念,也是一个从陆上看到从海上看的蜕变。

陆上看海,岛屿是孤悬海外的大陆的一部分,福建有面积大于500平方米的海岛一千多个,散落在沿海。而众多半岛、湾区、澳角,由于处于大陆的边缘长期寂寂无闻。随着海洋经济的发展,这些海湾、滩涂、半岛、岛屿都成为可开发利用的资源。

陆上看海,对海的膜拜、向往,培养、塑造了人们对海的敬畏之心、探索意志,人们不以山海为远,可以远涉重洋。海洋锻造了福建人的意志与品格。海洋观念的发展从空间概念到时间概念的转变,进入到"海上看海"的阶段。海上看海不仅是视角的转化,还是观念的转变。是传统"陆权"进入当代"海权"思想的转折。福建人早有较为浓厚的"海权"意识,福建是中国海洋文明的发源地之一。

海上看海,是为叙述方便的一种提法,这里可以理解为以海洋为中心、为视角的一种观念。

福建独特的海洋文化孕育出独具个性的"闽商"阶层,他们同中原农业文化所培育出的"晋商""徽商"相比,最大的特点在于置身海洋文化的惊涛骇浪之中,处变不惊,敢拼敢赢,通过海洋与异质文化的交流、冲撞,获得

[①] 顾晓伟、李云根:《在福建发现中国的海洋文化——历史记忆与海洋文化认同》,载《福建海洋文化研究》,海峡文艺出版社2009年,第94页。

顽强的生存能力，并将中华文化传播到世界各地。①

千百年来，福建商人身上与生俱来的大海洋观从来就没有缺少过。经过几十年改革开放的洗礼，他们的海洋性格越来越被放大，体现在更加广大的空间方位。"有海水的地方就有福建人"，对许多福建人来说，是从海洋，而非陆地来安排他们的世界。

第四节　海洋人文的发展和海洋精神

海洋人文是人类在与海洋打交道的互动过程中形成的各种精神文化现象。因此，海洋人文既具有无限性，但又存在难以界定的困难。海洋人文是宽泛的指向。

一、从海洋人文到海神崇拜

福建海神崇拜历史悠久，宋代以前，闽人主要把龙王、玄武、观音奉为航海保护神。据福建师范大学林国平教授研究，五代至宋代，与航海有关的各种神灵被大量塑造出来，至少有显应侯、感应将军、显惠侯、柳冕、光济王、江大圣、水神、协灵惠显侯、妈祖等15位神灵。但在元明清三代，"妈祖信仰一枝独秀，其他海神并存"。福建海神信仰发展演变，与福建海洋经济文化密切相联系，既有中国宗教文化的共通性，也有福建地域文化的独特性。②

1. 妈祖崇拜及文化传播

---

① 叶志坚：《试论福建海洋文化的产生、轨迹与特征》，载《福建海洋文化研究》，海峡文艺出版社2009年，第40页。

② 林国平：《福建古代海神信仰的发展演变》，载《福建海洋文化研究》，海峡文艺出版社2009年，第406—415页。

海上女神妈祖地位崇隆，影响远播海内外。据不完全统计，目前全球有3亿妈祖信众，1万多座妈祖宫庙；2009年，妈祖信俗成功入选联合国非物质文化遗产名录，2016年，妈祖文化写入中国"十三五"规划纲要；莆田市作为"海上丝绸之路庇护神妈祖故乡"被列入"海丝"申报世界文化遗产联盟城市，湄洲妈祖祖庙入选中国"海上丝绸之路·中国史迹"申报世界文化遗产首批遗产点名单。

福建莆田湄洲岛妈祖祖庙（王东明摄影）

作为海洋文化的重要体现，妈祖文化具有多种属性：民间性、世界性、象征性。有学者指出，"妈祖文化的内容十分广泛，涉及宗教学、历史学、文学、政治学、社会学、民俗学、人类学、海洋学、旅游学、传播学等领域，单单属于艺术范畴的就有建筑、雕塑、碑刻、书法、音乐、服饰等，并且已经在传统媒体上经历了长达千年传承与传播，可谓源远流长，博大精深"。①

---

① 许振元：《探析妈祖文化在新媒体传播中的内容形态转型》，载《2013年福建省传播学年会论文集》。

妈祖文化所涉及的内容与海洋人文所指向的领域，具有高度的重叠。仅就妈祖信俗活动而言，每年在湄洲岛以及福建许多地方的妈祖宫庙就有妈祖诞辰日与羽化日的祭拜；海峡两岸妈祖信众交流、进香、请神迎神、巡游活动十分热络频繁；近年，湄洲妈祖祖庙开展"妈祖下南洋重走海丝路"活动，妈祖金身巡安新加坡、马来西亚、菲律宾、泰国等海丝沿线国家，被学界称为"妈祖文化对外交流交往新的里程碑"。

菲律宾是福建籍华侨华人最集中的地区之一，菲律宾的妈祖庙始建于1572年，妈祖信仰在菲华社会源远流长。2018年10月20日，莆田湄洲妈祖神像从厦门乘坐歌诗达大西洋号邮轮开启"重走海丝路"之旅，经过41小时的海上航行，抵达菲律宾马尼拉港。据媒体报道，菲律宾前总统、马尼拉市长埃斯特拉达，菲律宾前总统、众议院议长阿罗约等政要出席在马尼拉国际邮轮码头举行的盛大欢迎仪式；菲律宾各妈祖宫庙代表、大批信众在码头恭迎妈祖圣驾。

湄洲妈祖金身巡游菲律宾后，于次年11月再下南洋，乘厦门航空波音787宽体客机的经济舱赴佛教国度泰国。据不完全统计，泰国现有100多座妈祖宫庙，其中，七圣妈庙、新兴宫、顺福宫、拉廊天后宫、巴真潮木庙天后宫等宫庙的历史悠久，可以追溯到清代。中华妈祖文化交流协会副会长、祖庙董事会董事长林金赞率一支322人的护驾团随行，而这个护驾团成员则来自全球各地。林金赞表示，崇尚立德、行善、大爱的妈祖精神，正紧紧地把海丝沿线国家地区民众联系在一起。①

妈祖金身巡游南洋，是重大的文化交流，无论是在菲律宾、泰国，还是在新加坡、马来西亚都得到巨大的反响。如此大规模大范围的妈祖巡游活动，就是妈祖文化最好的异地传播，它形成一个巨大的环流，涌动着中华文化尤其是海洋文化的精神内涵，在这环流过程中，它吸收和附丽了许多其他地域文化，从而丰富并扩大了妈祖文化的内核与外延，使得妈祖文化在与世界其

---

① 《湄洲妈祖乘坐"经济舱"抵达泰国展开巡安之旅》，载中国新闻网2019年11月14日。

他先进文化进行文明对话中始终有着深厚的底蕴与鲜活气息。更为重要的是，在许多海丝沿线国家和地区，妈祖文化型塑了海洋文化的宽广、包容、融合。

从2016年起，莆田市每年在湄洲岛举办"世界妈祖文化论坛"。第二届论坛由福建省人民政府、澳门特别行政区政府、中国社会科学院、国家海洋局、国家文物局共同主办。2023年第八届妈祖文化论坛则由文化和旅游部、自然资源部（国家海洋局已并入）、中国社会科学院、澳门特区政府和福建省人民政府共同主办。从历届论坛主题看，体现了妈祖文化的海洋人文精神价值取向。"海丝精神""海洋文明""人类命运共同体""文明互鉴"，这些主题，以其鲜明的海洋性连接五大洲四大洋，以"和平之海、合作之海、和谐之海"的海洋文明观，推动妈祖文化与世界文明交流互鉴。

与妈祖信俗活动、巡游相比，妈祖文化论坛所体现的人文精神，内涵更加丰富，海洋气息更加强烈。论坛的同时，莆田市还举办湄洲妈祖文化旅游节、海洋经济展览会、妈祖祭典表演、湄洲女发髻非遗技艺表演、妈祖文化灯光秀等丰富多彩的活动，并通过"妈祖文化与海外媒体""妈祖文化传媒论坛"，探讨妈祖文化海外传播的过程、路径，从妈祖的"神格"再到文明交流互鉴的"人格"，展现博大宽广的海洋气质。

2. 郑和开洋节及其"神格"形象

1405年至1433年，郑和率领明朝庞大的船队浩浩荡荡七下西洋。自郑和第一次下西洋的600年后，为表纪念，长乐在当年船队驻泊故地，兴建以郑和下西洋为主题、长约两公里的郑和广场，包括郑和石雕像、福船、太平港帅营、船队起锚处、郑和航海馆等。郑和航海馆后更名为长乐海丝馆，展示长乐与海上丝绸之路的历史、发展和未来。除郑和广场外，当地还修建郑和公园、郑和史迹陈列馆，它们连成一体，成为长乐独特的文化景观。

郑和的形象日益清晰而饱满，20世纪90年代，长乐漳港镇显应宫出土了一尊郑和像，塑像头戴嵌金三山帽，身着蟒龙袍，腰系白玉带，脚穿皂朝靴。专家断定，这是世界上唯一的郑和标准像，也是郑和信仰的具象化雕塑。

郑和的"神格"形象因2005年为纪念郑和下西洋600周年而举办的盛大

开洋节活动而越发高大。而"郑和下西洋与华侨华人"系列活动的重头戏——郑和下西洋开洋仪式及大型演出,再现了 600 年前郑和下西洋祭海开航壮举。

郑和的"神格"化在印尼三宝垄市得到加强。农历六月三十日是郑和首次登陆爪哇的日子,当地以福建籍华人为主的社会团体、民众,为感怀"三宝太监"所带来的和平友好,将郑和船队登陆地点改为"三宝垄",每年都会在六月三十日前后举办系列庆典活动。庆典期间,三宝垄市中心两座纪念郑和的寺庙三宝洞和大觉寺张灯结彩,各路信众游街拜神。当地华人还上演大型音乐剧《郑和下西洋》,表现当年郑和船队与狂风恶浪搏斗,妈祖相助的动人场面。

郑和铜钟

史料记载,郑和第二次和第五次带船队下西洋途经泉州,均往天后宫依制祭拜妈祖。永乐十年(1412),郑和因三次航海活动都受到妈祖庇佑,遂奉请朝廷在长乐南山修建天妃宫,后来发现的"天妃灵应之记"石碑记述郑和六次下西洋的经过以及第七次下西洋的任务、航行时间、船只、人员情况。

郑和下西洋船队副使王景弘,同样受到福建乡亲追崇。但郑和的神格化,在长乐历次开洋节中得到升华,成为福建海洋人文的一个独特现象。

3. 送王船与蚶江对渡

2020 年 12 月 17 日,中国与马来西亚联合申报的"送王船——有关人与海洋可持续联系的仪式及相关实践"项目,被联合国教科文组织列入人类非物质文化遗产代表作品录。由此,送王船这一具有 500 年历史的海上民(信)俗活动进入世人的视野。

第五章　当代福建海洋文化与精神

送王船仪式

事实上，早在 2005 年 12 月，"厦门送王船习俗"就被列入福建省首批非物质文化遗产名录，2011 年 5 月，送王船民间信俗被国务院批准列入第三批国家级非物质文化遗产名录。

送王船信俗是闽台两岸渔民传统风俗，后被沿海渔民、华侨带到东南亚地区。这种通过祭海神、求平安、发利市，寄托渔民祛邪、避灾、祈福的活动，去除了封建迷信的糟粕，正向型塑了民俗信俗文化的精华。闽台送王船是送"代天巡狩"的王爷，2004 年厦门同安区西柯镇吕厝村送的是第 148 任王爷，依四年一次推算，这种送王船风俗已有 500 年历史。迄今为止，吕厝送王船已举办 152 届。

送王船习俗的起源可追溯到明朝时期的"海醮"习俗。那时，海上的渔民为了祈求风调雨顺、出海平安，会举行一种名为"海醮"的仪式。他们制作一艘小船，在船上放置各种生活用品和祭品，然后将其送到海上，以此表达对海洋神祇的敬意和感激，后来逐步发展成为"送王船"习俗。[①]

[①]《行走在陆上的龙船——2024 年"闽台送王船"习俗展演活动举行》，载《莆田侨乡时报》2024 年 6 月 19 日。

2024年6月10日，莆田市举办"文化和自然遗产日"活动，展演了"送王船"习俗。作为非物质文化遗产，"送王船"从海边祭拜到文化展演，承载了数百年的历史积淀。

据台湾出版的《鹿港文史采风》（鹿江文化艺术基金会出版）一书介绍，"（屏东）东港王船祭"是目前台湾最为人熟知的宗教仪式之一，繁复且别具意义的各项仪式充分表现了台湾"王爷信仰"的特质。位于彰化鹿港古镇的郭宅老渔村，曾举办过类似"送王船"的仪式——"送春粮"，透过隆重又富人情味的仪式，鹿港"客神王爷"的信仰特色得到了最佳的诠释。

郭宅渔村举办的"送春粮"活动讲的是1995年9月举行的"惠安六府千岁"送春粮仪式。作者用"众神云集送春粮"描写当时盛况。文章写道：丰富的民间信仰可说是古镇鹿港除了古迹之外另一项重要的文化资产，可贵的是这些"元素"承袭了百年来的脉络，真实地融入居民的日常生活。罕见的"惠安六府千岁""送春粮"仪式，正突显了鹿港"代巡王爷"的"客神"性格，在鹿港做客的"王爷"展开"两岸直航"，将"春粮"送到了对岸。

对岸，石狮蚶江的海上对渡民俗活动不遑多让。迄今为止，闽台对渡文化节暨蚶江海上泼水节已举办18届。闽台对渡习俗是国家级非物质文化遗产。1784年，清政府开放台湾彰化鹿港与泉州晋江（现石狮）的蚶江口对渡，两地对渡开放后，海峡两岸航行时间仅需一昼夜，一时间，满载大米、蔗糖、木材、水果、海产品的商船，从鹿港起锚，驶向蚶江；而满载药材、瓷器、烟茶、布匹的货船，也从蚶江起航，鹿港由此而兴。

2024年6月10日，第十八届闽台对渡文化节暨蚶江海上泼水节开幕式隆重举行，民俗踩街、龙舟竞渡、"金再兴"号王爷海船巡海，喜庆而热闹；饶有趣味的是海上捉鸭、泼水狂欢、舌尖美食……四处充满了"欢乐的海洋"。

海水是有记忆的。送王船、送春粮、两岸对渡，两岸海洋人文的绵长承续，无不诉说彼此对大海的守望与思念，而满满的祈祷与祝福犹如海峡的水，不断涌流。

二、海洋人文：与海洋共情的世界文化遗产

1. 鼓浪屿：国际历史社区

一座面积仅有 1.88 平方公里的小岛，2017 年 7 月成功入列世界文化遗产名录，它就是有"海上花园"之称的鼓浪屿。鼓浪屿是以"国际历史社区"为名申遗成功的，万顷波涛之中，鼓浪屿的每一栋房子、每一条路、每一个街区，无不浸透着海水的咸涩，海风的温润，海浪的拍打；在历史国际社区背后，鼓浪屿的开放、包容、融合，展示了东亚、东南亚传统文化与海洋文化的交融，勾勒出东西方文化汇通的脉络。

鼓浪屿（王东明摄影）

鼓浪屿见证了从 19 世纪中期到 20 世纪中期 100 年间中国在全球化早期浪潮冲击下步入近代化的曲折历程，是全球化早期阶段多元文化交流、碰撞与互鉴的典范，是闽南本土居民、外来多国侨民和华侨群体共同营建，具有突出文化多样性和近代生活品质的国际社区。

鼓浪屿的申遗工作启动于 2008 年，逐渐明晰"文化景区＋文化社区"的发展定位，它与智利的瓦尔帕莱索海港历史城区、古巴的西恩富戈斯历史城

区、马来西亚的马六甲和乔治城、中国澳门历史中心相比,独具特色。鼓浪屿展示出中国传统文化、地方文化与外来文化,在社会生活、建筑园林设计及建造、艺术风格、现代技术方面广泛而深入地交流;在多元文化共同影响下,发展、完善了近代居住型社区。

"鼓浪屿四周海茫茫,海水鼓起波浪……"鼓浪屿国际历史社区的底色是海洋性与海洋文化,其51组代表性历史建筑、在申遗过程以及申遗成功后的遗产保护,不断唤起人们对海洋的记忆。

2. 泉州:不断延展的"宋元中国的世界海洋商贸中心"

与鼓浪屿有着异曲同工之处,泉州市2021年7月申遗成功的项目与海洋关系重大。"宋元中国的世界海洋商贸中心"由22处代表性古迹遗址及其关联环境和空间构成,其中包括九日山祈风石刻、市舶司遗址、天后宫、清净寺、伊斯兰教圣墓、江口码头、石湖码头、六胜塔、万寿塔。"地上看泉州",历史十分厚爱泉州。宋元时期,泉州刺桐港被旅行家马可·波罗誉为可与埃及亚历山大港比肩的"东方第一大港","市井十洲客","涨海声中万国商",都是彼时泉州的真实写照。海上丝绸之路连接了泉州与西洋各地、阿拉伯商人之间的贸易往来。历史的遗存历历在目,诉说着泉州与海洋的故事。

泉州申遗路历十年之久,它曾经以"古泉州(刺桐)史迹"为申遗项目,2020年改为"泉州:宋元中国的世界海洋商贸中心",突出其时间段、海洋与商贸特性。宋元时期泉州的繁荣是海上贸易所致,在泉州留下与远洋贸易相关遗存的有港口、沉船、市舶司、瓷窑等,还有因对外交往、交流留下的文化遗存,其代表就包括佛教、伊斯兰教、天主教等宗教设施场所,它们反映出泉州一度汇集、融合了不同的民族、文化、宗教。这一系列遗产记载着宋元泉州令人瞩目的繁荣与成就,"它是世界海洋型贸易引擎型港口的杰出范例"。

泉州申遗成功,延展了它的海洋商贸的历史传统。实际上,当今泉州与宋元时期比,其海洋性格更具普遍性,其"海商"的特质反映在许许多多的泉州民营企业家身上,不少企业寻求在香港、海外上市,有的企业成为跨区

15 世纪欧洲出版的《马可波罗行纪》中 "刺桐港" 插画

域、全球性企业，而更多企业沿着海上丝绸之路开疆拓海，驰骋世界各地。

泉州申遗成功，延展了它的海洋文化的丰富内涵。如今，在泉州与海洋商贸、海丝文化相关的文化载体、平台、文化项目被加大培育、扶持力度，世界文化遗产的文创产品被开发、推广；涉侨、涉台活动，承载着海洋人文的浓厚气息。2014 年，泉州被评为"东亚文化之都"，它与日本横滨、韩国光州最早进入这个行列。成为世界文化遗产地后，泉州的海洋商贸文化建设扎实推进。

泉州已把 7 月 25 日定为"泉州世界遗产日"，"宋元中国·海丝泉州"的定位，将使这座新兴的海滨城市，沿着大海的洋流，梦寻古老的船帆，再度远航。

三、海洋人文：海洋艺文，丝海梦寻

1. 艺术领域

1992 年，福建省歌舞剧院创作并演出大型传统舞剧《丝海箫音》，该剧剧情仿佛便是宋元泉州海洋商贸故事的翻版，令人惊叹。

《中国文化报》评论说，福建的文化有识之士和舞蹈家们认为有责任陈述那一史实，即我们的祖先屡屡泛舟楫于湍流之上，扬篷帆于雄风之中，我们确确实实地于万顷波涛中拓劈过一条"海上丝路"，这便是舞剧《丝海箫音》所力图揭示的主题。

2014年，脱胎于《丝海箫音》的大型原创舞剧《丝海梦寻》搬上北京国家大剧院的舞台；2015年，《丝海梦寻》在联合国总部会议大厅精彩上演；2017年6月在福州海峡国际会展中心为前来参加金砖国家政党、智库和民间社会组织论坛的国内外嘉宾献演。三年时间，该剧已在世界各地访问演出了50多场。

关于海洋的故事，一台剧演了三十多年。这既是执着，更是创新，海洋赋予艺术永恒的生命。

2. 文学创作

大海给诗人、作家以巨大的创作源泉。著名诗人舒婷的笔下，有许多海洋题材的作品：《致大海》《珠贝——大海的眼泪》《船》《双桅船》，诗人常常借景抒怀，大海、海浪、船帆，这些意象传达了诗人对生活、友谊、爱情的述说。

著名诗人蔡其矫也歌咏过大海，他的《波浪》这样写道：/波浪啊！没有你，天空和大海多么单调，/没有你，海上的道路就可怕地寂寞；/你是航海者最亲密的伙伴……

著名作家郭风曾经写过散文诗《港仔后日记》，描绘了鼓浪屿港仔后的沙滩和海水，它们宁静而隽永。

20世纪80年代以来，以汤养宗等为代表的"闽东诗群"的诗人们，以笔为橹，专情于海洋题材的诗歌创作，写出《伟大的蓝色》《海神后花园》《海滩》《福船》等优秀作品。2018年，汤养宗诗集《去人间》获第七届"鲁迅文学奖"诗歌奖。他说，海洋是博大精深的，可以打开想象空间，打通写作上的障碍；"海洋的意识，像种子一样种在诗里"。

"我们所谈论的海洋文学当是指这种文学：首先，它向我们展示了一个陌生且新奇的海洋世界,我们对海洋的无知会得到某种弥补;其次,它向我们讲述一个故事(爱情、探险或海边生活),或者向我们呈现连串的诗行,那种幻想般的、魔法般的叙述带领我们进入一个平行于现实海洋的梦幻海洋,带领我们去探寻、追问并接近海洋的本质;最后,它向我们独创了一个美学的、艺术的海洋新天地,在这个新天地里我们看到了人类的心灵与海洋的精神融合在一起,那一刻无疑是震撼的,海洋已经作为一个伟大的文学形象而存在。"[1]

《海边春秋》即是向我们讲述一个"海边生活"的故事。这个故事以实施 21 世纪海上丝绸之路重大倡议背景下的海岛开发建设为依托,展现了海岛建设跌宕起伏、色彩斑斓的时代侧面。这部由福建省作家协会主席陈毅达创作的长篇小说,获第十五届精神文明建设"五个一工程"奖的"优秀作品奖",第十九届百花文学奖的"文化交流特别奖",入选 2019 年度"中国好书"。

2022 年 11 月,首届中国霞浦海洋诗会暨新时代海洋诗歌论坛在福建霞浦举行,活动期间,全国著名诗歌评论家、诗人、学者就如何挖掘和传承弘扬优秀海洋文化、推动海洋诗歌发展展开研讨与交流。

作家、诗人的笔下,大海是多样的,在他们的"本质力量对象化"过程中,文学也赋予大海更加波澜壮阔、悠远深邃的景象。

3. 特色文化

海洋人文的发展是多面向的,举凡种种如上述海洋神祇崇拜的民俗信俗活动、海洋文学的诗歌小说创作、以海洋为主要元素的世界文化遗产保护的精神守望等。海洋人文体现于福建地域文化如妈祖文化、闽南文化、船政文化甚至客家文化的许多方面。闽南文化中的海洋性体现在开放、包容、拼搏、冒险的精神内核中,音乐、戏曲、舞蹈、民谣、建筑、绘画、雕塑、服饰、礼仪、风俗,无不体现其海洋人文的元素,在新时代文化建设中,闽南文化不断创新发展,突破地域的限制,与其他先进文化交流互鉴,梨园戏到法国

---

[1] 《福建文学》"卷首语",2023 年第 8 期。

商业演出、高甲戏沪上"献丑"、蔡国强的火药艺术表演吸引世界眼光。

船政文化崇尚科学、对外开放、民族自强、改革创新、学以致用、追求卓越、爱国忘我的精神得到极大的弘扬。海峡两岸船政文化研讨会今年已举办第十五届,"向海图强"成为近三届船政文化研讨会的中心主题,使研讨会能够从更加宏大的海洋叙述中,扩大"船政文化"的意涵。

客家文化的源头是中原文化,但有学者从一些土楼建造的构件装饰、从闽西烟草的种植销售中阐释了客家文化的"山海交融"。早年"下南洋"的客家人其实早已浸润了海洋文化的精髓。如今,许许多多福建客家人沿着"一带一路"走向世界,如紫金矿业的事业版图扩大到非洲、南美洲、欧洲多个国家;林占熺的菌草种植技术造福了南太平洋岛国的民众。客家文化注入更多海洋性。

福文化、侯官文化的论述,为我们展示了海洋人文的诸多内涵。侯官文化的代表人物林则徐、严复、林纾等,开眼向洋看世界,各领风骚。福文化所表达的义利观、文明的共同价值观,具有现实意义;侯官文化体现出的开放、包容、创新更具时代意义。

福建在海洋文化的研究、研讨、出版方面,近年也有颇多斩获。2007年10月,福建省炎黄文化研究会和福州市政协、福建省社科联、省海峡文化研究会在福州召开福建省海洋文化学术讨论会。会议强调,研究福建海洋文化,要与研究福建海洋事业的发展、福建整体经济建设的趋向结合起来;研究福建海洋文化的源流、特点和演变,要与闽台海洋文化的发展与交流结合起来,增强海峡两岸的文化认同感;在进行历史上海洋文化研究的同时,要紧密联系当前海峡西岸经济区建设,积极提出富有创建性的建议。[①] 会后结集出版了《福建海洋文化研究》一书。

此外,在出版方面,近年还有《走向海洋》《海洋文化与福建发展》《福建海上丝绸之路》《丝路帆远》等学术性、知识性图书出版。

[①] 何少川:《序言》,载《福建海洋文化研究》,海峡文艺出版社2009年,第1—4页。

第五章 当代福建海洋文化与精神

壳丘头遗址出土的人造工具、夹砂陶片和贝壳等（左昕昕供图）

平潭岛壳丘头考古将福建海洋人文历史向前推进到 7000 多年前。1985 年，福建省考古队首次对壳丘头遗址进行考古挖掘。2004 年，福建省博物院与夏威夷大学等合作，对壳丘头文化遗址进行第二次发掘，开展了"关于东南史前航海术和南岛语族"的课题研究。2022 年，中国社会科学院考古研究所、福建省考古研究院等，对遗址开展第三次考古发掘工作，考古发现，壳丘头遗址群主要文化层的堆积物 80% 以上为贝壳，居民采集食用的贝类有 19 种之多。考古专家推断，从遗址中发掘出来的稻、粟遗存出现在平潭岛的时间可追溯到 7000 年前。2023 年 8 月，"环太平洋史前文化"学术研讨会在平潭举行，研讨会旨在多学科、多角度、多层次、全方位探索南岛语族的起源与扩散，推动"多元一体的中华文明演进"课题进程，为当今不同区域之间的文化交流提供历史启迪与借鉴，以文化力量服务"一带一路"倡议。此前，平潭岛还先后于 2020 年、2022 年召开"平潭史前文化与太平洋考古论坛"、"中华文化数字精准传播"暨"南岛语族文化遗产环太平洋传播"专题研讨会。

业界人士认为，平潭壳丘头遗址群，是福建乃至中国史前海洋文明的重大考古发现，为反映东南沿海地区史前人群与浩大的环太平洋南岛语族早期的人群扩散关系提供了新的确凿证据。2024 年，壳丘头遗址群入选 2023 年度全国十大考古新发现。

四、海洋精神

千百年来，海洋赋予了福建人的海洋气质、性格、文化、精神。他们在耕海牧渔、经略海洋的过程中，培育、积淀了博大、开放、探索、冒险、自由、豪迈的海洋精神。这种精神既是大海品性在人身上的投射，它们互为映衬、观照；又是人们与大海长期的相处——搏斗、驾驭、征服——过程中，所锻造出的力量的蓄积与爆发。

2024年7月11日是中国的第20个航海日，是日，福建省海洋经济高质量发展会议在福州召开，突出了科技兴海、产业强海、生态护海、开放活海主题。

科技兴海、产业强海，是福建在发展海洋经济取得重大成就的基础上，向海图强的新起点、新跃升。向海图强，在任何时候都是福建海洋精神的最好表达。

人海和谐，是人与自然、人与环境的和谐共处。大海提供、奉献了无尽的资源、宝藏，我们更应该珍惜、珍爱大自然的馈赠。"发展海洋经济，绝不能以牺牲海洋生态环境为代价，一定要坚持开发与保护并举的方针，全面促进海洋经济可持续发展。"

以海为媒，"我们人类居住的这个蓝色星球，不是被海洋分割成了各个孤岛，而是被海洋联结成了命运共同体"[①]。福建提出开放活海，就是瞄准以海为媒这一题中之义，以海为桥梁纽带，强调进一步深化海洋合作，深度融入共建"一带一路"。

面朝大海，迎风而立，意境全开。福建积几十年海洋经济发展之功力、成果，必将以更大的勇气、毅力、胆识、思想、觉悟，向海图强，谱写新时代福建海洋精神的新篇章。

---

① 《习近平集体会见出席海军成立70周年多国海军活动外方代表团团长》，新华社，2019年4月23日。

第六章　福建海洋精神综论

福建是中国海洋文化起源地之一，在漫长的岁月里，闽人向海图强，将自己的生活融入海洋，从而孕育出灿烂的海洋文化。它是中华文化的一个区域分支，代表了中华海洋文化的成就。闽人的文化精神主要表现出以下特点。

一、开拓海洋，向海图强的奋斗精神

福建人有勇于海外开拓的精神。福建人以"好男儿志在四方"为骄傲，他们很少留在家乡贫瘠的土地上，更愿意到四方谋生，于是形成了四海为家的生活方式。他们中间有许多人老死异乡，但也有人在异乡闯出一片事业，从而成为家乡人的榜样，带动更多的人去海外谋生。这种生活习俗有别于内地文化，而这种精神最值得今日的中国人发扬。

福建负山面海，自古有"八山一水一分田"之称，发展农业的条件较差，于是，闽人将目光转向辽阔的海洋，海洋无垠的世界，蕴藏着不尽的财富。海外国家与中国因商品不同形成的价格差，是谋取财富最好的通道。但是，海洋也是风险最大的空间，谁若想获得海洋的财富，就得乘坐简陋的木船去海洋索讨。实际上，任何大船在海上风暴的面前，都不足一谈。一直到 19 世纪后期，海上航行都是十分危险的。然而，闽人很早就形成了到海外闯天下的文化精神，明朝海禁发生时，许多省份的海上活动都停止了。而福建人面对海禁采取另一种态度，他们利用山高皇帝远的条件，在海边悄悄发展对外贸易，其中尤其以漳州人的海上贸易为最。有时，他们还冒充东南亚各国的使者到明朝进贡，甚至受到朝廷的表彰。这就保存和发展了中国的海洋文化，并且奠定了闽中是海洋文化核心的地位。

明清时代，闽人穿越海洋，移民海上邻省及海外国家。以国内各省来说，福建邻省中，广东省有三分之二的闽语人口，即闽南话和客家话。闽南方言起于泉州与漳州，而后向广东的潮州渗透，形成了广东东部的闽南话文化。以清代的辖区来说，潮州府大部州县都以闽南话为主，潮州之外，雷州半岛及高州府等地，都是讲闽南话的，广东约三分之一人口讲闽南话。广东的山区有众多的客家人，他们大都是福建汀州府的移民。汀州人还西迁广西和四川等地，郭沫若为四川乐山人，据说他的祖先是来自福建的客家移民，广东也有约三分之一人口讲客家话。海南省原归广东省管辖，当地汉人主要是闽南人。福建北部是浙江省，现代人口调查表明，浙江沿海岛屿有许多闽南人，他们的祖先为闽南渔民，于明清之际移民浙江。浙江的沿海各府多有福建人，最著名的就是温州南部的平阳、苍南诸县。再如台湾，据1926年的调查，台湾有83％的人口原籍闽南诸县。闽南人的海洋移民，是广东、海南、台湾及浙江部分区域海洋文化的重要构成。换句话说，上述各省海洋文化的构成中，闽南人是重要组成部分。在东南亚国家，闽人也是十分重要的。东南亚多数国家的主要城市，都是华人开辟的。他们最早建立商埠，经营商业，被叫成"唐人街"。而后城市由唐人街向周边扩张，渐渐形成大城市。其实，东南亚的小市镇的核心，也多为华人经营的商店。闽人在海外的发展，就是闽人海洋开拓性的体现。

福建人的海上发展，历尽艰辛。新石器时代的闽人以独木舟向太平洋南部发展，后来形成了东起夏威夷群岛，西至非洲马达加斯加岛的海洋文化。唐宋时期，福建人东至日本列岛西至波斯湾经商；闽人的海外发展也是可观

第六章　福建海洋精神综论

的。自明清以来，福建人移民东南亚诸国，在菲律宾、马来西亚、新加坡、印度尼西亚、泰国、文莱、越南、缅甸都有很大的发展。东南亚诸国的商业集团，多为闽南人开辟的。

明清民国以来，福建民众下南洋成风。在福建沿海一带，"好男儿志在四方"不仅是一个口号，也是生活的现实。自古以来，他们乘坐家乡制造的木船到海外闯荡。宋元之际，泉州为东方第一大港，福建商人就已远航环中国海区域和印度洋东部的主要港口；元代，福建商人常到南亚及波斯等地。郑和远洋时期，以福建水手为核心的郑和船队，一直航抵东非海岸。明清以来，数百万闽人南下东南亚诸国，为这些国家建立了早期的城市和工商业；清末民初，东南亚诸国的近代化，离不开闽籍华侨的直接贡献。改革开放以来，福建人走遍世界每一个角落，就连福建山区民众也到周边的大城市发展。他们吃苦耐劳，在陌生的环境里相互帮助，往往能在某个领域闯出一片天下。胡文虎在药业和报业中的影响，陈嘉庚在橡胶领域的创业，在某种程度反映了闽籍华侨在东南亚诸国的成就。当今中国的企业家，主要由广东人、江浙人、福建人三分天下，而在东南亚诸国的华人企业家中，闽籍企业家占一半以上。福建人的成功，与他们"敢拼会赢"的风格分不开。当许多领域尚是朦胧未分的时候，福建人就开始投入这一领域，他们有成功有失败，成功者成为该领域的巨擘，失败者收拾残局后卷土重来，因此，他们在很多领域都做出了成果。换句话说，福建文化中有开拓进取的价值取向，这种文化精神在闽商"敢拼会赢"的口号中得到通俗的、亲切的体现，因而可以说，"敢拼会赢"是福建人民开拓进取的价值取向，是福建海洋精神的反映。

闽人开拓海洋的精神，同样展现在追求真理的精神之上。马尾船政培养出来的一代先进知识分子，远涉重洋去追求真理，他们带来世界先进的工程技术，为中国近代科学技术发展打下坚实的基础。其中马尾造船厂成为中国重工业的基础，该厂存在期间，培养了中国第一代科技人员。民国时期，马尾船厂的技术人员迁到了上海的江南造船厂，该厂至今仍是中国重工业的骨干工厂。在与海外国家频繁交流的背景下，林则徐早在五口通商前后便有

"师夷长技以制夷"的思想，这一思想促进了鸦片战争后中国文化的巨变。在思想界，严复将《天演论》翻译到中国思想界，带来了新的理论和新的思想，像一块大石投进晚清社会的一潭死水，促进了近代中国社会的变革。在戊戌变法中，在辛亥革命中，闽人都是积极参与者，林旭、林觉民等人为了中国的改革贡献了自己的生命。五四运动以来，为追求真理而献身的闽人更是不可计数。林白水是最早提倡白话文的开拓者，卢戆章最早提出拼音的概念。福建在土地革命中献身的烈士数量居于全国前列。在抗日战争和解放战争中，都有无数闽人为革命抛头颅、洒热血，这种追求进步、为革命而献身的精神正是闽人爱国爱乡、勇于开拓精神的升华。

二、热爱和平，协和万邦的合作精神

1. 和平往来与海外国家共同发展的精神。从唐宋以来，中国人便远航东西洋，进行和平贸易，不论是在日本、朝鲜，还是东南亚国家，中国商人都是受欢迎的客人。许多国家都给中国商人提供良好条件，盼望两国贸易关系得以保留和延续。从历史的大趋势看，中国一直与南海国家和平相处。中国远赴海外的客商一向是以经商为主要目的，善良的中国商人从来不会使东道国感到难堪或威胁。这是他们在海外受到欢迎的原因。不像欧洲某些国家，不论到什么地方，都把麻烦和战争带到那里。中国海商的目的只是从交换中得到利润，而且，他们多为中小商人，只有和海外诸国民众和平相处，才符合他们的最大利益。也许有人会说：在宋以后尚有元朝的海上远征和郑和七下西洋，但元朝的远征是违反沿海人民意志的，事实上，当忽必烈劳民伤财大建舰队时，天下怨声载道，尤其是闽粤沿海地区一直是抵制远征的，这是因为：闽粤人民的利益在于和平贸易，忽必烈的远征只能使他们结怨于海外诸国，而不能带来实际利益。所以，以泉州港蒲寿庚为首的一批海商，都是明确反对海上远征的。① 至于郑和的远航和西方人的海上冒险也有本质的差异，西方人的远航一开始就把掠夺财富当作主要目的，而以武力为实现目的的主要手段。郑和在航海中对武力的使用非常谨慎，两次大动干戈都是不得已的，一次是针对海盗陈祖义，一次是针对企图抢劫使团财宝的某国国王，如果郑和有西方殖民主义者的那种殖民意识，那么，郑和实现殖民计划的条件比哥伦布、麦哲伦等人的条件优越得多，可是，郑和并没有选择武力殖民之路，而是力争与当地民众和平相处，进行和平贸易。这种精神，是热爱和平的精神。

2. 自由贸易。自宋以来的很长时期内，中国的对外贸易一直是中小商人的自由贸易，闽粤人民在海外诸国市场上，与当地百姓自由交易，一旦交易结束，他们便返回祖国。在异国的市场上，他们会遇到来自各方的商人，尽管闽粤商人在南洋市场上会有一定的优势，但他们并没有利用这种优势达成垄断，而是与各方商人和平相处，自由贸易。在他们看来，来自异地的商人越多，贸易的机会也越大，所以，他们欢迎自由贸易。从经济上而言，垄断来自大资本，古代中国有封闭意识，但没有垄断意识，所以，与自由经济相反的垄断组织是西方大工业的产物。就中小商人这一阶层的意识特点而言，他们是天然反对垄断而主张自由贸易的。因而，在元以前中国自由商人主导时期，在妈祖精神的指导下，东亚的贸易是完全自由的。在唐宋时期，中国对外的开放也是十分彻底的，不论来自何方的商人，都可以在中国的城市居住，进行自由贸易。而中国的海商也可自由地航行东西洋，往来于诸国贸易。这是东亚贸易的黄金时代。其后，东亚的中日等国进入了海禁时期。关于海禁，需要指出的是，其一，海禁的首要目标是抵制侵略，中国明清两朝实行海禁，最早是为了防备倭寇，其后是为了防止西方诸国的进一步入侵，其心态是可以理解的。当然这不是妈祖精神。其二，海禁不是对外扩张，不会对

---

① 〔清〕毕沅编：《续资治通鉴》卷一百八十五，中华书局 1957 年，第 5054 页。至元十八年（1281）二月，福建省左臣蒲寿庚言："诏造海船二百艘，今成者五十，民实艰苦。诏止之。"这条史料充分反映了蒲寿庚是反对元世祖的海外冒险的。

其他国家带来任何威胁，这与欧洲诸国在东方建立殖民地有本质的不同。其三，明清两朝实行的海禁政策，并不代表闽粤人民的利益。实际上，正是这种海禁政策使闽粤人民的贸易受到限制，所以，他们以走私贸易冲破政府的限制，发展了东亚的自由贸易。妈祖精神是没有障碍的自由贸易。有人会说：西方世界也是主张自由贸易的，但西方式的自由贸易的实质是"自私贸易"，在西方国家控制东亚海上霸权时，他们的目的一直是发展本国贸易，而限制其他国家的贸易，所以，西方殖民国家会为了争夺霸权而交战，所谓自由贸易，只是在力量平衡时才出现的。这与妈祖文化的自由贸易精神有本质的区别。

3. 平等待人。西方的海洋文化几乎是种族歧视的代名词，尽管来到世界各地的欧洲冒险家多数是欧洲社会的底层人物，尽管他们口口声声说自己是基督徒，但他们总是以唯一的文明民族自居，而将其他民族视为野蛮人，并实行种族歧视政策。这使东南亚民众饱受苦难。与其形成明显对照的是，具有五千年文明史的中国人，历来以平等精神对待海外一切民族，在海外的中国人，经常与当地民族通婚。在菲律宾，由华人与当地马来人混血的后裔，至今仍是当地社会中最为活跃的成分。种族歧视和妈祖精神是背道而驰的，在东方的历史上，实际上从未有过西方概念的种族歧视。当然，各个民族因文化独创而产生的文化自豪感存在于一切民族中，东方民族也有这类自豪感，不过，东方人从不将这类自豪转化为制度，从而导致民族歧视，如荷兰、西班牙在东南亚所实行的政策，华人与东南亚的马来民族一向是和平共处的，甚至一起进行反殖民主义斗争。例如，在第二次世界大战中，东南亚的华裔和当地人共同组成游击队，抗击日寇，胜利后，又掀起反殖起义，印度尼西亚的独立便是最为明显的一证。所以，中国人对待海外各民族一向是平等的，这是由其民族文化的特点决定的。正如妈祖的爱普照一切航海的人一样。

4. 共存共赢。欧罗巴人种有较强的文化优越感，他们总想把自己的文化推向世界，成为世界上唯一的文化。在最极端的时候，他们把与其他文化的共存看成自己的死亡，为此发动了多次十字军东征。因而，从各民族文化的关系看，欧美文化是最好斗的一种文化，无论欧美文化传播到何地，都会引起与当地文化的冲突，除非当地文化按欧美文化的外貌重塑，否则，欧洲人绝不会善罢甘休，印第安人文化的最终灭亡，便是一个极端的例子。与欧美文化相反，中国的海洋文化是一种广适性的文化，中国人不论到什么地方，都能与当地民众友好相处。中国人大多信奉多神教，多一种信仰对他们来说，不过是多一种神灵崇拜，并不否定自身的信仰，因此，信奉妈祖的郑和既可拜佛祖，又可拜真主，从而反映了多神信仰的特征。在这种思想导引下，中华文化在异地与当地文化和平相处，促进了各种文化的共同发展。可见，中华文化是一种容异性很强的文化，这也是中华文化能在外部世界处处受到尊重的原因。

总的来说，在妈祖文化的导引下，中国海洋文化的发展呈现出独特的、祥和的面貌，这与欧洲的海洋文化完全不同，如果东亚没有受到欧美殖民主义的入侵，按照东亚文化的发展规律，东方的海洋将是以和平交往为主流，一直是和平之海，然而，欧洲文化东传改变了东方海洋的格调。

三、誓死抗争，威武不屈的斗争精神

面对海外殖民者的入侵，闽人总是勇于抗争。在历史上，中华民族公认的两位民族英雄郑成功和林则徐，都是在福建的土地上成长起来。

福建省历来是中国对外交通的门户。明朝之前，东方的海洋基本保持和平往来的状态。然而，自从大航海时代开启之后，西欧的海洋势力闯进东方。他们在东南亚攻城掠地，纷纷建立殖民地。当地民众战败后，大都退往内地，较大的反抗多与闽人有关。例如马尼拉华人的抗暴起义，因遭到西班牙殖民者的镇压而伤亡两三万人，以后又有多次起义而遭受镇压的历史。荷兰人统治的巴达维亚也是如此，抗暴起义多次发生，而且以华人为主，失败后每每遭到屠杀。西方殖民者的入侵，同样发生于中国本土。1624 年，荷兰人占领了台南的港口，而后又发展为对整个台湾的占领。他们在台湾海峡拦截华人的商船，使华商蒙受惨重的损失。于是，福建商人武装支持郑芝龙反击欧洲殖民者。1633年的料罗湾海战，郑芝龙水师击沉及俘虏各一艘荷兰战船，并重创多艘荷兰巨舰，迫使荷兰舰队多年不敢靠近福建海港。为了反抗荷兰人在台湾的殖民统治，台湾的郭怀一发动由闽人组成的起义队伍，不幸被人告密，遭到大屠杀。1661年，郑成功愤于荷兰殖民者侵占祖国的领土，毅然率师远征台湾，在战胜缺粮、瘟疫等困难后，将武器先进的荷兰军队击败，迫使他们退出台湾。郑成功的活动，为中国保住了台湾这一宝岛。当年的荷兰是世界海洋霸主，在海上击败过葡萄牙、西班牙的舰队，台湾战争发生时，正是荷兰人鼎盛的时代，然而，他们依然无法在与郑成功的战争中取胜。郑成功打败海上霸主荷兰人，收回被荷兰殖民者占领38年的领土，这是中国人永远不会忘记的丰功伟业。从世界史的角度看，郑成功的胜利阻止了西方对亚洲的殖民，保护了东亚国家。

鸦片战争前后，在抗击西方殖民侵略方面，走在最前面的还是时任两广总督的林则徐。林则徐年轻时中秀才、中举，后给官员做幕僚，对清代衙门中的黑幕十分清楚。林则徐成为进士后，为官一方，都以精明著称，渐渐得到道光皇帝的关注，是朝廷上下公认的能吏干员。1839年3月，他被派到广州查禁鸦片。他通过对总行商伍秉鉴施加压力的方式，迫使英国港脚商人交出他们所贩卖的两万箱鸦片，并于6月3日到25日焚烧于虎门，从而成为人类历史上反毒品的重大事件。面对英国人的武力威胁，林则徐积极备战。其时，林则徐与其幕僚研究英国人的军队，认为英国最擅长的还是水师，船坚炮利。为了在海上与英军对抗，他组建广东水师，增加了60艘船只，购买了美国商人手中排水量达1080吨的木制商船，增加炮位，使之成为广东水师的主力舰。为了增加广州的防御力量，他还从澳门的葡萄牙商人手中购买了200门西洋大炮，鸦片战争发生后，英国海军一时不敢进攻广州，与他的整顿有关。林则徐的这些措施，实际上是早期的近代化活动。这在当时的官僚中是极为罕见的。鸦片战争后期，道光帝因战事失利而迁怒于林则徐，将其流放新疆。林则徐为国家奋斗而得罪朝廷,但他并不为此动摇,咏出了"苟利国家生死以,岂因祸福避趋之"的爱国主义情怀,他的伟大人格感动了国人。

爱国主义像一条红线,贯穿着历代爱国者的行为。近代以来,福建成为抗击侵略者的前哨,在每一次重大的反侵略战争中,闽人都作出了重大牺牲。以华侨在抗战中的事迹为例,他们在陈嘉庚等侨领的率领下,积极为抗战捐钱、捐物,许多人回国参加抗战,为祖国的独立献出宝贵的生命。

四、爱国爱乡,报效祖国的复兴精神

爱国爱乡是指个人或集体对祖国和家乡的一种积极的、正面的情感。作为福建精神中的爱国爱乡,是指福建人对祖国、对家乡具有深厚的感情并乐于为之奉献的崇高情怀。

1. 闽人爱乡爱国思想产生的原因

福建位于东南海疆,在历史上长期受到外来势力的侵略,爱乡爱国的思想萌发较早,并成为优秀的文化传统。时当南宋之际,闽海有南洋来的海盗抢掠船只;宋元交替时,泉州有蒲寿庚"叛宋归元"之变;元末,"亦思巴奚"[①]军割据泉南;明代前有倭寇骚扰沿海,后有葡萄牙、西班牙、荷兰等欧洲殖民主义势力入侵;清代越南艇盗使福建海上商路几乎断绝,英国殖民者的入侵导致鸦片战争发生。这些几乎是连续不断的事件,刺激了闽人爱乡报国思想的较早觉醒。如果说海患对内地的民众来说不过是遥远地区的故事,那么对福建民众来说则是必须认真对待的活生生的事实,他们只有在抗争中获得生存的自由。另外,自南宋以来,闽人开始成批地下南洋谋生,在陌生的土地上,他们尝尽了寄人篱下的辛酸;尤其是西方殖民者东来之后,福建华侨在海外的生命财产安全更失去保障,他们任人欺侮,时遭屠杀,得不到

---

① "亦思巴奚"为波斯语"军队"之意,元末,泉州的波斯人组成割据武装,长期霸占泉州。

祖国的保护。因而，他们深切盼望祖国强大，并愿意为此尽力。这是闽人爱国爱乡意识之源。此外，还需要强调的一点是：南宋以来，闽学及其流派在闽中的长期活动，使忠义思想注入大众心里，这种忠义思想成为衡量一切的价值观标准，理所当然地强化了爱国爱乡的文化传统。

2. 福建人的爱国爱乡具有悠久的文化传统

当代福建人的祖先大多来自中原，其中多数人是在唐宋时期移民福建。这些移民对中原怀有浓厚的感情，虽然已经在福建繁衍了十几代人，仍然不忘家族的起源，多数传世的族谱都会记载祖先与中原的关系。对家乡的怀念成为福建文化的一个特色。在福建很多地方，当地的民众会在门楣上写着"光州世泽""颍川世家"等字眼，表明他们的家族来自河南的信阳及颍川等地。这种对祖先发源地的怀念，是寻根文化的典型。明清以后，福建人到海外谋生的数量逐渐多了起来，但他们仍然延续这种文化传统，不论走到哪里，都不会忘记家乡。他们在客堂里祭祀自己的祖先，在会馆里祭祀家乡的神明，只要有条件，总要回家看一看。即使在海外传了许多代的福建人，也会将回家祭祀祖先当作重要的大事，如果他们限于条件一生不能回家，也会交代子孙要力争实现自己的心愿。至今在福建的侨乡，还会看到海外华侨带着逝去老人的牌位，到祖先的祠堂祭祖。有条件的人，还会到本姓发源地中原各省祭祀始祖。这种寻根文化虽然在世界许多民族都有，但以中国人表现得最为突出，福建人更是将这种寻根文化融入血脉，贯穿于代际传承之中。

在近代民族史上，如鸦片战争、中法战争、甲午战争中，福建人都作出了巨大牺牲。五四运动以来，为追求真理而献身的福建人不断涌现。在中国共产党创建初期，福建闽侯人林祥谦在接受革命道理之后，为了实现民族独立，人民解放，国家富强，参与领导了"二七大罢工"，为工人阶级和人民大众的解放事业，英勇地献出了宝贵的生命。在土地革命的十年中，成千上万的福建民众参加了革命运动，红色根据地遍布八闽大地，毛泽东写下了"风展红旗如画"的诗句。红军长征之初，有三万来自福建的子弟兵，历经二万五千里长征之后，最后只有两千余人抵达陕北根据地，多数人为革命牺牲了自己宝贵的生命。抗日战争发生以后，以李林为代表的一代福建华侨青年也走上抗日战场，他们或是奋斗在缅甸至云南漫长的运输线，或是直接在前线奋战。女杰李林驰骋于华北原野，在前线的枪林弹雨中壮烈牺牲，为祖国的独立贡献了自己年轻的生命。为了支援祖国的抗战，海外三百万闽籍华侨节衣缩食，捐钱支援抗战，闽籍巨商胡文虎个人为国家捐献了六千万元法币。抗战头几年国民政府巨大的军费开支，有相当部分来自华侨。在解放战争中，又有无数福建人为革命抛头颅、洒热血，这种为革命而献身的精神正是福建人爱国爱乡精神的升华。

总之，因福建独特的地理环境、历史传统和生活方式，福建人民深刻体悟到国家和家乡是生命中最有价值的部分，因而在爱国爱乡方面表现得最为突出。爱国爱乡成为福建文化精神的一个根本特征。

3. 爱国爱乡体现福建人民的崇高情怀

爱国爱乡是中华民族精神在福建这块土地上的突出表现。福建省山多地少，在农业经济占主导地位的古代，福建民众很早就感到了生活的压力。他们在这一环境下谋生，养成了相互帮助、共同渡过困难的习惯。例如生活在福建这块土地上的理学思想家朱熹，在家乡倡建社仓，救济灾荒中艰难度日的乡亲。他们将个人利益融合在集体利益中，每个人的发展，都离不开父老乡亲的关心支持，因而个人有所发展，一定要回报养育他的家乡，为家乡公益事业服务，走共同富裕之路。

在悠悠岁月中，闽人形成了服务乡梓的传统和习惯。每当家乡要办什么大事，乡亲总是共同出力出钱，将公益办好。即使是出外经商打工的闽人，心中也始终放不下家乡的一草一木，只要有可能，他们都会寄钱回家，尽力为家乡的建设做贡献。古代闽人热衷于修桥铺路、建校兴学，这些都是服务乡梓精神的体现。因此，虽说福建发展农业经济的条件不如其他省份，但闽人对家乡的建设从来不会落后于其他地方。

闽人热爱家乡精神的升华，就是热爱祖国的崇高情怀。福建人具有海洋性格，敢于走遍世界每一个角落去追求自己的理想。福建人在异乡的闯荡使他们深切地感受到自己是中国的一个成员，祖国是他们在异乡谋生的依靠，同时，他们在异乡的一言一行，也代表了祖国的形象。他们深深懂得：个人的前途与祖国的命运紧密相联，只有祖国的强盛，才能保证他们的权利。祖国的繁荣，就意味着家乡父老生活水平的提高，祖国的强大，将给他们带来最大的荣光。因此，长期的海外生涯养成闽人爱国爱乡的文化观。近代以来，福建人下南洋经商打工久负盛名，其服务家乡公益事业的精神亦广为人知。许多福建人赚钱后，都要将大笔资金投入家乡建设。如陈嘉庚感慨于家乡教育的落后，捐出自己的财产创办了厦门大学、集美中学等教育机构；抗战前后，他以身作则，呼吁南洋华侨为国家筹措经费，为抗日战争的胜利作出了重大贡献。其实，在华侨中，在闽商中，像陈嘉庚这样为国家利益，为家乡建设不惜血本的例子不胜枚举，有的人为此破产也在所不惜。古人所说的"破产兴学""公而忘私"，在他们身上得到最好的体现。此外，福建的普通民众对公益事业的热心也是众所周知的，他们捐献的钱虽然不多，但对个人来说，占其收入的百分比却是不小的。所以说，爱国爱乡展现了福建人民的崇高情怀。

五、海纳百川，兼容并蓄的融创精神

闽人具有向海外开放的文化传统。福建沿海多良港，自古以来就有重视贸易的传统。从世界各国的历史我们知道：商业民族把招来外商当作头等大事，因为，外商能带来贸易机会。闽人长期从事海外贸易，对这一点一向是了解的。例如，五代时闽国统治者就将招徕外商当作主要政绩来歌颂。据史册记载，早在唐代，泉州港就出现了"市井十洲人"的盛况，宋代，朝廷聘请阿拉伯人蒲寿庚任泉州市舶司使，元代，泉州港中外籍商人汇集，可见，当时闽人与外商相处很好。为了吸引外商，外贸港口通常会容忍异种文化。中世纪欧洲基督教文化区域本是最排外的，但外贸港口为商业利益，也会将教皇的敕令搁置一边，允许异国商人在港口内举行自己的宗教仪式。于是，中世纪威尼斯、热那亚常出现这种现象：大街上人们游行示威，喊着排斥伊斯兰教的口号，而清真寺内的阿拉伯商人却视若无睹，有条不紊地举行祈祷仪式。因为阿拉伯商人知道：当局为了商业利益，是要保护他们安全的。和欧洲城市相比，福建的港口城市对外来商人更为宽容。唐宋元时期，外籍商人在福州、泉州城市享受相当广泛的自由，他们可以娶妻生子，购房定居，传播自己的宗教。由于闽人长期与海外文化和平相处，并在事实上形成共存共荣的局面，所以，闽人逐渐形成了兼容并蓄的文化精神。

在中华区域文化中，福建最大的贡献是联通中外文化交流，他们将中华文化传播于世界各地，同时也将世界各地不同的文化引进中国，这就形成了"海纳百川"的文化特点。

兼容并蓄是中华民族固有的文化传统之一，但在闽台文化区表现得最为突出，闽人能表现这一特点，与其独特的历史及地理环境有关。

多神崇拜与闽人兼容并蓄的文化思想。西方学者将世界上的宗教分为两个系统：一神教与多神教。一神教指只敬拜一个神的宗教，典型的一神教有基督教、犹太教、伊斯兰教。犹太教和基督教认为世界上的神只有一个——"上帝"，伊斯兰教把"上帝"叫作"真主"。多神教对神灵的看法与一神教不同，他们认为神有许多位，例如，中国传统道教中，神仙有数千个，林林总总，十分热闹。大致说来，印度的佛教、日本的神道教都是属于多神教。从闽人的信仰世界看，它无疑属于多神崇拜系统，神灵众多，例如：妈祖、临水夫人、保生大帝、清水祖师、郭圣王、青山王、开漳圣王，等等，总计成百上千，几乎每一个村落都有自己的神灵，即使在多神教系统里，闽人神灵之多也颇为可观。

一神教和多神教对神灵的理解不同，一神教坚决排斥多神信仰，他们认为，一个人崇拜多种神灵是信仰不纯洁的表现，崇拜多神的人肯定是受了魔鬼的诱惑，错把魔鬼也当作神灵了。在历史上，一神教有排外性倾向，他们最不能容忍异种文化。多神教的神灵系统比较庞杂。对于神灵信仰，多神教徒也比较宽容，认为一个人可以选择多种神灵崇拜，一个人拜了菩萨之后又去拜神仙，这并不是一种过错。因而，多神教和一神教相比，胸怀较为宽广，一神教把承认其他宗教看作是自己的死亡，而多神教则有神灵越多越好的倾向，因而，在多神教区域，不同的宗教可以并存。在中国历史上，佛教、道教、儒教长期并存，即与这种气质有关。

在兼容并蓄的前提下，融合各种文化为一体便成为福建文化的特点。宋元时代，东方第一大港泉州成为世界宗教的博物馆，除了传统的道教之外，在泉州传播的宗教还有：佛教、摩尼教、伊斯兰教、天主教、印度教、犹太教等外来宗教。各种宗教共存于福建这块土地上，反映了福建多元文化传统。在文化交流之中，闽人吸收了世界各国的先进技术，例如阿拉伯的观天术、印度的医学都丰富了中国传统文化；从福建传到全国各地的海外物种，如占城稻、番薯、玉米，也对中国历史产生重大影响。在精神文化领域，宋代，儒学中出现了著名的闽学学派，它的开创者是被称为孔子以后的第一人——朱熹。朱熹原籍徽州，可是，他的祖父、父亲都长期在福建做官，他自己出生于闽北，并在闽中求学；朱熹的师友、弟子多闽人，最后，朱熹开创了"闽学"儒学学派。可见，我们把朱熹看作闽人并不过分。朱熹虽是个儒者，但对佛道二教并不排斥，他在武夷山居住时，经常与和尚、道士往来，他对于佛道二教的经典，也颇有研究，因故，他在改造儒学时，吸收了许多佛道二教的思想，从而将以孔孟之学为代表的原始儒学发展为一个博大精深的道学体系。后世的朱熹反对派常批判他"援佛老入儒"，岂不知朱熹真正的贡献即表现在这里，没有他分析、批判、吸取佛道哲学，儒教便不能真正超越佛道。在宋儒之前，儒教中哲学成分相对较少，朱熹之后，儒学在哲学领域占据重要地位，佛道哲学呈现衰退的趋势。可见，正是由于朱熹等宋儒广采博取，才使儒教真正发展起来。

林则徐被誉为近代睁眼看西方的第一人，在林则徐之后，左宗棠与沈葆桢共同创办马尾船政，为中国培养了第一代精通西方工程技术的人员，并为近代中国自然科学的发展打下基础。马尾船政培养出来的文化精英，往往成为引进世界先进文化的先驱。其中，严复翻译了《天演论》等欧洲思想家的名著，将"物竞天择，适者生存"的进化论思想传到中国，引发晚清思想界的革命；林纾与马尾船政的学生合作，翻译了上百种欧美流行的小说，使中国人通过这些小说理解了西方社会的特点与心灵世界；陈季同的贡献则是翻译了法国的《拿破仑法典》，为中国现代法学打下基础；此外，最早尝试拼音字母的卢戆章，为出版事业作出巨大贡献的郑振铎，都为中国文字革新作出贡献。而辜鸿铭与林语堂的特点则是将中国文化介绍给世界，展现了中国文化的魅力。总的来说，由于闽人一向具有到海外谋生的文化传统，他们对世界先进文化较为敏感，近代以来，他们最早向中国各界介绍世界先进文化，因而对中国社会文化产生了巨大影响。"海纳百川"这句话，体现了作为中华文化一个分支的福建文化的区域特征，反映了福建文化独特的历史贡献。

福建文化具有开放性、多元性，二者结合便构成闽文化博采广取、兼容并蓄的风格。福建文化的开放性可表述为两个方面：其一，闽人从来不肯株守家乡，他们乐于到海外世界闯荡，在异乡谋生成为他们生活的主要方式。"闭关自守、自给自足"的观念与闽人格格不入。其二，闽人历来欢迎外商来本土经商，宋元泉州港、福州港曾是东亚商人荟萃之地，也是外来宗教随意传播的地方，这是闽文化开放性的证明。福建文化多元性的产生有三个主要原因：其一，福建原生的民间信仰是多神崇拜性质的，它给闽人注入了多元文化的个性；其二，闽人本是汉越两大民族融会而成的，在相互交融的过程中，闽人形成了求同存异的习惯；其三，闽人在海外接触了各种不同的文化，从而在潜移默化中形成了世界本是多元的文化观。

开放性和多元性的结合铸造了闽文化的个性。福建学人对异种文化既不是盲目排斥，也不是全盘吸收，而是主张各种不同的文化并存。当某一种时髦的学说流行时，他们可能会被其吸引，但这并不意味着他们就此放弃传统观念。例如，严复主张大胆地吸收西方文化，但并不认为要抛弃中国传统文化，而是主张二者共存共荣。因此，兼容并蓄成为贯穿闽人思想的一条主线。唐代的大珠慧海提出，儒佛道三教皆为教化之道；谭峭的《化书》立足于道教，但也承认儒佛二教皆有存在的理由；朱熹表面上排斥异教，实际上对佛道二教有极为浓厚的兴趣，他年轻时浸淫佛道十余年，晚年仍与武夷山的僧人相互往来，甚至化名注释道教典籍。广泛涉猎使朱熹超越了儒学的局限性，他博采广取，将佛道哲学融入理学，从而使理学发生了飞跃性的发展。迄至明代，林兆恩干脆融三教为一体，创立了三一教。他如李贽兼涉道释、林语堂博采中西文化，都体现了这一文化特征。

"兼容并蓄"文化传统的实质就是博采各民族文化的优秀成分，从而熔铸成新的民族文化，这是我们闽人的宝贵精神财富。

后　记

《福建海洋精神概论》是福建省委宣传部下达的课题，由福建省炎黄文化研究会承办。本书主编为徐晓望，且由徐晓望撰写绪论、第一章、第三章、第四章和第六章，另由贺威撰写第二章、徐德金撰写第五章。全书是大家合作的成果。

徐晓望

2025 年 4 月 2 日